GLOBAL DISCOURSE
& MEDIA STUDIES
全球话语与媒介研究

U0654123

Global Knowledge Building and International Academic Publishing:
Cross-National Comparison and Case Studies

全球知识建构与国际学术发表：
跨国比较和实践案例

郭　可　哈筱盈　陈沛芹　主编

上海交通大学 出版社
SHANGHAI JIAO TONG UNIVERSITY PRESS

内容提要

本书以英语学术期刊编辑实践为基础，探索国际学术发表与全球知识建构图景，通过比较视野分析不同国家国际发表的理念和路径，运用跨文化视角和批判性反思评述不同国家学术发表存在的问题和挑战，重点聚焦全球学术发表中西方强势和非西方学术国际发表的创新理念。本书为中国学者提供了国际发表的方法、路径和学术反思，并通过全球编辑实践的案例分享揭示了全球知识生产体系中不平等现状，希望能打破跨文化学术壁垒，促进全球学术有效对话。

图书在版编目(CIP)数据

全球知识建构与国际学术发表：跨国比较和实践案例 / 郭可，哈筱盈，陈沛芹主编. — 上海 ：上海交通大学出版社，2025.6. — ISBN 978-7-313-33012-3

Ⅰ. G302

中国国家版本馆 CIP 数据核字第 2025WR1999 号

全球知识建构与国际学术发表：跨国比较和实践案例
QUANQIU ZHISHI JIANGOU YU GUOJI XUESHU FABIAO：KUAGUO BIJIAO HE SHIJIAN ANLI

主　　编：郭　可　哈筱盈　陈沛芹			
出版发行：上海交通大学出版社	地　　　址：上海市番禺路 951 号		
邮政编码：200030	电　　　话：021 - 64071208		
印　　刷：苏州市古得堡数码印刷有限公司	经　　　销：全国新华书店		
开　　本：710mm×1000mm　1/16	印　　　张：15.5		
字　　数：312 千字			
版　　次：2025 年 6 月第 1 版	印　　　次：2025 年 6 月第 1 次印刷		
书　　号：ISBN 978 - 7 - 313 - 33012 - 3			
定　　价：78.00 元			

中国社会科学院新闻与传播研究所所长　胡正荣教授

"本书以开阔的学术视野讨论了全球知识生产体系这一重大学术话题。其核心贡献在于能通过跨国比较与鲜活案例,呈现了非西方学者在国际发表中的独特价值与创新路径。全书以'南北对话'为轴线,既展现了全球南方学者如何借力本土化研究与技术工具突破语言桎梏,又通过欧洲、亚洲、中东等实践案例,揭示了多元化知识生产对学术生态的推动。本书通过对中国等国的学术实证研究,成功勾勒出非西方学术共同体的主体性觉醒,既批判英语霸权,又避免了对抗性叙事,展现了建设性的学术智慧;同时通过案例分享与主编对话录,为青年学者提供了从选题到发表的系统性指南,既有理论深度又有实践温度。本书倡导的'多元共生'理念为破解学术权力失衡提供了新思路,为构建平等的国际学术生态做出有效探索。"

复旦大学新闻学院院长、复旦大学全球传播全媒体研究院院长　张涛甫教授

"世界不是平的,全球知识建构的背后存在复杂的权力不平等和不公正问题。在新闻传播领域,非英语国家的知识建构与传播面临持续的挑战。本书系统、深入、前沿探讨了新闻传播领域全球知识建构的不平问题,并揭示破解的路径和方法,打开了新闻传播研究的新空间。"

清华大学新闻与传播学院　陈昌凤教授

"《全球知识建构与国际学术发表:跨国比较和实践案例》一书展现了国际学术交流领域丰富多元的视角和前沿探索。全书结合跨国比较、理论探讨和实践案例,系统分析了全球知识生产的不平衡现状、学术发表中的西方主导局面以及非英语国家学者所面临的语言和文化双重挑战,具有重要理论深度和现实意义。全书三大部分不仅涵盖了学术期刊 OMGC 的选稿机制、同行评议以及跨学科合作等编辑环节,还敏锐捕捉了 AI 翻译、数字媒体与国际出版等新兴趋势,反映出当前学术界对于全球知识共享和国际传播问题的广泛关注。作者们以严谨的实证研究和深入的访谈,探析了中国学者在国际学术领域的机遇与困境,提出了打破学术孤岛、促进多元对话的策略建议,为推动'全球北方'与'全球南方'学术互动搭建了良好的平台。这部著作无论是对学术出版领域的研究者,还是对期刊编辑和政策制定者,都具有重要的借鉴意义和启发作用。"

序　作为全球知识建构的国际发表

2022 年年初,我们编辑部创办了《网络媒体与全球传播》(*Online Media and Global Communication*,OMGC),目标是通过发布高质量学术成果和多语种渠道发布,成为"全球北方"和"全球南方"的学术交流的桥梁。通过三年努力,OMGC 已初步实现了这个目标,同时基于三年编辑实践也不断在探讨与办刊相关的学术遐想。国际发表作为全球知识建构便是其中的一个重要话题。

2023 年,在上外举行的"形象研究与全球传播"年会上,我们专门邀请了三位国际期刊主编和三位国内期刊主编,分享各自办刊的心得和存在的挑战,并就推动形成非单一引用指标、纳入多元背景的同行评审以提高同行评议的质量、优化现有期刊投递和评审体系、AI 技术和话语霸权对学术发表和图谱的影响等关键问题达成了共识。这些心得和共识便是出版本书最初的由来和最早的框架。

知识建构是全球文明进步的阶梯,而学术发表则是知识传播和积累的重要载体。在人工智能时代,全球知识生产与传播早已突破国家和文化界限,呈现出了前所未有的跨国流动和交融态势。《全球知识建构与国际学术发表:跨国比较和实践案例》一书希望能深刻反思当前国际学术交流现状,同时能不断探索未来全球知识共享和建构的路径,为建立一个"全球北方"和"全球南方"学术融通平台继续做出贡献。

鉴于此,本书由三个部分组成。第一部分是关于比较视野下的国际发表,突出理念、路径和挑战三个维度。四位外国学者和四位中国学者分别讨论了国际发表和知识生产、国际发表路径如何保持民族性与提高知名度、国际出版如何促进真正全球平等的学术对话、中东和北非地区的传播研究困境和挑战、俄罗斯国际学术出版反思、非西方国家的数字媒体研究、国际发表中本土化关照以及作为知识把关人的学术期刊实证研究。这部分是本书的精华内容,既能看到对西方学术霸权的深刻反思,也能听到对构建更加公平、包容的全球学术生态的强烈呼吁。中外八位学者运用跨文化视角和批判性反思方法,分别评述了各自所在国家学术发表的现状、存在问题和挑战,并突出了全球学术发表中西方强势现状和存在问题,聚焦非西方学术视角下国际发表的创新理念和公平道路。

第二部分讨论了全球学者有效推进国际发表的路径和方法,尤其突出中国大陆学者在国际发表过程中的机遇与挑战以及国际学术体系中非英语国家学者面临的国际发表困境与路径。这部分篇幅虽然相对较少,但是本书的核心部分,尤其是对有志于开展学术研究的年轻学者和研究生而言将非常有用。OMGC 两位联合主编在归纳 OMGC 过去办刊编辑实践基础上,全面总结了"全球北方"和"全球南方"学者的对话录,并阐述了如何有效开展学术研究的具体路径和学术反思。

第三部分收集并分享了七个关于国际学术发表和编辑实践的案例,包括国际期刊作者与审稿人对谈概要、国际期刊合作发表的关键与学思、德国学术圈与国际发表、意大利传播学学科的知识生产现状、AI 学术翻译的机遇与挑战、AI 时代学术翻译的再语境化策略研究以及中国社会科学研究的国际出版、合作和引用模式。这部分的案例分享是本书的一大亮点,从一个更加微观的视角来讨论国际学术发表和编辑实践和过程,有 OMGC 已经发表论文的作者反思国际期刊发表论文的体会和经历,也有 OMGC 的多语团队探索相关语种国家的知识生产的现状以及他们在阐述学术翻译过程中的心得体会。作者们通过对不同国家和地区编辑实践的案例分享,揭示了全球知识生产体系中不平等现状和文化偏见,并希望能不断探索,以打破跨文化学术壁垒,有效促进跨文化学术对话和交流。

本书以上内容目前是用中文作为首卷出版,希望能引发我国新闻传播学界的反思和讨论;与此同时,笔者希望在本书中文版出版后,能以适当方式转化为英文版在国际上出版,以期能在国际学术界引发更多讨论和反思。如果条件允许,三位编者希望以 OMGC 今后编辑实践为基础继续推出本书的第二卷。

过去三年编撰本书的过程也是 OMGC 编辑部不断学习和反思的过程。我们认为不仅要利用 OMGC 这个学刊平台来推动"全球南方"和"全球北方"学者的互动和对话,还希望能在学术成果形式上能不断探索创新。2024 年以来,我们尝试把"案例研究"作为一种介于"学术论文"和"专业报告"的一种新型学术成果来探索,以适应 AI 时代千变万化且多元的数字场景,同时将利用各种国际和国内学术会议,与国内外学者来共同探索多元数字场景的"案例研究"的标准制订和撰写流程。在此基础上,我们希望能逐步推动中文或英文的案例库平台建设,让中外学者能更便捷地进行学术分享和互动交流,为中国式理论创新和自主知识体系建构贡献力量。

相信本书的出版和 OMGC 今后的学术探索，能引发更多中外学者对全球知识建构和国际学术发表的关注和思考，希望这样的交流和对话不仅对中国特色自主知识体系的建构有裨益，也能为推动"全球北方"和"全球南方"更广泛的学术交流和对话做出贡献，为推动构建人类学术共同体贡献智慧。

本书为国家社科重大项目"国际传播效能测评体系设计与机制建设研究"（项目号：24&ZD216）和"中西 Z 世代青年国际传播与对话：理论与实践创新"（2024 年项目）的阶段性成果。

本书第一部分中的第二、三、四篇以及第三部分中的第七篇的翻译工作由周汇博士完成，在此表示感谢。

是为序！

上海外国语大学　郭可教授

美国博林格林州立大学　哈筱盈教授

上海外国语大学　陈沛芹教授

2025 年 3 月于上海

目　录

1

第三部分　国际学术发表和编辑实践：案例分享

第一部分　比较视野下的国际发表：
理念、路径、挑战

知识生产视角下中国学者对国际发表的研究

郭 可 周 汇

本文以全球知识生产为切入点,通过主题分析法和社会网络分析法,研究中国知网中的699篇论文,探究了中国学者在国际学术出版和国际发表领域的不同研究阶段、共同研究主题和学者之间的社会网络关系。本文发现这一领域的研究大致可划分为四个关键阶段,整体呈现了从意识启蒙、面临挑战,到提高质量和反思本土性的发展逻辑。本文还讨论了研究此议题的学者之间的合作网络呈分散性特征,小团体内联系较为紧密,学术资源主要集中在少数学者手中,这种分布模式可能对学术合作和资源分布产生重要影响。此外,本文分析了学者们共同关注的六大主要议题,即国际发表影响力、不同研究情境、语言、发表动机、科研评价体系和出版模式。对这些议题的共同关注反映出我国学者对于国际学术交流和发表的关切点,也为全球知识生产研究提供了一个独特视角。

This paper studies global knowledge production through the lens of international academic publishing, using a dataset of 699 papers from CNKI. Employing theme analysis and social network analysis, it examines the developmental stages of Chinese scholars' research in this field, common research themes, and the social network dynamics among scholars. The paper identifies four key stages in this research area: consciousness awakening, confronting challenges, improving quality, and reflecting on local characteristics. It also reveals a decentralized cooperative network, characterized by tightly connected small groups and a concentration of academic resources in the hands of a few scholars. This distribution pattern holds significant implications for academic collaboration and resource allocation. Additionally, six major issues central to scholarly concerns are analyzed: international publication influence, diverse research contexts, language barriers，publication motivations，research evaluation systems，and publication models. These shared focal points underscore Chinese scholars' commitment to advancing international academic exchange and offer a distinctive perspective on global knowledge production.

一、问题的提出

知识是人们建构世界、认知自我的基础。通过分享知识，人们的共同文化与身份认同得以形成。从语言到文字，在人类历史上，知识的传递都无法脱离载体的限制①。在过去四十年中，随着中国经济总量跃居世界第二，中国学者也在国际学术领域发挥着越来越重要的作用，为全球知识生产作出了应有贡献。仅在 2022 年，中国学者就在 100 多个国家的 4 878 份期刊发表了 519 篇论文，位居世界第二②。通过在国际期刊上发表论文，中国学者用中国特色的社会科学研究补充和修正了现有理论，为全球学术界注入了新动力③。

如今，知识生产与共享已成为推动社会变革的关键因素。全球知识的生产与传播不仅是学术领域的一个重要方面，也是解决全球挑战、促进全球可持续发展的组成部分④。在此背景下，学者的国际发表不仅是为了扩大个体研究成果的影响力，也是为了提高一个国家和文化在全球知识共同体中的地位。学者的国际发表成为信息和思想跨界传播的桥梁，不仅拓宽了学科的研究范围，也推动了全球学术创新的进程⑤。

然而，这一过程也伴随着一系列潜在问题，如语言障碍、文化差异、学术体制、传播渠道等⑥。对于中国学者而言，如何在知识生产的底层逻辑下，通过释义来解决认知和理解问题，讲好中国故事，对中国建构走向世界的话语体系具

① 李蕾,王雨阳.知识生产与传播格局的重构[J].新闻与写作,2023(10):4.
② 吴锋,訾宇彤."理论旅行"视域下中国传播学理论成果"走出去"最新格局与核心议题——以 SSCI 收录传播学论文产出为例[J].新闻知识,2023(4):3-11+92.
③ 朱鸿军,苗伟山,贾鹤鹏.人文社会科学的国际发表与我国高等教育国际化——基于对新闻传播学者国际发表状况的实证研究[J].新闻记者,2021(12):31-38.
④ 练志闲.追踪全球知识生产和传播[N].中国社会科学报,2023-11-10(003).
⑤ 韩亚菲.人文社会科学领域国际发表中的若干影响因素——基于某大学十余院系学术人员的访谈研究[J].教育学术月刊,2015(7):21-26.
⑥ 吴锋.全球传播学领域国际发表产出竞争力嬗变轨迹及最新态势(1996—2014)——兼论中国大陆传播学研究的国际竞争力[J].西南民族大学学报(人文社科版),2019,40(2):141-152.

有重要意义①。因此，我们有必要深入研究中国学者在国际发表过程中可能遇到的问题，分析这些问题对全球知识生产的潜在影响。

现有的研究大部分采用文献计量法，且集中在某一特定学科中的中国学者的国际发表情况，其中包括这些学者所属单位、与其他学者的合作情况以及中国学者国际发表的国际排名等。这些研究很好地概述了中国学者的国际发表情况，体现了中国学者在全球知识生产体系中的贡献。而通过对"中国学者的国际发表"的系统回顾和分析，可以看出中国学者国际发表的趋势以及中国学者对此讨论的共同话题，从而为中国学者国际发表的进一步发展提供借鉴。

因此，本文将重点放在中国语境下的中国学者对于国际学术出版和国际发表领域的关注焦点，探讨中国学者的国际发表对全球知识生产的潜在影响，具体分为四个问题：

(1)中国学者关注"国际学术出版与国际发表"经历了哪些阶段？

(2)关注这个议题的中国学者来自什么领域？他们之间的合著网络是如何分布的？

(3)中国学者的讨论主要涉及哪些研究议题？

(4)中国学者的国际发表对全球知识生产有什么潜在影响？

二、数据来源与研究方法

中国知网是中国最大、最全的文献资源库，因此本文将以中国知网(CNKI)作为文献来源。以"国际发表"或"国际学术出版"为主题词，在中国知网高级搜索中查找相应的论文，同时为了控制论文质量，笔者将论文范围控制在"CSSCI(中文社会科学引文索引)"和"北大核心"。为更好地研究学者对此议题的关注程度，本文搜索不限制文献开始时间，但截止时间为 2023 年 12 月，共检索到中文论文 702 篇。在经过 CiteSpace 6.1 R6 软件去重和人工清理后，共留下 699 篇论文作为本文的分析数据集。

本研究综合采用主题分析法和社会网络分析法对此议题的发展阶段和关注内容进行划分和总结，并分析学者之间的合作与贡献度。

主题分析法是一种从数据集中识别并分析每一层主题的方法②。首先，收集并浏览数据集中所选论文的所有记录，生成初始代码。其次，将这些代码归类为潜在主题。然后在对所有选中的论文进行全面筛选之前，对所有潜在主题

---

① 任孟山，任泽阳.从知识生产到话语建构："中国版中国文化故事"的释义与共情[J].视听理论与实践,2023(6):5-10.

② BRAUN V, CLARKE V. Using thematic analysis in psychology [J]. Qualitative research in psychology,2006,3(2):77-101.

进行检查和重新定义。最后在重新定义的基础上,本文描述了中国学者对国际发表研究关注的四个阶段,并分析了在这个过程中学者们所讨论的不同主题。在进行主题分析的同时,本文还引用了其他相关的研究和报告,勾勒出中国学者在国际发表议题上的讨论全貌。

社会网络分析认为社会是一个由各种各样的"关系"构成的网络,在不同的交流空间,都存在着一个可能的结构使得行动者之间直接或间接地彼此相连,又受到控制①。因此社会网络分析方法主要用于分析社会网络的关系结构及其属性,建立"宏观"和"微观"之间的桥梁②。本研究通过中国知网下载相关研究的学者信息,先通过 Excel 中的 Sub DeleRedun 代码去除重复的学者信息,再以学者姓名为节点,作者之间的合作构成边,通过 Sub GenMatrix 代码来构建学者之间的合作矩阵。Gephi 是一款可用于各种图形和网络的可视化和探索的软件,将学者之间的合作矩阵导入 Gephi 软件,最终形成含 483 个节点和 387 条边在内的多值无向的学者合作网络关系图。

三、中国学者国际发表研究的四个阶段

中国学者对于"国际发表"的关注始于 1992 年③,在迄今为止的三十余年中,中国学者对该议题的关注整体呈现出波动增长的趋势(如图 1 所示)。本文以中国知网上论文发表的数量为依据,将这三十余年划分为四个阶段:1992—2004 年、2005—2009 年、2010—2015 年和 2016—2023 年。考虑到一篇论文从撰写、录用到发表需要一定的时间,因此本文在总结每个阶段特征时也适当参考了阶段节点附近的文献,不严格以实际刊发时间来划分文献。

总体而言,随着中国学者在国际上发表的期刊论文越来越多,他们对国际发表的关注和讨论也持续增长,这种关注基本遵循了从意识启蒙、面临挑战到提高质量和反思本土性的逐步发展逻辑。

(一) 意识启蒙阶段(1992—2004 年)

作为中国学者国际发表研究的起始节点,1992 年在中国国际化发展进程中非常重要。经历了 20 世纪 70—80 年代的摸索期后,中国在 20 世纪 90 年代正式开启改革开放。这一时期,针对中国学者的国际发表研究还处于起步阶段,但学界已经开始意识到国际发表的意义和重要性。在本文的中国知网数据库中,第一份有关中国学者的国际发表的文献是 1992 年华中理工大学(现华中

---

① 吴瑛,宋韵雅,刘勇.社会化媒体的"中国式反腐"——对落马官员案微博讨论的社会网络分析[J].新闻大学,2016(4):104-113+128+153.
② 兰国帅.基于知识图谱的国际教育技术发展研究[D].南京:南京师范大学,2016.
③ 我校奖励在国际重要刊物发表论文的作者[J].华中理工大学学报,1992(S1):146.

单位:篇

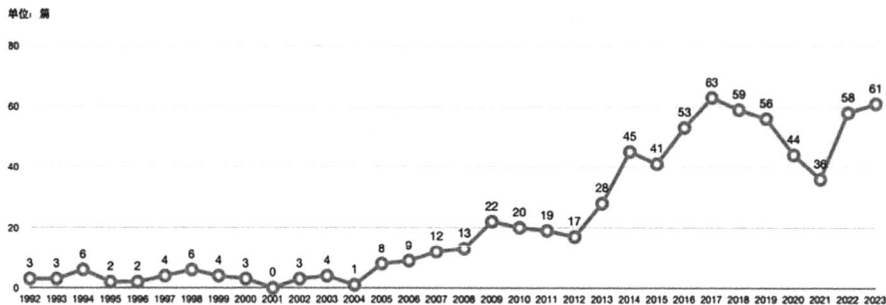

图1　中国学者国际发表议题逐年发展趋势

科技大学)的奖励公告,该公告旨在鼓励教师在国际期刊上发表更多英文论文①。此外,政府和众多以基金会为代表的非营利性组织与科研机构合作,为中国学者在国际期刊上发表论文提供支持和帮助②③。尽管当时对国际发表的研究仍处于起步阶段,但大多数中国的学术机构都会通过物质奖励、荣誉称号和学术晋升来鼓励国际发表。因此,1994年中国在世界中的国际论文发表量从徘徊多年的第15名,上升到了第12名④。

这一阶段,中国学者把国际发表视为国家和地区之间的学术文化交流,并认为应依托优秀国际期刊、著名出版机构和出版大国来提高本国科研成果的传播力和竞争力⑤。蒋悟生认为,提高期刊的国际知名度是提高期刊质量的重要措施⑥。武夷山以匈牙利国家的期刊出版经验为例,说明了在本国内创办外文期刊同时可以促进国内学者的国际发表⑦。

总的来说,在20世纪和21世纪的交汇期间,学界逐步意识到世界范围内信息资源的交流互通对科学研究及社会发展的促进作用⑧。这一阶段中国学者对国际发表的意识启蒙,在一定程度上反映了这一时期中国经济全球化、信息网络化和学术研究国际化的趋势,目的是发现、探索和传播科学知识,为人类社会发展做出贡献⑨。

① 我校奖励在国际重要刊物发表论文的作者[J].华中理工大学学报,1992(S1):146.
② 初景利.开放获取的发展与推动因素[J].图书馆论坛,2006(6):238-242.
③ 李若溪,FYTTON R.国际学术出版开放式访问(OA):Ⅱ.开放访问期刊"作者付费模式"的实践与争论[J].编辑学报,2006(4):315-318.
④ 我国在国际上发表论文已跃居世界第十二位[J].科技与出版,1994(2):4.
⑤ 赵基明.借助国际优秀科技期刊发表优秀科技论文现象探析[J].情报杂志,2002(8):58-60.
⑥ 蒋悟生.谈提高科技期刊的质量[J].情报杂志,1997(4):35-36.
⑦ 武夷山.外语期刊的重要性——匈牙利的历史经验[J].中国科技期刊研究,2000,11(4):250.
⑧ 周晓英.开发信息资源　促进社会发展——记'96信息资源与社会发展国际学术研讨会[J].档案学通讯,1996(6):70-72.
⑨ 赵基明.借助国际优秀科技期刊发表优秀科技论文现象探析[J].情报杂志,2002(8):58-60.

(二)面临挑战阶段(2005—2009 年)

伴随着中国国际化程度不断提高,中国学者的国际发表数量也逐年增长。这一阶段内,中国学者对国际发表的关注与日俱增,在 2009 年达到高潮。相比上一阶段,这一阶段中国学者们的讨论更多聚焦国际发表实践中面临的挑战和困难,以及如何提高国际出版的建议和措施。

编辑出版学科召开了多次学术研讨会,研究国际期刊对学术的要求和期望[1][2],同时关注国外期刊和出版社的动态,以提升我国学术期刊的国际化水平和竞争能力[3][4]。赵刚和姜亚军发现,中国内地在国际发表的作者数量仍较少,多数来自香港,台湾学者几乎没有[5]。黄萍和赵冰比较了中国内地学者和香港学者在国际期刊上发表英文论文的情况,发现语言障碍和学术写作耗时是香港学者和内地学者撰写英文论文的共同问题。此外,中国内地学者还面临一些独特的困难,如缺乏英语学术论文的写作策略、与英语母语者的合作不足、缺乏足够的数据库资源和实验设备,以及对目标期刊缺乏信心和了解等[6]。张莉等从期刊审稿人的角度出发,建议我国学者保持良好学术心态,注意开拓研究思路,采用合理的研究方法,选取适合的国际期刊[7]。经渊等通过对近年来国际期刊上我国学者发表的图书馆学学术论文的分析,指出国内图书馆学研究国际化存在的问题及其原因,并提出提高我国图书馆学术水平和国际学术地位的对策[8]。

在这一阶段,学术出版的不断商业化使得期刊出版费用不断上涨,导致知识和信息的交流变得越来越困难。由于出现了开放获取模式,传统的学术期刊出版模式面临危机[9],这引起了中国学者关于开放获取模式的讨论。

总的来说,这一阶段中国学者重申了国际出版的重要性,既显示出了我国

---

① 姬建敏.中国编辑出版教育的总结与展望——数字化传媒时代编辑出版学学科建设暨专业教育国际学术研讨会综述[J].河南大学学报(社会科学版),2007(3):22-27.

② 张天定,张翩.继往开来携手共进——数字化传媒时代编辑出版学学科建设国际学术研讨会纪要[J].编辑之友,2007(1):95.

③ 任胜利.国际学术期刊出版动态及相关思考[J].中国科技期刊研究,2012,23(5):701-704.

④ 李弘,敖然.开放存取出版模式与传统学术出版转型[J].科技与出版,2010(4):8-13.

⑤ 赵刚,姜亚军.中国译学研究的国际化——华人学者在国际翻译研究刊物上发表论文的调查及启示[J].国外外语教学,2007(4):46-52.

⑥ 黄萍,赵冰.中国大陆及香港地区学者国际期刊英语论文发表之对比研究[J].外语与外语教学,2010(5):44-48.

⑦ 张莉,WAN F,AMITAVA C.在国际 A 类刊物发表文章的 10 条建议——以市场营销刊物为例[J].管理科学,2011,24(1):117-120.

⑧ 经渊,郎杰斌,胡海燕.从国际期刊论文发表情况看我国图书馆学研究[J].大学图书馆学报,2009,27(3):11-15.

⑨ 初景利.开放获取的发展与推动因素[J].图书馆论坛,2006(6):238-242.

编辑出版学科往国际化发展的强劲发力，又看到了其余各学科对国际发表的重视和期待。同时学界也逐步意识到了以"国际发表数量"作为衡量学术水平标准的单一性，对这种偏颇做法提出了批评①。

（三）提高质量阶段（2010—2015 年）

开放获取模式历经十余年发展，虽然耗费巨大但成效甚微，且逐渐背离了缩小知识鸿沟、促进知识流通的初衷②，不过这的确也为知识生产和积累缓解了时空压力③。经过多年发展，国际期刊所发表的论文已积累了一定规模，我国学者发表的国际学术期刊论文数量也增长迅速。2012 年，我国学者发表了193 733 篇 SCI 论文，排名世界第二，仅次于美国，是 2002 年发表的 SCI 论文数量的 4 倍多④。在这一阶段，学者们更加关注国际发表的质量，以及对本学科发展的促进作用。

李晶从历时性角度，考察了国际编辑出版类期刊 10 年发表的论文，发现此领域的发文量和影响力总体呈现逐年增长的态势，美英学者的研究占有明显优势，中国学者的研究水平虽然也在提升，但和美、英有较大差距⑤。李硕豪等研究了国际期刊上的教育类论文，比对了我国高等教育的发展现状，提出要提高我国研究的影响力，规范研究方法和研究内容，这样才能把我国建设成为世界高等教育强国⑥。邵磊等考察了国际顶级旅游学刊中的中国学者文章，认为中国学者的国际发表与学者语言能力、学术背景和研究习惯等相关⑦。在这一过程中，学者们逐渐发现选题角度、研究设计、写作逻辑、语言风格和研究结论、学者心态等，是决定文章能否发表在高质量国际期刊的关键⑧⑨。

① 阎光才，岳英.高校学术评价过程中的认可机制及其合理性——以经济学领域为个案的实证研究[J].教育研究，2012，33(10)：75 - 83＋147.

② 张丛，赵大良.从付费方式的视角审视学术期刊开放存取出版模式[J].编辑学报，2013，25(6)：518 - 522.

③ 杨思洛，袁庆莉，韩雷.中美发表的国际开放获取期刊论文影响比较研究[J].中国图书馆学报，2017，43(1)：67 - 88.

④ 田美，陆根书.发表还是出局？——"Tenure-track"机制下青年教师发表国际学术期刊论文的压力[J].复旦教育论坛，2016，14(5)：14 - 20＋34.

⑤ 李晶.SSCI 国际编辑出版类期刊近 10 年发表论文现状分析——以 JSP，LP，SR 为例[J].中国科技期刊研究，2013，24(3)：477 - 481.

⑥ 李硕豪，张红.国际高等教育研究现状及启示——基于 13 种 SSCI 期刊 2010—2014 年发表论文情况的量化分析[J].中国高教研究，2015(10)：57 - 62＋75.

⑦ 邵磊，瞿大风，张艳玲.基于 Elsevier Science 共享平台的文献量化统计分析——以国际顶级旅游学刊 ATR(2005—2012)发表中国作者论文为例[J].图书馆工作与研究，2013(12)：68 - 72.

⑧ 阳美燕.新加坡南洋理工大学讲座教授黄有光谈"如何在国际顶级期刊发表文章？"[J].国际新闻界，2015，37(6)：167 - 171.

⑨ 胡敏，刘建平，吴效科.针刺临床试验发表国际高影响因子论文的思考[J].中国中西医结合杂志，2014，34(12)：1413 - 1416.

这一阶段,国际发表的"本土化"和"国际化"之间的平衡问题也开始凸显。一方面,国家政策正在通过物质奖励、荣誉称号等渠道,推动各学科研究"走出去",提升各学科发展的国际化程度①。另一方面,学者们在国际发表实践过程中,本土化研究与国际化发表的"水土不服"也逐渐显现出来。贾鹤鹏和张志安以中国的新闻传播学研究为例,指出国际新闻传播学国内外研究领域的差异、非英语学者的弱势与中国问题的缺席②③。然而本土化与国际化应是水乳交融、互为依托的关系。国际化不是全面西化,本土化也不能故步自封④。

总之,在这一阶段,中国学者对国际学术出版与发表的讨论快速稳定增长,他们更加关注国际发表的质量、影响力及其在全球知识生产中的作用。

(四)反思本土性阶段(2016—2023 年)

随着我国对外开放进一步深入,我国学术文化的国际交流程度也不断提高。在这一阶段中,我国学者对国际发表的讨论虽有波动,但总讨论量显著增加,达到了新高,并且有持续发展的趋势。中国学者希望扩大学术交流影响力和提高国家文化软实力,并反思国际发表实践中的本土性的问题。

"走出去"和"国际发表影响力"是这一阶段中国学者关注该话题的关键词。学者们通过对国际期刊中论文作者所属的国家地区、科研机构单位,以及发表频次和影响力因子等方面,来分析不同学科的国际发表现状⑤⑥⑦,鼓励中国学者们走出国门,在学术文本中建构起自己的职业身份,提高学术水平和国际文化交流能力⑧⑨⑩。

---

① 陈平.高校哲学社会科学研究"走出去"问题与对策——对高校科学研究优秀成果奖的数据分析[J].重庆大学学报(社会科学版),2014,20(4):107 - 113.

② 贾鹤鹏,张志安.新闻传播研究的国际发表与中国问题——基于 SSCI 数据库的研究[J].新闻大学,2015(3):10 - 16.

③ 张志安,贾鹤鹏.中国新闻传播学研究的国际发表现状与格局——基于 SSCI 数据库的研究[J].新闻与传播研究,2015,22(5):5 - 18+126.

④ 吕景胜.论人文社科研究本土化与国际化的契合[J].科学决策,2014(9):54 - 65.

⑤ 侯羽,杨金丹.中国译学研究成果"走出去"现状分析——基于华人学者在 11 个国际权威翻译期刊上发表英文文章的情况(2005~2013)[J].解放军外国语学院学报,2016,39(1):27 - 35.

⑥ 周升起,秦琪晶,兰珍先.我国经济学研究国际影响力变化分析——基于 2001 年~2014 年 SSCI 经济学期刊发表论文数量与引证指标[J].经济经纬,2017,34(2):80 - 86.

⑦ 任伟.国际发表影响力——高校外语教师面临的新挑战[J].外语与外语教学,2018(3):22 - 28+143.

⑧ 徐昉.国际发表与中国外语教学研究者的职业身份建构[J].外语与外语教学,2017(1):26 - 32+146.

⑨ 吴锋.全球传播学领域国际发表产出竞争力嬗变轨迹及最新态势(1996—2014)——兼论中国大陆传播学研究的国际竞争力[J].西南民族大学学报(人文社科版),2019,40(2):141 - 152.

⑩ 崔波,姚凯波.2014-2017 年中国新闻传播学国际学术影响力研究——基于 45 种 SSCI 期刊[J].编辑之友,2019(5):38 - 42.

　　这一时期,学者们也意识到提高"走出去"影响力的背后面临着诸多的困境。英语非母语(EAL)学者在国际用途写作中面临语言困境,是一个全球性的问题①。我国有着世界上最多的外语学习者、最庞大的外语教师队伍、最大规模的应用语言学者群体,然而在世界外语教学界却影响力甚微②。EAL学者们在国际发表过程中,语言能力的不足往往会影响他们的学术表达③④。但迫于社会客观环境要求,国际发表仍然是学者们个人职业发展的必然要求⑤⑥⑦⑧。这种社会环境对国际发表的期待和学者们在发表实践中面临的困境引起了另一批学者的反思:这种理想要求是否与客观困境存在矛盾⑨? 是否会对学者的个人生活造成过大压力⑩,导致中国学者的职业身份构建模糊⑪? 学者尤其是大学教师,将重心全部放在科研上,非科研任务被边缘化⑫,又是否会反噬高等教育的发展⑬? 学术期刊质量良莠不齐是否会导致出版生态混乱⑭⑮?

　　为了应对这些困境,有学者从作者、审稿人和期刊的不同角度给出意见,以适应国际期刊的风格和节奏。其中包括润色语言、转换逻辑、调整研究方法,以

---

① 徐昉.构建语言的生态社会系统观——基于中国语言学家国际发表问题个案研究[J].外语与外语教学,2017(6):45-51+146.

② 文秋芳.我国应用语言学研究国际化面临的困境与对策[J].外语与外语教学,2017(1):9-17+145.

③ 曾祥敏,钟焱.非英语国家学者国际发表中的语言能力因素分析[J].西南交通大学学报(社会科学版),2018,19(4):43-49.

④ 刘永厚,司显柱.中外学者学术评价能力对比研究——以国际发表中的英语转述动词为例[J].中国外语,2022,19(2):69-77.

⑤ 许钧.试论国际发表的动机、价值与路径[J].外语与外语教学,2017(1):1-8+145.

⑥ 许心,蒋凯.高校教师视角下的人文社会科学国际发表及其激励制度[J].高等教育研究,2018,39(1):43-55.

⑦ 冯济海.高校青年教师的权威期刊发表与学术职业进路——基于新闻传播学科的考察[J].中国青年研究,2020(3):98-105.

⑧ 蔡基刚.国际期刊论文写作与发表:中国研究生必修的一门课程[J].学位与研究生教育,2018(4):10-15.

⑨ 韦路.中国传播学研究国际发表的现状与反思[J].国际新闻界,2018,40(2):154-165.

⑩ 吴明华,胡燕娟.情绪焦虑对青年教师国际发表的影响及应对策略[J].现代大学教育,2021,37(3):88-94.

⑪ 徐昉.国际发表与中国外语教学研究者的职业身份建构[J].外语与外语教学,2017(1):26-32+146.

⑫ 田美,陆根书.发表还是出局?——"Tenure-track"机制下青年教师发表国际学术期刊论文的压力[J].复旦教育论坛,2016,14(5):14-20+34.

⑬ 朱鸿军,苗伟山,贾鹤鹏.人文社会科学的国际发表与我国高等教育国际化——基于对新闻传播学者国际发表状况的实证研究[J].新闻记者,2021(12):31-38.

⑭ 田恬,陈广仁.明确学术出版道德强化期刊编辑规范[J].编辑学报,2017,29(3):205-209.

⑮ 毛振钢,刘素琴,张利田.国际OA出版平台现状及"互联网+学术期刊"出版模式改革建议[J].编辑学报,2017,29(3):299-303.

及寻找合作者和选取合适的期刊等①②③④。

"本土化"和"国际化"之间的平衡问题仍然是这一阶段多数中国学者关注的重点。世界知识生产圈的边缘群体是核心知识圈的主要消费者,但他们又难以成为核心知识的生产者。因而在"本土"与"全球"的对话中,中国学者要有正确的身份认同定位⑤,把国际发表赋予"本土化关照"⑥,突破本土化与国际化之间的桎梏,掌握构建国际知识体系的话语权,推动中国议题"走出去"⑦⑧。

四、中国学者国际发表研究的学者社会网络分析

一个社会网络是由多个点和各点之间的连线组成的集合,点是社会行动者,连线代表行动者之间的关系。在本研究中,学者是节点,学者之间的合作连线构成了边,经过数据整理后,共有 483 个节点和 387 条边,说明在本研究数据库中一共只有 483 位学者存在合作关系。

以下将分析中国学者在国际学术出版与国际发表议题中的合作网络整体属性、个体属性和小团体情况,从宏观上把握学者间的合作态势,从微观上探究学者个体的学术资源。

(一) 网络整体属性分析

在社会网络分析中,用密度来度量网络完整性,反映行动者之间的关联程度。若任意两节点都有边连接,则其密度为 1。运行 Gephi 软件后,发现本研究网络的整体密度仅为 0.003,说明节点之间非常松散,学者间的合作很少,信息流通性较差。

平均度是整个网络中各个节点的度,而节点度指的是一个特定的节点有多

---

① 卢鹿.国际论文面对面合作修改:过程与策略[J].外语界,2017(2):81-88.
② 张辉,陈松松.重视研究方法培养提高外语教师的国际发表意识[J].外语与外语教学,2018(3):13-21,142-143.
③ 邓备.关于中国传播学研究国际发表的几个事实问题——与韦路教授商榷[J].国际新闻界,2019,41(10):100-110.
④ 王颖,张跃冬,邓峰.海归导师与博士生国际高水平论文发表——基于博士生培养全过程关键要素的实证研究[J].学位与研究生教育,2022(12):72-80.
⑤ 高一虹."本土"与"全球"对话中的身份认同定位——社会语言学学术写作和国际发表中的挑战和回应[J].外语与外语教学,2017(1):18-25,145-146.
⑥ 苗伟山,贾鹤鹏,张志安.为何缺乏本土化关照?——新闻传播领域国际发表中的问题反思[J].新闻大学,2018(4):72-77+153.
⑦ 张金凯.学术出版与理论自信:新闻传播研究的"东学西渐"——基于"中华学术外译项目"的分析[J].中国出版,2022(22):44-48.
⑧ 韦路,秦林瑜.中国新闻传播学国际学术话语权的现状、问题与提升路径[J].新闻与写作,2023(3):34-45.

少其他节点与之相关联,因而整个网络的平均度可以在一定程度上表示一个网络各个节点直接关联的程度。如图2所示,本研究网络中,直接关联一个和两个节点的数量最多,分别有将近240个和220个节点,而连接三个节点的数量骤降,不足20个。随着直接关联节点的增加,节点数量反而下降。这说明我国学者在国际学术出版与发表领域缺乏更多的学术互动和知识共创。

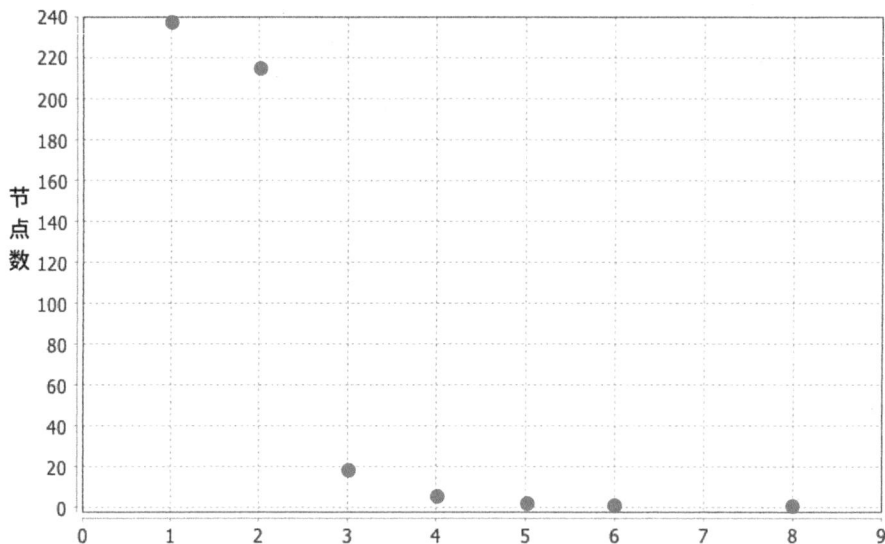

图2　中国学者国际发表议题的学者合作网络平均度

（二）网络个体属性分析

通过对学者合著网络的个体属性进行深入研究,可以更全面地了解学者在学科社群中的位置,更好地了解他们学术合作、信息传播和对学科发展的指导。

点度中心性是一项用于衡量节点在网络中连接程度的指标。节点的点度中心性值越高,表示其与其他节点之间的连接越为密切。在学者的合著网络中,节点的点度中心性值的升高意味着该学者与其他学者的合作频率增加。这种高点度中心性的学者往往在学科领域内扮演着关键的传播者和交流者的角色,对于学科内的知识流动和合作发挥着重要作用。

如图3所示,在本研究中,最活跃、与其他学者合作最广泛的是来自清华大学出版社期刊中心的付国乐,8位学者与其有直接的合著关系;其次是来自上海交通大学出版社的李旦,点度中心值为6。在本研究的学者合作关系网络中,与三人及以上(点度中心值大于等于3)有合作关系的学者共有29位,214位学者与两人有合作(点度中心值为2),而239位学者仅与一人有合作(点度中心值为1)。这说明在国际出版与发表领域中,有众多参与者,却较少有深耕合作者。

介数中心性可以衡量一个节点在网络中作为中介的程度。节点的介数中心性越高,表示它在节点之间的信息传递中起到了越重要的作用。通过计算介数中心性,可以帮助分析学者合著网络中连接不同社区或子群的关键节点。与点度中心性结果类似,付国乐的介数中心性最高,达49.5。仅次于付国乐且介数中心性超过10的各个节点分别是来自南京大学信息管理系的张志强(29)、上海交通大学出版社的李旦(19)和武汉大学信息管理学院的许洁(13),他们也是构成学者之间合作的关键枢纽连接点。而在这483个节点中,有多达445个节点的介数中心性为0,这说明在国际学术出版与发表的研究中,仅有少数学者能够获取大部分的研究资源,继而成为学术合作的"媒介者",而绝大多数学者无法有效促进学术交流[1]。值得注意的是,掌握资源的学者多半来自学界的信息学学科和来自业界的出版领域,其他学科和领域的学者难以有所突破。

(三) 小团体分析

当社会网络中的一些行动者之间的关系表现出较为频繁或积极的特征,以至于形成了一些相对稠密的子集合,这样的次属群体在社会网络分析中通常被称为"凝聚子群和小团体",这种"小团体分析"有助于揭示社会网络中形成的小规模、高度互动的社交单元,为理解网络中的局部结构和密切关系提供了有益的视角[2]。

在 Gephi 中,模块度是衡量一个网络的社区结构的指标,模块度越高,表示网络中的节点在社区内部连接越紧密,社区之间连接越稀疏。通过分析学者合作网络中节点的分组情况来得到模块度,可以发现学者网络中的社区结构,进一步理解网络的组织和功能。在本研究的483个节点中,一共存在179个子群,且大多数子群仅涵盖2~3个节点(如图4所示),说明在国际学术出版与发表领域的学术小团体数目较多,但规模很小。本研究的模块度指标为0.988,说明学者合作社区内部连接紧密,但社区之间的连接非常稀疏。

以来自清华大学出版社期刊中心的付国乐为例,付国乐也是南京大学管理学博士,研究领域主要集中在图书馆、情报与档案管理、新闻传播学。与其联系紧密的张志强、颜帅和张昕分别来自南京大学信息管理系、北京林业大学期刊编辑部和清华大学出版社期刊中心。由此可以推测,该团体以南京大学的信息管理系为中心,延展出来的师友和同事之间的联系共同构成了这一小团体,其他人很难进入。同样的,陈序文、姚长青和雷雪都来自中国科学技术信息研究所,陈序文是硕士研究生,而其余两位分别是研究员和副研究员。

① 傅居正,姜文恒,熊悠竹.国际传播学会会士的合作与"圈子"——基于 ICA 会士在 Web of Science (1950—2021)的文献数据[J].新闻爱好者,2022(1):102-104.
② 傅居正,姜文恒,熊悠竹.国际传播学会会士的合作与"圈子"——基于 ICA 会士在 Web of Science (1950—2021)的文献数据[J].新闻爱好者,2022(1):102-104.

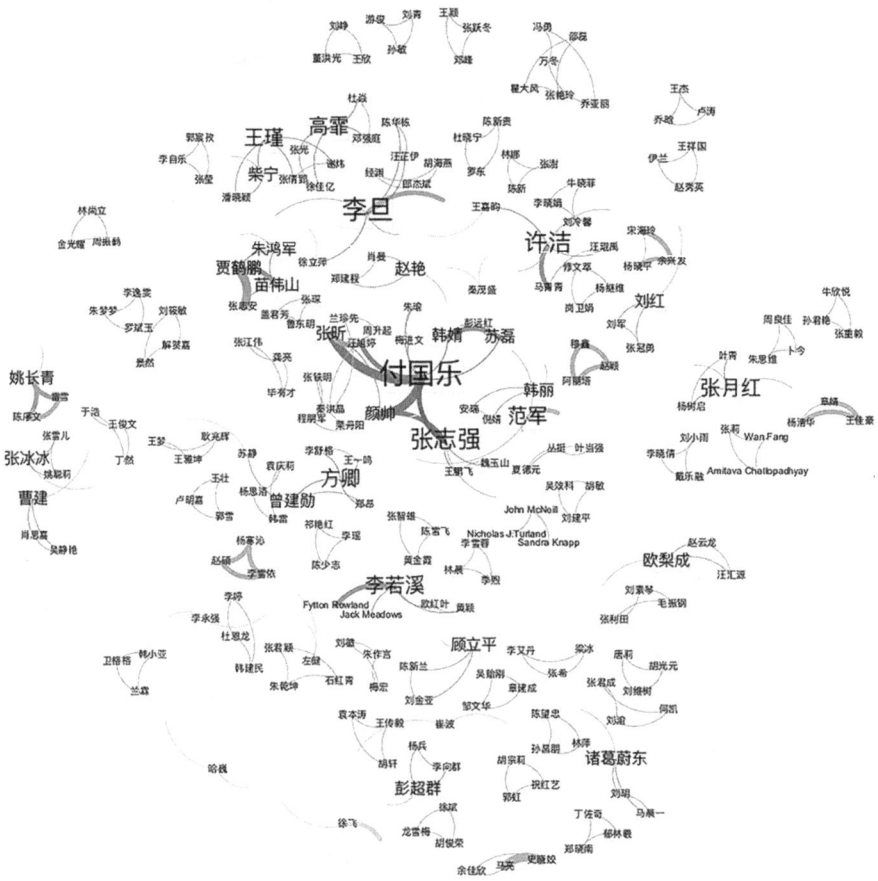

图3 中国学者国际发表议题的学者合作网络

除了现实生活中的联系能促成小团体的形成外，研究还发现，小团体的内部成员基本来自同一领域或学科，而跨学科的合作较少。例如，赵颖、穆鑫和阿丽塔三位来自医药学领域，苗伟山、贾鹤鹏和张志安这一团体来自新闻传播学领域，而史晓姣、马亮则来自公共管理学科，团体与团体之间跨学科的合作很难达成。

五、中国学者涉及国际发表的研究议题

通过文献主题分析，本文发现中国学者对国际学术出版和国际发表议题的讨论主要集中在国际发表影响力、不同研究情境、语言、发表动机、科研评价体系和出版模式六大方面。对这些议题的探讨，在一定程度上能反映出中国学者参与全球知识生产的主要维度。

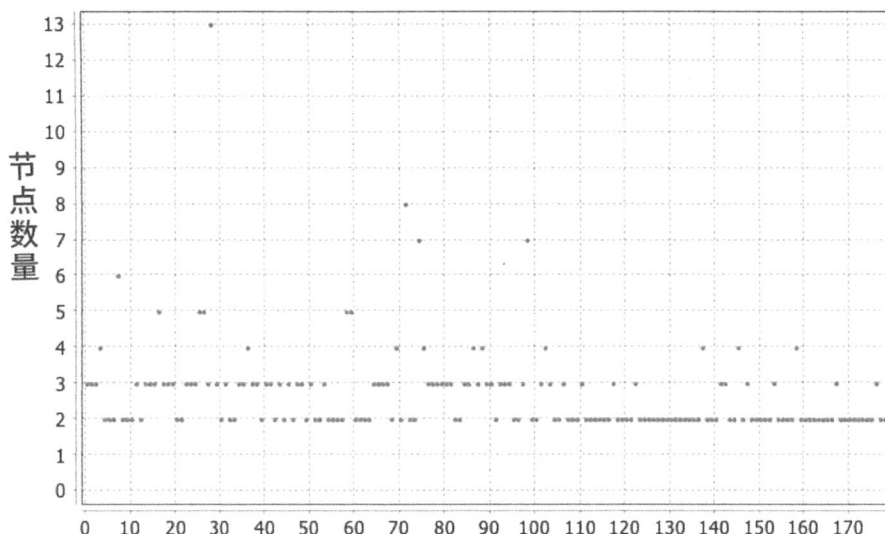

图4 中国学者国际发表议题的学者合作网络模块度指标

(一)国际发表影响力:"竞次"效应和"孤岛现象"

国际发表的影响力不仅是学者个体在学术领域中获得声望的标志,也是推动全球知识生产和学术进步的关键驱动力。

从学术环境来看,中国学者们意识到尽管他们的国际论文发表数量在增长,但引用率相对较低,并且没有得到国际学术界相应关注,还没有产生足够影响力①。这种数量与影响力之间的不平衡主要源于国际学术话语权的失衡,体现在我国与西方国家在拥有国际学术刊物的数量和对学术成果评价主导权方面的差异②。长期以来,欧美发达国家凭借其在技术、资本和研究等方面的优势,一直在国际学术共同体中占据主导地位。这种主导地位使得他们能够掌控全球学术叙事,构建并强化了一个以西方为中心的学术规则体系,从而限制了其他国家的学术发声,影响了全球学术议题的设置③。

从学者个体来看,中国学者国际发表影响力不高与论文的撤稿率较高相关④。在被撤销的国际论文中,剽窃行为和重复发表现象最严重。中国作者的科研失范行为与其他国家作者的科研失范行为模式一致,但撤销论文数量逐年

---

① 朱鸿军,苗伟山,贾鹤鹏.人文社会科学的国际发表与我国高等教育国际化——基于对新闻传播学者国际发表状况的实证研究[J].新闻记者,2021(12):31-38.
② 徐伟志,马献忠.学术出版国际化的动因、困境与路径选择[J].传媒,2023(17):36-38.
③ 吴锋.全球传播学领域国际发表产出竞争力嬗变轨迹及最新态势(1996—2014)——兼论中国大陆传播学研究的国际竞争力[J].西南民族大学学报(人文社科版),2019,40(2):141-152.
④ 徐伟志,马献忠.学术出版国际化的动因、困境与路径选择[J].传媒,2023(17):36-38.

增加的速度在所有国家中最快①。一些作者可能在论文数量和质量之间进行了取舍，研究人员更多追求的是发表文章本身而不是学术影响，由此可能带来论文产出方面的"竞次"效应②。

除国际影响不高，不少中国学者表示很少看到自己的国际研究成果被国内同行引用。一些只在英文期刊发表论文的学者把他们的处境比喻成"学术孤岛"，因为他们的研究既不能在海外产生较大影响，也很难在国内被阅读、认可和引起共鸣。这主要是因为国内学者还未形成广泛且系统阅读国际论文的习惯③。

值得一提的是，尽管学者普遍承认其国际发表没有在国内外产生显著学术影响，国际发表过程中也会遭遇或明或暗的国际偏见，但他们都认为从长期效果来看，国际发表对于提升本学科的学术水平具有促进作用④。

（二）适用不同研究情境：平衡好本土化和国际化的关键

不同国家和地区的社会、经济和政治挑战各不相同，学者在不同的研究情境下会采取不同的问题意识和不同的研究方法和范式。一般而言，国际发表会更跟随国际主流方向，探讨国际领域最关心的问题。而中文论文更多在用国内的话语和概念去诠释研究问题，再上升到国家和社会治理的价值层面⑤。这样的差异可能限制国际发表的影响力，导致在全球范围内知识生产的多样性和不均衡性。

中国学者对于科学研究与本土情境之间的关系有不同看法。有学者认为，即便研究的具体问题可能来源于具体情境，但探究问题的途径应具有普遍性，比研究的具体情境更重要的是研究的问题是否有价值、有意义。有价值的研究问题同样可以引发国际共鸣，促进全球知识的积累。有学者则认为，学术研究与本土情境密不可分，不同的社会情境和历史文化有适用于自己的理论假设，一味追求国际发表，意味着需要更深层次地融入西方主流的学术传统和学术范

---

① 刘红，胡新和.国际学术期刊撤销已发表论文的实证分析——以 ScienceDirect 数据库为例[J].中国科技期刊研究，2011，22(6)：848 - 852.

② 郝小楠.中国经济学研究的国际发表及学术影响——基于 SSCI 的文献计量分析[J].福建论坛(人文社会科学版)，2020(10)：144 - 158.

③ 朱鸿军，苗伟山，贾鹤鹏.人文社会科学的国际发表与我国高等教育国际化——基于对新闻传播学者国际发表状况的实证研究[J].新闻记者，2021(12)：31 - 38.

④ 朱鸿军，苗伟山，贾鹤鹏.人文社会科学的国际发表与我国高等教育国际化——基于对新闻传播学者国际发表状况的实证研究[J].新闻记者，2021(12)：31 - 38.

⑤ 朱鸿军，苗伟山，贾鹤鹏.人文社会科学的国际发表与我国高等教育国际化——基于对新闻传播学者国际发表状况的实证研究[J].新闻记者，2021(12)：31 - 38.

式,从而接受可能并不适用于中国语境的理论和研究范式①。过度强调国际发表,会导致国内学者忽视对本土情境与特殊问题的研究,国际学术研究无法指导本土社会实践,且无法对全球知识积累做出带有新情境的贡献②。

部分学者把这种"科学研究"与"本土情境"的矛盾归结于学者自身对传播理论的狭隘理解或把握不深,难以把握本土问题,同时兼顾发展国际化的理论③。例如,在人文社会科学领域,中国学者早期往往通过翻译西方世界的重要学术著作来建立学科体系和研究范式,这些译著在一定程度上确实促进了中国学科学术体系的初步建立。但这些范式主要是从西方语境中建构和发展起来的,即使这些著作的中文版问世,中国学者也未必能充分利用,因为中国学者无法真正理解这些西方理论的历史文化背景和学科知识背后的核心逻辑,他们能做的只是消费西方知识,而西方知识自然倾向于忽视中国语境。

同时,当中国研究者花去大量时间做知识翻译、搬运和验证工作时,国际研究者正致力于新的知识创新。推动一个学科的建设和进步,研究者的批判性站位和问题意识是探索创新理论的前提和途径④。在这种语境下,中国学者仍然是全球知识的消费者,而不是创新的发起者。这可能导致本土化与国际化之间更深的差距或失衡⑤。

如今越来越多中国学者认识到,在向西方学习的同时,有必要在中国语境中探索新的理论方法⑥。这可能有助于更好理解西方理论与中国本土语境之间的关系,并在本土化与国际化之间达成新的平衡。

(三) 英语作为国际发表语言的工具性和思想性

伴随着全球化不断深入,英语已经在社会各个领域占据主导地位。在国际学术发表中,英语不仅成为科研成果传播的主要载体,也是国际学术会议、期刊和出版物的主要语言。这一现象使得英语成为参与全球学术对话的必备条件,同时也使得其他语言在国际学术交流中逐渐失去竞争优势。这种国际语言格

① 韩亚菲.人文社会科学领域国际发表中的若干影响因素——基于某大学十余院系学术人员的访谈研究[J].教育学术月刊,2015(7):21-26.
② 朱鸿军,苗伟山,贾鹤鹏.人文社会科学的国际发表与我国高等教育国际化——基于对新闻传播学者国际发表状况的实证研究[J].新闻记者,2021(12):31-38.
③ 苗伟山,贾鹤鹏,张志安.为何缺乏本土化关照?——新闻传播领域国际发表中的问题反思[J].新闻大学,2018(4):72-77+153.
④ 徐昉.国际发表与中国外语教学研究者的职业身份建构[J].外语与外语教学,2017(1):26-32+146.
⑤ 苗伟山,贾鹤鹏,张志安.为何缺乏本土化关照?——新闻传播领域国际发表中的问题反思[J].新闻大学,2018(4):72-77+153.
⑥ 徐昉.国际发表与中国外语教学研究者的职业身份建构[J].外语与外语教学,2017(1):26-32+146.

局的单一化趋势不仅影响学术信息的多样性，也限制了全球不同语言社群之间的深入交流与合作，对其他语种作为学术交流语言的发展空间造成了严重挤压。

正如阿特巴赫（Altbach）指出："英语的统治地位使得世界范围内的科学日趋变成以使用英语的主要学术系统为主导的霸权统治，给不使用英语的学者和大学带来挑战。"①语言是不同国家全球知识生产的桥梁，它既是不同学者合作沟通的基础，也是知识成果传播的媒介。不同的语言蕴含着不同的文化传统和思维方式②。中国学者对国际发表中语言问题的讨论集中在语言的工具性和思想性上。

在当前以英语为主导的国际学术体系中，较强的英语写作能力是国际发表的必要前提和基本门槛。然而，并非所有的中国学者都具备英语写作和发表能力。徐昉发现二语写作者面临的主要困难永远是语言。学者的词汇活用能力、语际差异、作者对自我身份的定位都会影响语言问题的解决③。曾祥敏和钟焱在研究中发现语言能力不足在语法准确性方面体现为冠词用法、主谓一致等语法错误，在语用不得体方面体现为语义表达清晰度和语篇连贯性的问题、修辞技巧和论证技巧等学术写作技巧不足④。张乐等也发现英语非母语的学者的与语言相关的问题包括篇章结构的整体规划、语法的准确度/修辞表达、衔接和风格。研究视角、评判标准不同和对科研发表英语的认知差异都会影响研究者对语言相关问题困难度的判断⑤。然而，刘永厚和司显柱以英语转述动词为例，比较了中英学者的学术评价能力，发现他们在英语转述动词的使用上基本遵循着相同的学术共同体规约，英语转述动词方面的学术评价能力在总体上并无显著差异，这一发现能够为中国学者传递足够学术自信⑥。

语言不仅是写作和交流的工具，也具有思想性，是思想的载体和文化的土

---

① ALTBACH G P .The imperial tongue：English as the dominating academic language[J]. Economic and political weekly,2007,42(36)：3608 - 3611.

② 许心,蒋凯.高校教师视角下的人文社会科学国际发表及其激励制度[J].高等教育研究,2018,39(1)：43 - 55.

③ 徐昉.构建语言的生态社会系统观——基于中国语言学家国际发表问题个案研究[J].外语与外语教学,2017(6)：45 - 51＋146.

④ 曾祥敏,钟焱.非英语国家学者国际发表中的语言能力因素分析[J].西南交通大学学报(社会科学版),2018,19(4)：43 - 49.

⑤ 张乐,毕劲,秦晓晴.英语非母语博士生英语学术发表困境：述评与对策[J].外语界,2021(3)：64 - 72.

⑥ 刘永厚,司显柱.中外学者学术评价能力对比研究——以国际发表中的英语转述动词为例[J].中国外语,2022,19(2)：69 - 77.

壤①。陈芙通过《中国印刷史》的国际翻译实践,说明在国际学术平台中可以借助语言让一种文化潜移默化地渗透进另一种文化,由此提醒中国学者要有良好的文化意识和心态②。从社会政治角度看,以英语为媒介的国际学术发表活动蕴含权力角力,加剧了英语中心—非英语边缘的不平等现象③。在人文社会科学领域,如果中国学者以英语为主要写作语言,这就意味着在学术研究中需要放弃母语思维。但选择使用外语进行写作和发表,不仅仅影响着研究者个人的思维方式,还反映了整个学术圈甚至国家、民族的文化取向。如果过分强调英文发表而忽视母语写作,就可能表现出对本国语言文化缺乏自信的迹象,同时也可能加剧我国学术界对西方文化的依赖。这种倾向不仅仅是对语言的选择问题,更是关乎研究者对自身文化传承和发展的认同④。在全球化背景下,学者们的文化意识与心态是体现平等话语权、对抗语言霸权与文化霸权的重要因素⑤。

因此在全球知识生产过程中,既要掌握英语语言技能,进入全球知识圈,也要把握好语言的思想性,避免过于依附西方知识体系,影响基于中国文化的学术创新和探索。

(四) 发表动机:学术现实与学术理想间平衡

中国学者的国际发表动机直接影响着全球知识生产。中国学者的国际发表既受到国内学术风气、机构引导和个人因素的驱动,也受到其他现实因素的干扰。从文化交流的宏观层面来看,国际化是学术发表的内在需求⑥。作为讲好中国故事的一种途径,学者们期待能通过国际发表来有效促进学者个人与海外学术共同体的对话⑦⑧。

从我国高等教育国际化的中观层面来看,越来越多的高校和科研机构通过出台相关机制鼓励教师和科研人员进行国际发表。这种奖励既可以作为对教

① 许心,蒋凯.高校教师视角下的人文社会科学国际发表及其激励制度[J].高等教育研究,2018,39(1):43-55.
② 陈芙.译介与"走出去"——《中国印刷史》英译有感[J].出版广角,2009(10):77-78.
③ 郑咏滟,高雪松.国际学术发表的语言生态研究——以中国人文社科学者发表为例[J].中国外语,2016,13(5):75-83.
④ 许心,蒋凯.高校教师视角下的人文社会科学国际发表及其激励制度[J].高等教育研究,2018,39(1):43-55.
⑤ 陈芙.译介与"走出去"——《中国印刷史》英译有感[J].出版广角,2009(10):77-78.
⑥ 许钧.试论国际发表的动机、价值与路径[J].外语与外语教学,2017(1):1-8+145.
⑦ 朱鸿军,苗伟山,贾鹤鹏.人文社会科学的国际发表与我国高等教育国际化——基于对新闻传播学者国际发表状况的实证研究[J].新闻记者,2021(12):31-38.
⑧ 苗伟山,贾鹤鹏,张志安.为何缺乏本土化关照?——新闻传播领域国际发表中的问题反思[J].新闻大学,2018(4):72-77+153.

师劳动的补偿,也是鼓励中国人文社会科学走向国际化①。苗伟山等学者认为这种高等教育的国际化进程和由此而来的鼓励机制,有效推动了中国学者的国际发表②。一项跨时跟踪访谈数据也显示,来自组织考核的因素近些年逐渐成为中国学者国际发表决定性的核心驱动③。

上述宏观层面和中观层面主要是外在动机,多半是职称、金钱等外在激励机制。对于尚未获得终身教职的学者而言,这种外在动机所占比例更大。而对于已经获得终身教职的学者,他们的内在动机更鲜明。这种内在动机是以学术为志业的自发内在需求④,如通过国际发表获得荣誉感以及在国际发表过程中积累的成就感和学习体验。具体而言,包括如何通过梳理理论来发现研究问题、规范表述学术目的、创新研究方法,以及严谨处理研究数据和推导结论等。这种过程不仅是一次与编辑和匿名评审的互动,也为学者未来的研究方向提供了重要参考⑤。

诚然,对于有能力发表英文论文且熟悉海外发表环境的学者而言,他们也更倾向于发表在国际期刊⑥。尤其有海归背景的学者在海外接受了系统学术培训,熟悉国外的研究体系和流程,也积累了一定的海外学术资源和社会资本,他们的学术视野相对开阔,能敏锐地捕捉学术前沿问题,在英文写作能力、国际学术合作上都比本土学者更有优势⑦。

当然,作为中国学者国际发表的主体,高校教师既有上述的内外动机来推动他们的国际发表,同时也面临着现实中的因素在阻碍着他们发表。一方面他们承担着繁重的教学任务,投入科研的时间相对较少;另一方面,许多教师本身的创新性科研能力、学科意识和研究方法的培养也不够完善,缺少独立从事系统的科研项目的能力⑧。此外,在量化考核的重压下,许多教师难以专注于长

① 许心,蒋凯.高校教师视角下的人文社会科学国际发表及其激励制度[J].高等教育研究,2018,39(1):43-55.
② 苗伟山,贾鹤鹏,张志安.为何缺乏本土化观照?——新闻传播领域国际发表中的问题反思[J].新闻大学,2018(4):72-77+153.
③ 朱鸿军,苗伟山,贾鹤鹏.人文社会科学的国际发表与我国高等教育国际化——基于对新闻传播学者国际发表状况的实证研究[J].新闻记者,2021(12):31-38.
④ 韩亚菲.人文社会科学领域国际发表中的若干影响因素——基于某大学十余院系学术人员的访谈研究[J].教育学术月刊,2015(7):21-26.
⑤ 苗伟山,贾鹤鹏,张志安.为何缺乏本土化观照?——新闻传播领域国际发表中的问题反思[J].新闻大学,2018(4):72-77+153.
⑥ 朱鸿军,苗伟山,贾鹤鹏.人文社会科学的国际发表与我国高等教育国际化——基于对新闻传播学者国际发表状况的实证研究[J].新闻记者,2021(12):31-38.
⑦ 王颖,张跃冬,邓峰.海归导师与博士生国际高水平论文发表——基于博士生培养全过程关键要素的实证研究[J].学位与研究生教育,2022(12):72-80.
⑧ 张辉,陈松松.重视研究方法培养提高外语教师的国际发表意识[J].外语与外语教学,2018(3):13-21,142-143.

期基础研究,取得高水平科研成果。特别是青年教师面临着"非升即走"的压力,会迫使他们追求更稳定、更快速的职业发展道路,因而不得不尽早发表一定数量的符合等级标准的论文。人文社科的青年教师,在现实中面临职称低、收入低等挑战,直接影响他们对科研事业的投入①。一项针对新闻传播学科学者国际发表的研究显示,国内科研机构普遍把国际发表折算成中文论文进行考核,大部分人认为国际发表没有因其更高的质量和时间精力投入而得到应有的物质回报②。因此,要求青年学者在国际顶级期刊发表高水平研究成果较难。

对于科研机构而言,一方面资金支持是影响国际发表的重要因素。科研机构尤其是人文社科研究缺乏足够资金支持,导致学者们面临无法追踪国际学科领域最新动态的困境。另一方面,尽管科研机构鼓励国际发表,但更注重研究课题、人才称号和成果评奖,而中国研究课题通常强调具有"本土性"的现实意义,有时与国际发表注重的"国际化"情境相悖③。且科研基金、人才称号及成果奖的申请大多数情况下必须用中文写作,有些甚至要求将国际发表的成果全文翻译成中文④⑤。很多学者表示科研机构提供的国际交流主要是基于整个学院的规划和发展,侧重学生互换、教学交流和项目合作等方面,旨在扩大学院的国际声誉和影响力,而教师的国际发表或科研能力提升,并非学院国际交流关注的重点⑥。

(五)科研评价体系:兼顾成果发表和知识生产

科研评价体系影响着中国学者对国际发表的态度和行为,包括学术研究议程的设定、语种和期刊的选择,以及学术合作的方式等。中国现有评价体系中的一些问题可能会直接影响中国学者国际发表的质量和全球知识生产的进程。

目前国内大多数科研机构对一篇学术论文价值的论定,往往机械地以其发表在何种等级的刊物为标准⑦,只要在同一等级索引收录的文章,不论类型,均视为同等价值。这种简单的认定方式,导致许多科研人员只在意期刊被索引收

---

① 任伟.国际发表影响力——高校外语教师面临的新挑战[J].外语与外语教学,2018(3):22-28+143.

② 苗伟山,贾鹤鹏,张志安.为何缺乏本土化关照?——新闻传播领域国际发表中的问题反思[J].新闻大学,2018(4):72-77+153.

③ 高一虹."本土"与"全球"对话中的身份认同定位——社会语言学学术写作和国际发表中的挑战和回应[J].外语与外语教学,2017(1):18-25,145-146.

④ 文秋芳.我国应用语言学理论国际化的标准与挑战——基于中国大陆学者国际论文创新性的分析[J].外语教学与研究,2017,49(2):254-266+321.

⑤ 高一虹."本土"与"全球"对话中的身份认同定位——社会语言学学术写作和国际发表中的挑战和回应[J].外语与外语教学,2017(1):18-25,145-146.

⑥ 朱鸿军,苗伟山,贾鹤鹏.人文社会科学的国际发表与我国高等教育国际化——基于对新闻传播学者国际发表状况的实证研究[J].新闻记者,2021(12):31-38.

⑦ 许钧.试论国际发表的动机、价值与路径[J].外语与外语教学,2017(1):1-8+145.

录与否，而不在乎期刊的真正质量。从长远来看，这会压抑学术创新探索的风气，违背学术追求的本质①。

学术界对索引目录的重视，也导致了轻视索引之外的学术成果。目前国内高校对教师国际发表的考核多以是否被 SSCI 与 A&HCI 来源期刊索引收录为衡量标准，对索引收录以外的正规期刊以及国际权威出版社的编著与专著认可度较低。国内考核体系对专著评价主要以出版社等级和字数为依据，忽视了成果本身的学术影响力。这种做法鼓励科研人员注重数量而非质量，不利于提升我国学者的国际影响力。因为国际学术交流往往通过专著和编著展示，而目前体系未能充分认可这些成果②。这种以论文篇数而不是学术质量来衡量学者成果的行政化学术考评体系，通常让普通学者在国际学术成果产出时感觉"不划算"③。

考核评价体系的第三个问题是评估周期过短，基本上是每年一次，这尤其不符合人文社科研究规律。学者面临频繁考核的压力，导致他们难以选择具有更高创新要求的研究话题。为了完成学术任务，有些学者可能会选择将有潜在影响力的研究成果分成多篇，发表在一般级别的期刊上。这不仅有损作者的声誉，也会导致中国学者从事创新性低的重复性研究项目。结果是虽然国际发表论文数量在增长，但在国际学术界的影响却甚微④。同时迫于考核压力，很多学者可能会主动选择略低于论文实际水平的期刊以提高发表的成功率⑤。

第四个问题是我国科研评价体系，尤其人文社科评估中，不承认论文合著者的学术贡献。这在很大程度上会阻碍整个社会科学研究的发展，因为现代社会科学越来越依赖跨学科、跨领域和跨地域的合作来实现不同学术视角、传统和研究方法的交融⑥，多名作者合作可以促进学科融合和发展。

在某些高度专业化且发展相对成熟的学科领域，偏重发表数量的学术评价

① 任伟.国际发表影响力——高校外语教师面临的新挑战[J].外语与外语教学,2018(3):22-28＋143.
② 任伟.国际发表影响力——高校外语教师面临的新挑战[J].外语与外语教学,2018(3):22-28＋143.
③ 朱鸿军,苗伟山,贾鹤鹏.人文社会科学的国际发表与我国高等教育国际化——基于对新闻传播学者国际发表状况的实证研究[J].新闻记者,2021(12):31-38.
④ 任伟.国际发表影响力——高校外语教师面临的新挑战[J].外语与外语教学,2018(3):22-28＋143.
⑤ 郝小楠.中国经济学研究的国际发表及学术影响——基于 SSCI 的文献计量分析[J].福建论坛(人文社会科学版),2020(10):144-158.
⑥ 朱鸿军,苗伟山,贾鹤鹏.人文社会科学的国际发表与我国高等教育国际化——基于对新闻传播学者国际发表状况的实证研究[J].新闻记者,2021(12):31-38.

的确存在误区,但是关注发表引用率的量化评价合理性却得到了经验数据的证实①。因此需要提出更加有效且符合国情的科研评价体系,来正确引导中国学者国际发表,帮助提升中国学者在全球知识生产中的贡献度。

(六) 出版发表模式:开放性和掠夺性

我国学者还讨论了期刊出版和论文发表的收费模式。他们认为不同的期刊付费模式将会直接影响学者发表成果的普及度,影响全球知识的生产和积累过程。

在传统学术期刊出版模式下,学者们无偿或有偿地把自己研究成果的版权出让给出版商,由出版商出版发行,图书馆、机构或个人需要向出版商支付高昂的订阅费用。这可能对一些资金有限的机构或个人造成压力,限制了他们对于知识资源的获取,从而造成全球知识的不均衡分布。而学者们发表论文的目的在于广泛传播,产生学术影响②。这种由出版商主导的出版模式可能导致最终追求的是商业利润而不是学术共享,学术资源被垄断资本控制并转变为商品,学术期刊的核心功能也被异化为资本获利的工具③。

由此,传统的出版模式开始出现危机。为实现学术信息的平等、公开,开放获取运动逐渐兴起。这种模式打破了商业出版商对信息的垄断,建立了一种新的学术与信息交流机制,使得研究成果免费对全球范围内的学者和研究人员开放,推动了知识平等分配和触达,有助于促进全球知识的共享,使研究成果更广泛地传播④。同时这种模式可以缩小数字鸿沟,提高发展中国家的学术影响力,保护科研学者的正当权利⑤。

但随着市场力量的不断入侵,掠夺性期刊也开始出现。武大伟和徐飞⑥探讨了资本入侵学术期刊的四种方式。首先,掠夺性期刊通过降低学术评审要求或虚假同行评议来牟取出版利润。其次,掠夺性期刊通过克隆知名期刊,包括克隆知名期刊的封面,以及在未经原期刊和作者同意的情况下"克隆"文章,来吸引不知情的投稿人。再次,掠夺性期刊以不同的文章发表费(APC)精准地瞄准那些需要通过国际发表来帮助个人事业发展的发展中国家的学者。最后,掠

---

① 阎光才,岳英.高校学术评价过程中的认可机制及其合理性——以经济学领域为个案的实证研究[J].教育研究,2012,33(10):75-83+147.
② 王云才.国内外"开放存取"研究综述[J].图书情报知识,2005(6):40-45.
③ 袁小群,黄国英.开放与掠夺:掠夺性期刊的比较特征、产生缘由与应对策略[J].出版广角,2022(16):80-87.
④ 初景利.开放获取的发展与推动因素[J].图书馆论坛,2006(6):238-242.
⑤ 方晨.开放获取:学术期刊出版的新模式——科学信息开放获取战略与政策国际研讨会召开[J].科学通报,2005(15):1675-1676+1579.
⑥ 武大伟,徐飞.资本失范性介入国际学术期刊的出版乱象分析与治理思考[J].中国科技期刊研究,2023,34(9):1111-1118.

夺性期刊可能会先邀请学者投稿，但直到文章即将发表前才告知学者需要缴纳发表费用，且不允许撤稿，从而迫使这些学者不得不支付费用。学者认为，国际出版业的营利性是不可避免的。开放获取为学者进行国际出版提供了新的机遇，但掠夺性期刊的出现不仅破坏了学术环境，也造成了低质量学术成果的传播，影响了学者的声誉和学术生涯。

在传统出版模式中，出版商收集、审核和出版学者的文章，并通过订阅获利。但随着开放获取的发展，商业出版已从向读者付费转向向作者付费。开放获取运动的初衷旨在促进学术成果的共享和自由交换，构建一个真正服务于科学研究的学术交流系统，然而这种理想化的理念还缺乏实现的基础和机制。商业出版放弃读者付费转到作者付费，对出版商来讲，无非就是一个付费方式的转变。作者的供给欲望使出版商攫取公共财富变得更加容易和冠冕堂皇①。因此，在全球知识生产的过程中，有必要进一步规范出版生态，为学者国际出版和发表创造更有利的学术平台。

六、结语

1992 年至今的 30 多年中，中国学者对国际学术出版和国际发表议题的讨论大致经历了四个阶段。首先，中国学者对国际发表的追求与自 1992 年以来中国社会发展和经济繁荣是同步的。一般情况下，国际发表需要足够的财政支持，而 1992 年是中国改革开放的开端，这为中国学者的国际发表提供了良好的社会环境。其次，中国学者在国际发表方面已经从最初的意识启蒙阶段，到逐渐应对挑战和提高国际发表质量的第二和第三阶段，最终在第四阶段突显了国际发表的中国特色。可以相信中国学者这种在国际发表中寻求中国特色的趋势将会延续下去。最后，中国学者也意识到，即便是用英语国际发表，但国际发表这个过程本身实际上就是在为全球知识生产贡献中国力量。总之，这是我国国际发表经历的四个阶段，我国学术界在国际发表经历的挑战也是提升国际学术影响力的必由之路。

全球知识生产是一个错综复杂的网络，汇聚着各个国家和地区的智慧与创新。中国学者的讨论主题不仅是本土知识体系不断拓展的体现，更是他们在全球学术舞台上逐步扮演更为重要角色的象征。虽然中国学界仍难以融入美欧国家主导的国际学术界，但随着信息传播的全球化以及国际合作的加深，全球知识生产已经进入了一个前所未有的新时代。

---

① 张丛，赵大良.从付费方式的视角审视学术期刊开放存取出版模式[J].编辑学报,2013,25(6):518-522.

本文发现我国学者在国际发表过程中的问题有些具有浓厚中国特色,而有些可能受到全球影响。学者合作关系的分散性和小团体内联系的紧密性,反映了学术合作的复杂性。在这个交叉融合的知识生产生态中,学者之间的合作可以推动更多新思想的涌现,也为全球社会的可持续发展提供新的中国智慧。

值得注意的是,除了参与国际出版和发表外,中国学术机构还与西方出版商合作推出自己的英语学术期刊,作为全球知识产生和互动的平台。这些英语学刊促进了知识生产的发展,知识生产模式的变化又促进了学刊本身的变革。两者相辅相成,促进了全球学术资源的流通和共享。这种多主体参与的模式为全球知识生产共同构建提供了一个更加平衡和多元化的平台[1][2]。在这个背景下,中国学者表现出了他们前所未有的韧性来融入国际学术领域,这不仅让中国学者在国际学术界树立标杆,同时也为全球知识生产注入了丰富的中国视角。

本文上述论证为理解中国学者在国际学术出版和发表方面的研究趋势提供了一个新的视角,也为深入了解全球知识生产动态和中国学者所扮演的角色提供了全面分析。这不仅有助于学术界对全球知识生产的认知,同时也为未来研究和学术合作提供了重要的参考。

当然,本文仅仅以中国学者在中国知网关于国际学术出版和国际发表的相关论文为研究对象,存在一定的局限性,期待未来有更多针对新兴国家在全球知识生产的研究,助力构建新的全球知识生产体系,提高新兴国家的话语权。

作者介绍

郭可为上海外国语大学二级教授,担任英语学刊 *Online Media and Global Communication*(《网络媒体与全球传播》)的联合主编,教育部新闻传播学专业教学指导委员会委员、教育部 UNESCO 全委会国际传播委员、中国国际传播协会副会长。一直从事国际新闻、国际传播、对外传播和国际舆情研究,出版《当代对外传播》《国际传播学导论》《全球青少年媒介消费比较研究》《中国媒体的世界图像及民众全球观》等 6 部著作,发表近 90 篇中英文论文。主编论丛《全球传播与中国话语》(6 本)和《全球话语与媒介研究》(4 本),搭建了《全球传播案例平台》,已完成 1 项国家重大项目和 3 项一般课题,2024 年 12 月开始主持国家社科重大项目"国际传播效能测评体系设计与机制建设研究"(项目号:24&ZD216)。

周汇是上海外国语大学新闻传播学院的博士研究生,她的研究领域主要是形象研究、数字劳动等,发表了关于全球知识生产、青年学生的社会支持、美好

---

① 韦路,秦林瑜.中国新闻传播学国际学术话语权的现状、问题与提升路径[J].新闻与写作,2023(3):34－45.

② 杨国兴,沈广斌.学术期刊在新知识生产模式中的地位和作用[J].中国编辑,2023(6):75－79.

安徽形象的建构等文章。目前正在从事中国乡村空间的全球生产研究,试图探究中国乡村的地理空间与媒介空间的差异,以及中外媒体构建的不同媒介空间之间的差异。

探索国际发表路径：
保持民族性与提高知名度

约尔格·马特斯

在传播学领域，学者们经常观察到所谓的"西方偏见"，即边缘化非西方的研究视角。这种偏见表现在许多方面，例如全球范围内种族、性别和/或地理区域的偏见性表述，包括作者身份、引用和编辑角色等。这种西方主导的知识生产模式可能严重限制我们对传播现象的理解，并可能导致一种虚假且未经反思的普遍主义观念。本文概述了三种应对这种西方偏见的不同方式。首先，非西方学者可以通过简单地采纳西方逻辑，试图"成为西方"，即西方化他们的研究。其次，作为另一种选择，非西方学者可以尝试强化自身的研究传统，创办自己的学术期刊，最终培养独特的、同质的研究社区和文化，以减弱西方的主导地位。基于这两种应对方式的明显局限，本文提出了第三种应对方式：通过从内部逐步改变，改变西方在知识生产中的主导地位。以欧洲的视角为基础，本文概述了实现这一目标的必要步骤和可能面临的挑战，解释了传播学领域如何在保持国家研究身份同时，推动全球出版体系的转变与发展。

For the field of communication, scholars have frequently observed a so-called 'Western bias,' marginalizing non-Western research perspectives. This may concern, for instance, the biased global representations of race, gender, and/or geographical region in terms of authorship, citations, and editorial roles. Such a Western dominance of knowledge production may severely limit our understanding of communication phenomena and potentially lead to a false and unreflected universalism. In this paper, I outline three different responses to such the Western bias. First, non-Western scholars can try to "become Western," by simply adopting to the Western logic, that is, Westernizing their research. Second and alternatively, scholars from the non-Western world can try to strengthen their own research traditions, coming up with their own journals, ultimately fostering unique, homogeneous research communities and cultures to decreasing Western dominance. Based on the obvious shortcomings of both responses，this paper argues for a third one：The Western dominance in knowledge production can be gradually，and slowly，changed from within. Taking a European perspective，this paper outlines the necessary steps and potential challenges toward that goal. It is explained how the field can shift and gradually change global publishing，while maintaining national research identities.

一、引言

科学是也本应该是一项真正的全球性事业,其核心在于从现有知识中汲取精华,而不论这些知识源自何处、由谁首次发表。为了取得进步,我们需要审视全球现有的知识,在此基础上进行构建、挑战、批评、证实或证伪。如果我们无法与他人分享、向他人学习、将其与其他背景进行比较以及让其他人验证、应用和修改,那么创造智慧和知识就毫无意义。同样,因为知识是用我们不懂的语言写成的,如果我们无法获取知识的当前状态,我们又如何能超越现有知识呢?

这种共享知识的概念不仅适用于自然科学,也适用于社会科学,尤其是传播学领域。生成式人工智能等新技术发展在全球范围内取得突破,尽管它们在不同环境中受到不同法规的约束,根据人类不同的个体和文化特征以不同的方式使用,但基本上,我们都在问同样的问题,例如这些技术如何塑造我们的生活和交流方式,它们如何影响我们的人际关系、我们的身份以及我们的幸福?当然,这并不意味着我们得出了相同的结论,但尽管如此,我们都对同样的问题给出了答案。

这绝不是什么新见解,当我们审视历史上彼此独立的东方和西方哲学时,我们会发现各自的思想流派之间存在明显、重要且持久的差异。但与此同时,接近真理以及反思我们应该如何以最佳方式生活的总体目标却非常相似,只要看看孔子和亚里士多德、墨子和柏拉图,或哈贝马斯和梁漱溟就知道①②③④。

① LAI K，BENITEZ R，HYUN JIN KIM. Cultivating a good life in early Chinese and ancient Greek philosophy[M]. London：Bloomsbury Publishing，2018.
② SHUMING L. Eastern and western cultures and their philosophies（1921）[M]. London：Routledge，2015：101-113.
③ TAKAHASHI M. Toward a culturally inclusive understanding of wisdom：historical roots in the east and west[J]. The international journal of aging and human development，2000，51(3)：217-230.
④ WANG Z D，WANG Y M，LI K，et al. The comparison of the wisdom view in Chinese and western cultures[J]. Current psychology，2021：1-12.

二、改变西方在知识生产中的主导地位

尽管我们提出同样的问题,但我们的知识出版、共享和传播方式却存在着重大差异。郭可等人①强调了中国学者在国际出版方面面临的六大挑战,包括国际影响力、语境争议、英语的使用、学者动机、评估体系以及主要出版社的出版费用。他们认为,"长期以来,欧洲国家和美国凭借其在学术出版、资本体系和整体研究能力方面的优势,主导着国际学术界。因此,他们可以控制全球学术叙事并维护其以西方为中心的世界学术规则"。

事实上,在传播学领域,也有许多人认为该领域忽视或边缘化了非西方观点②③④⑤⑥。这涉及作者、引用和编辑角色方面对种族、性别和/或地理区域的偏见⑦。西方在知识生产中的主导地位是一个巨大威胁。它可能导致我们理解上的偏见,并可能形成一种虚假的普遍主义。如果没有全球知识生产,我们的理论可能无法推广,甚至可能与世界大部分地区无关⑧。

如何改变这一现状?最明显的答案与研究协会、出版商和期刊编辑的当前

① GUO K, ZHOU H, CHEN P Q. Path to global knowledge: a review of Chinese scholars on international publishing[J]. Online media and global communication, 2023, 2(4): 472-496.
② CHAKRAVARTTY P, KUO R, GRUBBS V, et al. ♯ Communicationsowhite[J]. Journal of communication, 2018, 68(2): 254-266.
③ DEMETER M. Changing center and stagnant periphery in communication and media studies: national diversity of major international journals in the field of communication from 2013 to 2017 [J]. International journal of communication, 2018(12): 29.
④ DEMETER M. The winner takes it all: international inequality in communication and media studies today[J]. Journalism & mass communication quarterly, 2019, 96(1): 37-59.
⑤ FREELON D, PRUDEN M L, EDDY K A, et al. Inequities of race, place, and gender among the communication citation elite, 2000—2019[J]. Journal of communication, 2023, 73(4): 356-367.
⑥ GUO K, ZHOU H, CHEN P Q. Path to global knowledge: a review of Chinese scholars on international publishing[J]. Online media and global communication, 2023, 2(4): 472-496.
⑦ CHAKRAVARTTY P, KUO R, GRUBBS V, et al. ♯ Communicationsowhite[J]. Journal of communication, 2018, 68(2): 254-266.
⑧ MATTES J. Internationalizing communication theory: finding ways forward[J]. Communication theory, 2024, 34(1): 1-2.

做法有关①②③④。简而言之，当前的系统需要开放并提高人们对这一问题的认识。已经有很多人提出了建议，例如改变出版物的标准，更积极地把边缘化背景和领域的声音纳入学术辩论，扩大编辑委员会，积极推动期刊出版物中来自全球各地的声音，或通过把研究成果翻译成其他语言来提高知名度⑤⑥⑦。这些方面都取得了明显进展，但进展相当缓慢。然而，仅靠这种进展可能还不够。此外，来自历史上不太受关注地区的作者、协会和政治团体也发挥着重要作用。

三、个人故事

2001年，我开始在德国攻读博士学位，当时的主要出版语言是德语。我所有的导师都主要用德语发表论文，德语期刊是关键的定位点，我的论文也是用德语出版的。当时，国家级德语会议被认为是最重要的，只有少数德语学者在国际上享有盛誉，这是罕见的例外。除了一些例外，欧洲学者基本上没有出现在所有主要传播学期刊的编辑委员会中。国际传播协会的领导职位也是如此。正如我所经历的那样，西方主导全球出版意味着美国主导。回首这段时间，可以说我和我的博士同学都相当天真和无知。我们真的不知道如何用学术英语写一篇期刊文章，国际期刊是如何运作的，以及向期刊投稿时会遇到什么问题。此外，几乎没有为博士生和博士后举办有关国际期刊出版的研讨会或其他可以提高其国际知名度和影响力的活动。

如今，情况已大不相同：西欧学者在国际上各个层面都享有很高的知名度，他们不仅是作者和编委会成员，而且还是编辑或部门主席。情况为何会如此迅

---

① COMEL N，MARQUES F P J，PRENDIN COSTA L O，et al. Who navigates the "elite" of communication journals? The participation of BRICS universities in top-ranked publications[J]. Online media and global communication，2023，2(4)：497－543.

② DEMETER M. Changing center and stagnant periphery in communication and media studies：national diversity of major international journals in the field of communication from 2013 to 2017 [J]. International journal of communication，2018(12)：29.

③ DEMETER M. The winner takes it all：international inequality in communication and media studies today[J]. Journalism & mass communication quarterly，2019，96(1)：37－59.

④ MATTES J. Internationalizing communication theory：finding ways forward[J]. Communication theory，2024，34(1)：1－2.

⑤ DEMETER M. Changing center and stagnant periphery in communication and media studies：national diversity of major international journals in the field of communication from 2013 to 2017 [J]. International journal of communication，2018(12)：29.

⑥ DEMETER M. The winner takes it all：international inequality in communication and media studies today[J]. Journalism & mass communication quarterly，2019，96(1)：37－59.

⑦ MATTES J. Internationalizing communication theory：finding ways forward[J]. Communication theory，2024，34(1)：1－2.

速地发生变化？我认为,有三个主要因素。第一个因素,由于个人的取向很大程度上取决于同行,因此需要在国际化方面具有开拓精神的榜样。事实上,有几位学者的主要研究取向是国际化,他们在所有主要期刊上用英文发表文章,并出席国际会议。这些学者是榜样,我可以观察他们向哪些期刊投稿,他们如何进行研究,最重要的是,我可以与他们交谈。第二个因素是欧洲传播学者越来越意识到"走向国际"、做更多事情的重要性。举个例子,2004年德国传播学会(DGPuK)出版了一本开创性的小型指南《如何走向国际》①,为德国传播学者提供了如何在国际上获得更多关注的建议。这本指南在当时是一个重要的资源。

第三个因素,全球研究导向需要资金,因为只有当你有资金去参加国际会议时,向他们提交论文才有意义。此外,我们需要资金进行校对,因为当时用学术英语写作是一项挑战。如果没有所在机构的资金支持,就不可能有国际知名度。当然,这是一个棘手的问题,因为许多研究机构,特别是全球南方的研究机构,可能缺乏这些资源。虽然这确实是一个复杂的问题,但我相信大型出版社可以做更多的事情,来为世界上代表性不足的地区提供培训、服务和支持。

四、混合方法

毫无疑问,来自非西方环境会带来额外的不利因素和挑战。除了用外语发表论文比用母语发表论文要困难得多之外,接触文化上不一致且不熟悉的外国思想流派也会带来额外的障碍。也就是说,仅仅把自己的研究成果翻译成另一种语言可能还不够,因为我们的理论依赖于语境。郭可等人②指出:"中国学者无法真正理解这些西方理论的历史文化背景以及学科知识背后的核心逻辑。他们所能做的就是吸收西方知识,而这种西方知识往往自然而然地忽视了中国语境"。这是一个重要的论点。

但应该怎么做呢？我认为基本上有三种方法。第一种,非西方学者可以尝试"西方化",只需采用西方逻辑,融入西方主流。按照郭可等人③提出的解释,这是一种困难的方法,并且在我看来,这也是错误的。例如,如果中国学术完全成为西方学术,我们又如何从中国学术中学习？当我们都开始在研究中抽样调

---

① BILANDZIC H, LAUF E, HARTMANN T, et al. How to go international:DGPuK-Wegweiser zu internationalen Tagungen und Fachzeitschriften in der Kommunikationswissenschaft[J]. 2004 (1).

② GUO K, ZHOU H, CHEN P Q. Path to global knowledge:a review of Chinese scholars on international publishing[J]. Online media and global communication, 2023, 2(4):472-496.

③ GUO K, ZHOU H, CHEN P Q. Path to global knowledge:a review of Chinese scholars on international publishing[J]. Online media and global communication, 2023, 2(4):472-496.

查美国受访者时,我们又如何理解文化在回答我们的研究问题时所起的重要作用? 这可能是一种快速发表文章的方法,但从长远来看,它可能不会让我们走得太远。

第二种方法则相反:非西方世界的学者可以尝试创办自己的期刊,培养自己的、文化同质的研究社区和文化。当然,这样的社区的存在和培育很重要——想想拉丁美洲、中国或欧洲学术的身份。此外,在国家层面,支持国家研究政策和奖学金也很重要①②③。然而,如果我们将国家话语与国际话语隔离开来,或者将其放在带有特殊标签的特殊盒子里,在会议的特别小组上展示,甚至可能将各自社区以外的学者排除在外。因此,这种方法限制了知识交流和相互学习的前景。

我主张第三种模式,即混合方法。西方在知识生产中的主导地位可以逐渐、缓慢地从内部改变。也就是说,重要的是要了解和阐述西方的研究传统,将你的工作提交给领先的国际(西方主导的)期刊,参加国际传播协会年会等大型会议。这当然不是一条容易的路,原因郭可等人④已解释过。然而,会议演讲和国际期刊上的出版物会逐步带来认可和知名度,最终会引导你受邀加入编辑委员会、担任学术协会的角色或担任副主编或主编等职位,这反过来可能会导致更多来自非西方国家的投稿。然后,西方的主导地位就会逐渐改变,新的观点会在全球出版中变得更加突出。当然,这显然是一种理想情况,但过去十年来欧洲主题和观点在所有主要传播期刊中的兴起表明,改变是可能的。不可否认的是,我在西方国家提倡这种混合方法要容易得多。而我自己来自非西方国家,遵循这种方法可能更困难,也需要更长时间。事实上,这将是一条崎岖的道路。

此外,努力在国际上崭露头角并不意味着要放弃国家研究方向和逻辑。这些仍然很重要。事实上,当我们的目标是国际化时,可能有必要同时"侍奉两个主人"。一方面,在国际舞台上崭露头角、参加国际会议和用英语发表文章很重要,至关重要,这样我们的研究才能得到认可,并有可能在全球范围内流行起来。另一方面,除非我们决定在英语环境中发展事业,否则我们仍然需要在国家层面上展现存在感,用我们的母语发表演讲,参加国家会议,并用我们自己的

① GAO B, GUO C. Where to publish: Chinese HSS academics' responses to 'breaking SSCI supremacy' policies[J]. Higher education policy, 2023, 36(3): 478 - 496.
② SHU F, LIU S, LARVIERE V. China's research evaluation reform: what are the consequences for global science? [J]. Minerva, 2022, 60(3): 329 - 347.
③ ZHAO K, LIANG H, LI J. Understanding the growing contributions of China to leading international higher education journals[J]. Higher education, 2024(1): 1 - 19.
④ GUO K, ZHOU H, CHEN P Q. Path to global knowledge: a review of Chinese scholars on international publishing[J]. Online media and global communication, 2023, 2(4): 472 - 496.

国家语言发表文章。这很重要，至少有两个原因：首先，研究人员的工作不是填满简历，而是回答重要的科学问题。重要性的一个指标可以是，也应该是，在国家层面讨论的紧迫问题，例如，关于健康传播或广告监管的问题。学者们需要解决这些问题，而这往往需要外联、新闻报道和利益相关者的参与。简而言之，我们的社会希望我们给出答案。所有这些通常都是用各自的国家语言来完成的。其次，从务实角度看，对我们许多人来说，就业市场可能仍然是一个国家市场。也就是说，我们是由来自我们自己国家的同行学者来评估的，我们被要求回答在国家层面公开讨论的问题。

因此，在从事全球出版时，不应该也不能抛弃"国家身份"。混合模式主张在同一视角下进行全球学术研究、全球思想交流和知识积累，而不是全球学术的单纯"西化"。但如何才能实现这一点呢？接下来，我将为非西方学者提供一些如何在西方主导的期刊上发表文章的建议。

五、一些实用建议

首先，让我们从最基本的建议开始：英语。英语是科学的通用语言，虽然非英语母语人士存在劣势，但每个人都可以学习英语学术写作，无论是否借助人工智能、校对或其他语言服务。这并不是要用完美的语言写作，而是要尝试应用一套基本原则，这些原则很容易学会，无论是通过观察他人的写作，还是通过参加学术写作课程。期刊文章通常具有相似的结构和风格，例如，当你查看典型的摘要或典型的介绍或讨论部分时，所有这些都可以学习。关键是，我们可以一直努力提高我们的英语写作水平，我相信这无法避免。我们用其他语言能够像用英语一样流利地交流是不现实的，我们需要一种共同的语言来交流、互动和合作。

其次，把自己的研究与现有国际文献联系起来非常重要。这意味着需要承认之前在国际上发表的论文，并阐明与之前论文相比在理论和方法上的进步。换句话说，很难发表只基于国家的学术论述、不与世界学术联系的论文。有时，这种联系并不明显，因为特定主题可能没有国际学术研究。然而，这种联系几乎总是可以在理论层面上建立起来，通过阐明基本理论或共同假设。简而言之，我相信我们只有在国际工作的基础上再接再厉，才能推动国际工作的发展。

再次，与此相关的是，需要明确解释与先前研究相比的理论进步。我们的工作可能会扩展、批评或改进现有的理论或概念，例如通过提出新的偶然条件、潜在过程①,或通过连接概念、模型或理论②。此外,解决文化和背景的作用可能是一项重要的理论创新。我曾担任多家期刊的编辑和副编辑,经常在投稿中看到"案例研究方法"。这意味着作者将他们的研究作为一个特殊案例来呈现,通常与特定当地背景下的特定问题相关,例如一个国家的地方选举或地方竞选活动。这类论文通常针对与国家层面非常相关的当地挑战。然而,为了与国际学术界联系起来,当地案例需要转化为其他学者可以理解的更广泛的理论或实践问题。举个例子,学者们可能对奥地利某个特定主题的广告活动如何在特定时间点说服公民不感兴趣。奥地利是一个小国,学者们可能不熟悉奥地利流行的产品和活动。然而,当谈到情感在广告中的作用时,学者们有着浓厚的兴趣。因此,任务是阐明潜在的理论概念和理论,而不是强调当地案例的独特性。这并不意味着应该忽略当地背景,应该讨论和承认它,例如在讨论部分,但不应将其用作中心销售论点。

最后,在方法方面,关键是要严格遵守有关有效性、可靠性、抽样和统计分析的既定标准③。方法论问题往往是稿件被拒的主要原因,而当一项研究存在方法论缺陷时,我们往往无能为力。我建议学者关注最近在传播学和相关学科领域进行的方法论讨论。在某一时间点可接受的做法,例如使用学生样本,在以后可能会变得越来越成问题。例如,有许多统计实践早已被认为过时了。中位数分割④、采用方差最大旋转的因子分析⑤、提出新量表而没有足够的结构验证策略⑥、比较调查研究中缺乏等效性检验⑦或跟踪调查研究中忽略自回归效应的情况仍可能不时在已发表的文献中发现,但反对此类做法的方法论证据是压倒性的。

① DEANDREA D C, HOLBERT R L. Increasing clarity where it is needed most: articulating and evaluating theoretical contributions[J]. Annals of the international communication association, 2017, 41(2): 168-180.

② MATTHES J. Internationalizing communication theory: finding ways forward[J]. Communication theory, 2024, 34(1): 1-2.

③ MATTHES J, NIEDERDEPPE J, SHEN F C. Reflections on the need for a journal devoted to communication research methodologies: ten years later [J]. Communication methods and measures, 2016, 10(1): 1-3.

④ MACCALLUM R C, ZHANG S, PREACHER K J, et al. On the practice of dichotomization of quantitative variables[J]. Psychological methods, 2002, 7(1): 19.

⑤ FABRIGAR L R, WEGENER D T, MACCALLUM R C, et al. Evaluating the use of exploratory factor analysis in psychological research[J]. Psychological methods, 1999, 4(3): 272.

⑥ CARPENTER S. Ten steps in scale development and reporting: a guide for researchers[J]. Communication methods and measures, 2018, 12(1): 25-44.

⑦ SCHEMER C, KUHNE R, MATTHES J. The role of measurement invariance in comparative communication research[M]//Comparing political communication across time and space: new studies in an emerging field. London: Palgrave Macmillan UK, 2014: 31-46.

质量标准并非一成不变,它们会随着时间而变化,并且可以协商。然而,在进行研究时,我们都需要就一套基本标准达成一致。虽然理论可能与文化和民族认同有关,但我认为方法论是一种每个人都可以使用和理解的工具,无论国家和文化如何。因此,我并不认为共同的方法论标准是西方研究占主导地位的指标。在定性方法论和定量方法论的偏好方面,各国可能存在差异,但良好的定性和定量研究的标准应该得到普遍认可。

六、结论

在这篇文章中,我首先提出了这样一个观点:科学必须是全球性的,只有当我们所有人都能接触到知识时,我们才能推进知识的发展。与此同时,学术界存在明显的西方偏见,这使得非西方学者很难在国际上崭露头角。这种西方偏见需要改变。然而,如果我们建立与现有西方研究无关的平行研究传统,我们可能无法改变它。相反,我的观点是,我们需要从内部改变知识生产的主导体系。为了做到这一点,我们需要首先开放它,这样非西方作者才能有公平的机会发表他们的作品。然后,非西方学者可以用自己的贡献来转变和逐渐改变全球出版。重要的是,这应该通过保持国家研究身份来实现。总的来说,我们需要非西方的特别是中国的学术来回答我们实质性的研究问题。我们需要向中国的研究和全球的研究学习,放弃西方研究具有全球性和普遍相关性这一经常隐含或明确的假设。

作者介绍

约尔格·马特斯(Jörg Matthes)为维也纳大学传播学系教授,并担任广告与媒体心理学研究组负责人。其主要研究领域涵盖数字媒体效应、广告与消费者行为研究、可持续传播、儿童与媒介、恐怖主义传播及实证方法创新。作为高产出学者,他已在国际权威期刊发表逾250篇学术论文,研究成果具有广泛影响力。2021年荣膺国际传播学会会士称号,2022年更以"数字媒体与可持续发展转型"课题斩获欧洲研究委员250万欧元高级研究资助,彰显其学术领导力。目前担任传播学领域旗舰期刊《传播理论》主编,持续推动学科理论前沿发展。

这不仅关乎国际出版，还关乎促进真正全球化和平等的学术对话

维罗妮卡·卡尔诺夫斯基

本文分析了促进真正全球化和平等学术对话所面临的挑战与机遇，超越当前国际出版相对狭窄的焦点。尽管学术界正日益国际化，但仍存在显著的差异和障碍，尤其是对于非西方国家的学者。这导致西方、英语国家在国际学术辩论中的持续主导地位。

在讨论郭可等人提出的国际出版问题时，我区分了学术出版中的普遍性挑战与促进全球学术对话的特定问题。本文强调，国际出版不应被视为目的本身，而应作为实现更加包容和多元学术话语的手段。我概述了国际化研究和促进全球对话的几个关键方面，包括"被听见"和"倾听他人"的重要性、学术网络和国际会议参与的作用、研究者增加可见度的必要性，以及在全球学术体系中承担责任的重要性。

本文还讨论实现真正全球学术对话的两个主要障碍：首先是学术知识生产中的背景问题，强调需要承认并尊重不同的研究背景；其次是英语作为学术通用语言的主导地位。这对于非母语学者不利，但被视为全球沟通的必要妥协。

为应对这些挑战，我呼吁学术界共同努力，拥抱多样性、透明化研究背景、打击同行评审和出版过程中的偏见、优先考虑可理解性而非写作风格，并利用技术进步支持非英语母语学者。最后，我强调，应该关注促进真正全球化和平等的学术话语，而不是被民族主义或保护主义的倾向所偏离。我倡导学术界采取协作方式，营造一个无论地理或语言背景如何，所有学者都能平等、开放地参与对话的环境。

In this paper, I analyze the challenges and opportunities in fostering a truly global and equal scholarly dialogue, moving beyond the current relatively narrow focus of international publishing. While the academic world is becoming increasingly international, significant disparities and barriers persist, particularly for scholars from non-Western countries. This leads to an ongoing dominance of Western, English-speaking countries in international scholarly debates.

Addressing the issues in international publishing identified by Guo et al., I distinguish between overarching challenges in academic publishing and problems specific to fostering global scholarly dialogue. In this paper, I emphasize that international publishing should not be seen as an end in itself, but rather as a means to achieve a more inclusive and diverse academic discourse. I outline several key aspects of internationalizing research and promoting global dialogue, including the importance of both being heard and listening to others, the role of networking and participating in international conferences, the need for researchers to increase their visibility, and the significance of taking responsibility in the global academic system.

Two major barriers to achieving a truly global scholarly dialogue are discussed: First, the issue of context in scholarly knowledge production, emphasizing the need to acknowledge and respect diverse research contexts. Second, the dominance of English as the academic lingua franca, which disadvantages non-native speakers but is seen as a necessary compromise for global communication.

To address these challenges, I call for a collective effort from the academic community to embrace diversity, make research contexts transparent, combat biases in peer review and publication processes, prioritize comprehensibility over writing style, and leverage technological advancements to support non-native English speakers.

I conclude by emphasizing the importance of focusing on fostering a truly global and equal scholarly discourse rather than getting sidetracked by nationalistic or protectionist tendencies. I advocate for a collaborative approach within the academic community to create an environment where all scholars can engage in equal and welcoming dialogue, regardless of their geographical or linguistic background.

科学是学术知识的产物，应该涉及全球团队合作。事实上，学术界正变得越来越国际化，合作总体呈上升趋势①，尤其是在社会科学领域②。然而，我们谈论的并不是一个公平的竞争环境。首先，合作更有可能发生在一个国家内部，而不是跨境③。其次，西方国家（主要是英语国家）几十年来一直主导着国际学术辩论。尽管在社会科学领域，国际出版的地理多样性也在增加④，但旧的霸权仍然存在⑤。

在他们的论文中，郭可等人特别关注了这一不公平竞争环境的一个方面——中国学者的国际出版。他们确定了国际出版的六个主要问题：国际影响力，语境争议，英语语言，学术动机，评价系统，出版费用⑥。

一、学术出版的总体发展

首先，请允许我理清学术发表中的这些问题。在我看来，其中两个方面并非中国国际发表所特有，甚至也并非非英语母语学者的学术发表所特有：学术动机/评价体系和出版费用。过去几十年来，学术动机和评价体系问题在全球范围内引起了很多争论。我们看到一些体系从外部激励学者，并根据 SSCI、期刊影响因子等指标评估他们的工作⑦。然而，这些做法因其设置的障碍而受到广泛批评，例如优先考虑低风险的科学努力而不是真正的创新方法⑧⑨。评估

① WILSDON J. Knowledge, networks and nations: global scientific collaboration in the 21st century [J]. The royal society, 2011[2024 - 11 - 27].
② LEYDESDORFF L, PARK H W, WAGNER C. International coauthorship relations in the social sciences citation index: is internationalization leading the network? [J]. Journal of the association for information science and technology, 2014, 65(10): 2111 - 2126.
③ HENNEMANN S, RYBSKI D, LIEFNER I. The myth of global science collaboration——collaboration patterns in epistemic communities[J]. Journal of informetrics, 2012, 6(2): 217 - 225.
④ DEMETER M. Changing center and stagnant periphery in communication and media studies: national diversity of major international journals in the field of communication from 2013 to 2017 [J]. International journal of communication, 2018(12): 29.
⑤ NODA O. Epistemic hegemony: the western straitjacket and post-colonial scars in academic publishing[J]. Revista brasileira de política internacional, 2020, 63(1): e007.
⑥ GUO K, ZHOU H, CHEN P Q. Path to global knowledge: a review of Chinese scholars on international publishing[J]. Online media and global communication, 2023, 2(4): 472 - 496.
⑦ HICKS D, WOUTERS P, WALTMAN L, et al. Bibliometrics: the Leiden Manifesto for research metrics[J]. Nature, 2015, 520(7548): 429 - 431.
⑧ DONOVAN C. Gradgrinding the social sciences: The politics of metrics of political science[J]. Political studies review, 2009, 7(1): 73 - 83.
⑨ PONTILLE D, TORNY D. The controversial policies of journal ratings: evaluating social sciences and humanities[J]. Research evaluation, 2010, 19(5): 347 - 360.

学术产出的替代方法正在兴起,许多国家和资助者开始调整其做法。在可预见的未来,如何持续发展适当的方法来衡量和激励学术工作仍将是世界各地学者争论的话题。

其次,学术出版向开放获取实践的转变也是一个普遍问题,这与出版的地理多样性的具体情况无关。虽然与开放科学运动紧密相关的总体目标是让每个人都能获得学术辩论和成果,这是可取的①,但随之而来的一些发展仍然存在很大问题。从基于读者的订阅模式(将学术成果的访问限制在那些负担得起的人身上)转向出版收费,只会把瓶颈从一个地方转移到另一个地方。学者及其机构必须足够富裕,才能负担得起阅读学术成果的费用,或者有财力发表他们的成果。后者危及全球南方国家的学术出版物和整体研究生产力②③。此外,这些不断变化的做法导致了不良的发展,例如掠夺性期刊,利用了该系统的缺陷。

由于这两个问题、评估指标以及从订阅制到出版费制的学术出版的转变都是与国际出版没有明确关联的总体主题,因此我不会更详细地讨论这些主题。不过,这两个主题都需要全球学术界持续而广泛地审查和辩论。

二、促进真正全球化和平等的学术对话

相反,让我们转向实际问题。对我来说,这需要把关注点稍微转移到国际发表之外。国际发表不是最终目标,它只是实际目标的一个方面:真正的全球化和平等的学术对话。鉴于上述全球学术界持续存在的权力不平衡和霸权,这一目标可能显得幼稚。尽管如此,我想强调的是,我们应该继续努力实现这一理想,即让全球所有学者进行富有成效的对话,讨论他们最聪明的想法,点评彼此的工作,并根据来自世界各地的同行学者的观点重新研究自己的工作。因此,让我们讨论国际化研究和促进全球平等学术对话所涉及的各个方面。

显然,为了实现真正全球学术对话,所有研究人员都努力让自己的声音被听到,并让自己的声音成为对话的一部分。然而,倾听也同样重要。在学术界,倾听通常涉及阅读。我们需要知道关于某个特定主题已经发表了什么,才能跟上不断涌现的出版物。我们领域的主要期刊的数据库和目录可以帮助我们实

① VAN SCHALKWYK F. Open access as a reassertion of the values of science[J]. Available at SSRN 2983628,2017.
② SMITH A C, MERZ L, BORDEN J B, et al. Assessing the effect of article processing charges on the geographic diversity of authors using Elsevier's "mirror journal" system[J]. Quantitative science studies,2021,2(4):1123-1143.
③ LIMAYE A M. Article processing charges may not be sustainable for academic researchers[J]. MIT science policy review,2022(3).

现这一点。在我十多年的《移动媒体与通信》（*Mobile Media & Communication*）编辑经验中，我看到许多论文失败是因为作者没有更好地倾听。他们在进行研究时，对同一主题的许多其他人的工作一无所知，没有将他们的工作与现有的学术辩论联系起来，因此没有为学者们共同描绘的图景增添内容，而是试图描绘自己的图景。倾听在同行评审过程中同样重要。在修改手稿时，作者必须密切关注审稿人的建议，认真对待，与他们互动，并将其融入修改后的作品中。最后，倾听还意味着为自己的作品选择一个合适的出口。阅读期刊的目标和范围、会议的论文征集，并了解这些场合之前发表过的文章，有助于确定适合自己作品的渠道，避免被拒稿。当然，这种更好地倾听的呼吁不仅针对非英语国家和非西方国家的作者，而是针对所有人。用文化适应研究的术语来说，这不是同化的呼吁，而是融合的呼吁。我们必须平等地倾听所有声音，无论他们的学术背景如何。

但是聆听不只是坐在书桌前阅读。我们需要联系并讨论我们的想法。这种交流有几个目的。第一，我们接触到他人的想法，我们倾听。第二，我们也可以讨论自己的想法，获得即时反馈，并在国际出版的道路上完善我们的工作。第三，我们可以建立国际联系，实现国际合作。学术会议是实现这种交流的最重要场所。许多国际学术协会（如 IAMCR 或 ICA）在全球各地轮流举办年度会议，并努力提高国际可触性。利用这些可能性，与来自世界各地的同行学者取得联系，从而获得对自己工作的第一反馈，大大提高了国际出版的机会。许多国际期刊出版物最初都是会议论文。此外，国际学术协会还通过通讯、社交媒体渠道、网站等出版物传播与学术领域相关的信息。跟上这类信息有助于理解话语并参与其中！

除了出版之外，这种网络还能提高国际知名度。研究人员及其工作必须被看到，才能在真正的全球学术对话中被听到。这种知名度可以通过出版物实现，但参加会议也有助于实现这一目标。更重要的是，保持在线状态以供其他学者找到至关重要。实现这一点的方法有很多，例如机构或个人网站、Google Scholar 或 Research Gate 等服务上的个人资料，等等。只有当其他研究人员能够找到学者的作品时，这项工作才能成为全球对话的一部分并获得影响力[1]。

这种可见性还使全球学术体系能够承担起责任。一些外来实体不做出版决定，但我们学术界共同做出这些决定。我们都扮演同行评审员、编辑、编辑委员会成员、会议主席等角色，从而共同决定谁的声音会被听到，哪些声音会在学

---

① ALE EBRAHIM N，SALEHI H，EMBI M A，et al. Visibility and citation impact [J]. International education studies，2014，7(4)：120 - 125.

术讨论中被放大。因此,为了使这些决定尽可能不带偏见,我们需要多元化的学者担任这些角色①。我们需要全球所有学者都愿意并有机会承担这些角色的责任。再说一次,这是我们所有人的责任。当前掌权的人需要热情和包容,而刚刚进入舞台的人需要倾听、建立联系,并表现出可触性才能参与其中。

三、讨论障碍

实现这些目标还存在相当大的障碍——最明显的是学术知识生产的背景问题以及英语作为学术通用语言的问题。关于背景,我们都需要做得更好。所有科学知识生产都嵌入在背景中,而不仅仅是在非西方国家进行的工作。我们必须接受这种多样性,承认我们研究的背景,并使这种背景透明化。其他人可以决定这些结果与他们的背景和研究问题有多大关系。我们可以把特定背景的方面与我们的总体主题区分开来。要做到这一点,我们必须尊重彼此的背景,而不是更看重特定的背景。这在当前出版环境中仍然是一个问题,与全球南方的研究相比,西方(尤其是美国)的背景往往不需要具体的理由。任何来自非西方国家的研究都不应该在标题中指定数据收集地点,因为它可能只针对这个特定案例。这是不可接受的,我们需要做得更好!负责监督同行评审的编辑和会议主席必须确保此类偏见不会影响同行评审。每位投稿人都有权要求编辑和会议主席对此类偏见负责。

英语作为学术界的通用语言的主导地位是一个更难破解的难题。学术话语(不仅仅是国际出版)的强调使这个问题更加严重。我们必须相互理解才能参与彼此的工作和思想(如上所述),而这只有当我们用一种语言交谈时才能实现。英语在 20 世纪作为这种语言出现是否公平?可能不公平。这是否会让使用其他语言作为母语的人士(尤其是来自完全不同语系的母语人士)处于严重的劣势?绝对如此。但我看不出有任何办法可以解决这个问题。我们只能在学术界努力欢迎非英语人士,优先考虑可理解性而不是花哨的写作风格,并反对同行评审中已知的启发式方法,例如把良好的写作风格误认为是学术卓越。同样,编辑、会议主席和整个学术界必须确保这些偏见失去影响力。我们都应该为此相互负责。此外,在可预见的未来,技术将帮助我们缓解这些问题。基于人工智能的翻译和语言编辑软件日益精通,来帮助非英语人士提高写作水平,减轻用外语写作的负担。

---

① GOYANES M, DEMETER M. How the geographic diversity of editorial boards affects what is published in JCR-ranked communication journals[J]. Journalism & mass communication quarterly, 2020, 97(4): 1123-1148.

四、未来之路

对我来说,唯一的出路是坚定地关注真正全球化和平等的学术讨论的最终目标,而不要被保护主义和民族主义等其他思想所干扰。我们共同组成了学术界,我们需要共同努力来实现这一目标。这并不是为了扩大特定国家的影响力,而是为了进行平等和欢迎的对话,让我们所有人都平等地倾听和发言。我这种观点可能被认为是幼稚的,但我真诚地相信我们都应该努力改善学术界以实现这一目标。

作者介绍

维罗妮卡·卡尔诺夫斯基(Veronika Karnowski)教授现任德国化学技术大学媒体传播学教授,专攻移动/社交媒体使用、健康传播以及实证方法。她与人共同创立并编辑了《移动媒体与传播》期刊(2013—2024 年),目前担任《计算机中介传播期刊》的副主编。2024 年,她被选为国际传播学会士,曾任 ICA 移动传播分会主席,现任传播与技术分会副主席。自 2023 年起,她加入德国研究基金会资助的研究小组"慢性病自我管理中的数字媒体"。她拥有苏黎世大学博士学位,并在慕尼黑路德维希马克西米利安大学完成了教授资格论文答辩。

中东和北非地区的传播研究困境：
在挑战中寻找机遇

沙希拉·S.法赫米　　萨哈尔·哈米斯

中东和北非(MENA)地区历来是文明的摇篮,拥有丰富的文化财富和无数的恩赐。然而,这片土地也历经了冲突、动荡与挑战,无论是过去还是现在。数个世纪的战争与帝国主义掠夺使该地区承受了政治、经济和社会问题的多重困扰。本文旨在探讨在这一具有战略重要性的地区开展传播学研究所面临的挑战与机遇。为此,概述了该地区传播学研究的现状,揭示了目前最为严峻的挑战,并指出尽管面临重重困难,该地区传播学者仍可探索的机遇与前景。

The MENA region（Middle East and North Africa）has historically been a hotbed of civilizations，cultural wealth，and countless blessings. However，it has also been a hotbed of conflicts，tribulations，and challenges，both past and present. Centuries of wars and imperialistic exploitation left this region suffering from an amalgamation of political，economic，and social challenges. In this paper，we attempt to unpack both the challenges and the opportunities related to conducting communication research in this strategically-significant part of the world. In doing so，we provide an overview of the current status quo of communication research in this region，shed light on the most pressing challenges confronting it，and highlight the opportunities which lie ahead for communication scholars in this region，despite these challenges.

中东和北非地区位于多种文化的交汇处,无论是从历史上还是从地理上看,该地区本应成为传播学研究的先驱。然而,该地区对传播研究领域的贡献微不足道,这是由于政治、社会经济、教育、基础设施和文化方面的多重挑战,包括识字率低、地区冲突、缺乏重要资源、权威制度和文化障碍。

因此，仔细研究中东和北非地区传播研究的现状，就会发现它仍处于早期阶段，该地区本土学者的学术成果零星。北半球在有关该地区及其人民的学术研究中占据主导地位，这凸显了现有的学术差距和持续存在的北半球—南半球鸿沟。

探索中东和北非地区的传播研究格局，可以发现阻碍学术进步的社会经济、政治和文化障碍的复杂交织。尽管该地区的文化丰富多彩，但传播学术在全球范围内的知名度有限。

本文深入探讨了中东和北非地区传播研究尚未充分探索的领域，强调当前面临的紧迫挑战以及未来学术发展和尚未开发的合作潜力和机会。

一、充分利用中东和北非研究

中东和北非地区的传播研究处于发展的早期阶段。虽然以色列、黎巴嫩和埃及等少数阿拉伯国家有一些扎实的传播研究，但总体而言，这些研究有限且零散。正因为如此，与西半球学术研究的现实形成鲜明对比的是，除了前面提到的少数例外，中东和北非地区的学术传播研究几乎完全被排除在全球媒体研究界之外①②。这清楚地反映在该地区进行的学术传播研究中，发表在顶级新闻和大众传播期刊上的文章数量相对较少③。

尽管过去二十年来，中东和北非地区传播学者在学术期刊上的论文产出量有所增长，但统计数据表明，全球北方仍然主导着传播学术领域。据过去研究，每年全球出版物产出的 1.5% 来自中东和北非地区④，这清楚地证明了这一学术差距。传播研究领域也是如此，中东作者在主要传播期刊上的边际投入反映了这一点⑤。

---

① DEMETER M. The winner takes it all：International inequality in communication and media studies today[J]. Journalism & mass communication quarterly，2019，96(1)：37 - 59.
② ANG P H，KNOBLOCH-WESTERWICK S，AGUADED I，et al. Intellectual balkanization or globalization：the future of communication research publishing［J］. Journalism & mass communication quarterly，2019，96(4)：963 - 979.
③ FAHMY S S. Virtual theme collection：journalism and mass communication research in the MENA region[J]. Journalism & mass communication quarterly，2020，97(3)：590 - 593.
④ FARROKH HABIBZADEH. Scientific research in the Middle East[J/OL]. The Lancet，2014，383：http://download. thelancet. com/flatcontentassets/middle-east/Mar14 _ MiddleEastEd. pdf ［2020 - 03 - 19］. https://www.researchgate.net/publication/261436365_Scientific_research_in_the_Middle_East.
⑤ DEMETER M. The winner takes it all：International inequality in communication and media studies today[J]. Journalism & mass communication quarterly，2019，96(1)：37 - 59.

当我们意识到该地区各国学术发展并不均衡时,情况就变得更加严峻了①。与中东其他国家相比,以色列的出版物产量增长迅速,德墨忒尔(Demeter)等学者都强调了这一点②③。这种不平等的分布并非偶然。美国《新闻与大众传播季刊》一期特刊分析了中东和北非地区开展的传播研究,结果表明:从 1990 年到 2020 年的三十年间,在这一新闻传播研究领域领先的期刊上,只有来自 22 个阿拉伯国家的七篇文章发表④。

二、影响中东和北非传播研究的挑战

虽然中东和北非地区的历史、文化和地理意义可能为该地区的传播学者提供机会,使他们能够以独特的方式研究不断变化的人际关系动态、适应政治传播系统以及新技术的社会影响,但事实是独特且不幸的障碍和融合性挑战继续限制着他们的投入、生产力和国际知名度、合作和发展。

这些挑战包括但不限于阿拉伯世界许多地区的低识字率、过去和现在的地区冲突、该地区大部分地区有限的经济资源、基础设施、文化和教育障碍、对西方理论模型和框架的持续依赖,以及政治限制和约束,包括政府对关键研究或挑战性课题的敏感性。

事实上,这些挑战和许多其他挑战的结合,导致该地区缺乏足够的本土传播研究,从而阻碍了该地区的学术进步,并进一步导致来自该地区的学术研究(包括传播研究)停滞不前。仔细研究中东和北非地区的学术状况,抛开以色列及其截然不同的情况,可以看出阿拉伯世界学术界面临的挑战的复杂性和多样性。

① DEMETER M. The winner takes it all: International inequality in communication and media studies today[J]. Journalism & mass communication quarterly, 2019, 96(1): 37-59.

② GETZ D, LAVID N, BARZANI E. R&D outputs in Israel analysis of scientific publications Haifa Israel: Samuel Neaman Institute[J/OL]. 2018[2020-03-19]. https://www.neaman.org.il/EN/R&D-Outputs-in-Israel—Analysis-of-Scientific-Publications. DOI: https://doi.org/102141644.298-768x1135.

③ DEMETER M. The winner takes it all: International inequality in communication and media studies today[J]. Journalism & mass communication quarterly, 2019, 96(1): 37-59.

④ FAHMY S S. Virtual theme collection: journalism and mass communication research in the MENA region[J]. Journalism & mass communication quarterly, 2020, 97(3): 590-593.

　　传统上，该地区缺乏传播研究传统①②③。阿拉伯国家专注于国家建设，可用于理论建设的资源有限，因此在本土传播研究方面几乎没有取得重大进展④⑤。这导致阿拉伯传播学者广泛依赖西方理论研究，而这些理论研究植根于西方资本主义和自由民主的经验⑥⑦。这种依赖已被注意到，有时甚至因缺乏与该地区相关的原创传播研究而受到公开批评。阿伊什（Ayish）把阿拉伯世界的传播研究格局描述为"描述性、历史性或实证导向——力求在阿拉伯环境中检验一系列普遍的美国传播理论和假设。"⑧。此外，由于背景差异巨大，基于西方传统的复制方式和方法不易转移到中东和北非地区。

　　阿拉伯国家面临着具有地区特色的社会经济、政治和文化挑战，例如对执政政权的不信任问题以及对研究人员动机的怀疑态度⑨。

　　此外，朵艾（Duoai）指出，该地区相对较低的识字率可能会影响传播研究的招募过程。这一问题因缺乏媒体行业数据库而加剧，无法提供媒体消费数据和人口统计变量（如性别、教育或社会经济信息），从而阻碍了代表性抽样⑩。

　　这是更大挑战的一部分，可以说是阿拉伯世界的知识危机，指的是难以获取基本信息和关键数据，没有这些信息和关键数据，研究就无法成功完成。这

---

① AYISH M I. Communication research in the Arab world a new perspective[J]. Javnost — the public，1998，5(1)：33 - 57.

② BOYD D. The evolution of journalism and mass communication studies in the Middle East[C]// first annual convention of the Arab US Association of Communication Educators，Tangier，Morocco，1996.

③ DOUAI A. Media research in the Arab world and the audience challenge：lessons from the field [J]. Journal of Arab & Muslim media research，2010，3(1 - 2)：77 - 88.

④ AYISH M I. Communication research in the Arab world a new perspective[J]. Javnost-the public，1998，5(1)：33 - 57.

⑤ MELLOR N. Modern Arab journalism：problems and prospects[M]. Cairo，Egypt：The American University in Cairo Press，2007.

⑥ AYISH M I. Communication research in the Arab world a new perspective[J]. Javnost-the public，1998，5(1)：33 - 57.

⑦ SREBERNY A. The analytic challenges of studying the Middle East and its evolving media environment[J]. Middle East journal of culture and communication，2008，1(1)：8 - 23.

⑧ AYISH M I. Communication research in the Arab world a new perspective[J]. Javnost-the public，1998，5(1)：33 - 57.

⑨ LEIHS N，ROEDER-TZELLOS M. Political communication research in the Middle East[J]. The international encyclopedia of political communication，2015(1)：1 - 8.

⑩ DOUAI A. Media research in the Arab world and the audience challenge：lessons from the field [J]. Journal of Arab & Muslim media research，2010，3(1 - 2)：77 - 88.

一挑战是政治限制和基础设施障碍共同作用的副产品①②。

此外,学者们还列出了一系列相互交织的问题,包括政治动荡、地区冲突、文化开放度的缺乏(这使得讨论一些宗教敏感和文化挑战性话题成为禁忌)、缺乏可靠的舆论数据、学术机构缺乏对研究成果的奖励机制、语言和教育障碍、学术研究资金不足、缺乏强有力的传播期刊,以及政府对媒体研究的敏感性③④。

大多数阿拉伯政府仍然对批判性传播研究高度敏感,这显然对这类研究的数量和质量产生了抑制和限制。以卫星电视为代表的技术变革,以及最近的数字革命,使阿拉伯政权与包括学者在内的敢于批评他们的人之间展开了一场拉锯战。布鲁金斯学会称,大多数政府迅速采取政策并开发了管理和调节公众对互联网和新媒体技术的访问技术⑤。这通常意味着,尽管该地区数字技术有所发展,但大多数学者仍然面临着重大挑战。

在 2011 年席卷该地区的政治动荡浪潮(后来被称为"阿拉伯之春"起义)期间,数字通信研究的新形式得到了扩展。霍华德(Howard)和帕克斯(Parks)解释了数字媒体如何在几个阿拉伯国家的动荡中发挥重要作用⑥。这些起义引发了大量实证研究,重点关注阿拉伯世界社会运动背景下社交媒体的力量⑦⑧⑨。帕帕查理西(Papacharissi)和奥利维拉(Oliveira)解释说,社交网络

---

① KHAMIS S. The transformative Egyptian media landscape:changes,challenges and comparative perspectives[J]. International journal of communication,2011(5):1159－1177.

② KHAMIS S,EL-IBIARY R. Egyptian women journalists' feminist voices in a shifting digitalized journalistic field[J]. Digital journalism,2022,10(7):1238－1256.

③ AYISH M I. Communication research in the Arab world a new perspective[J]. Javnost-the Public,1998,5(1):33－57.

④ FARROKH HABIBZADEH. Scientific research in the Middle East[J/OL]. The Lancet,2014,383:http://download. thelancet. com/flatcontentassets/middle-east/Mar14＿MiddleEastEd. pdf [2020－03－19]. https://www.researchgate.net/publication/261436365_Scientific_research_in_the_Middle_East.

⑤ HEYDEMANN S. Upgrading aUthoritarianism in the arab World[R/OL]. (2007－10)[2020－03－19]. https://www.brookings.edu/wp-content/uploads/2016/06/10arabworld.pdf.

⑥ HOWARD P N,PARKS M R. Social media and political change:capacity,constraint,and consequence[J]. Journal of communication,2012,62(2):359－362.

⑦ KHAMIS S,VAUGHN K. 'We Are All Khaled Said':the potentials and limitations of cyberactivism in triggering public mobilization and promoting political change[J]. Journal of Arab & Muslim media research,2012,4(2－3):145－163.

⑧ ELTANTAWY N,WIEST J B. The Arab spring│social media in the Egyptian revolution:reconsidering resource mobilization theory[J]. International journal of communication,2011(5):18.

⑨ FARIS D. Dissent and revolution in a digital age:social media[J]. Blogging and activism in Egypt,2013(1).

服务在此背景下的贡献催生了一个新型政治传播社区,提供了一个替代的传播环境①。

经历了动荡后,一些国家的统治政权垮台,随后出现了短暂的替代时期。该地区的大多数政府都采取了混合方式来管理数字媒体,这使他们能够追踪、破坏、黑客攻击并最终让批评者和反对者噤声。

这种转变表明了两点。首先,过去影响阿拉伯传播学者的大多数挑战今天依然存在,因为许多学者必须面对这样一个事实:他们的政府只会允许他们访问政府认为会对政府及其利益和议程产生积极影响的数据;其次,缺乏必要的数据可能进一步加深了这些学者传统上不愿进行深入、稳健和严谨的实证研究。除了内容分析外②,来自阿拉伯世界和关于阿拉伯世界的大多数研究主要基于批判、文化和案例研究方法。

阿伊什(Ayish)指出,阿拉伯传播研究主要集中在历史和描述性研究、宣传和发展研究,以及专注于新兴政治传播行为体(如跨国新闻频道)的专业研究,这些行为体创造了一个跨国阿拉伯公共领域③。虽然这些研究课题与中东和北非地区的传播场景产生了共鸣,并反映了其潜在的文化、社会背景和议程,但它们对整个传播研究领域提供的重大理论贡献有限,从而限制了阿拉伯传播学者及其学术研究的国际知名度和影响力。

一个特别值得关注和阐述的挑战是阿拉伯世界的传播教育。没有它,我们就无法正确理解、分析或定位影响阿拉伯传播学术和研究的无数其他挑战和限制。

一位不愿透露姓名的埃及著名大学大众传播学院院长在 2024 年的一次私人通信中强调了埃及传播研究面临的普遍障碍。他概述的第一个挑战是缺乏对科学研究意义和价值的认识,特别是在人文和社会科学领域,研究往往被视为学术晋升的先决条件,而不是实际应用的工具。此外,在有效利用研究成果方面存在相当大的差距,导致硕士论文、博士论文和研究论文未得到利用。

这位院长还指出,与西方学术界的联系存在困难,语言障碍和与全球学术环境的普遍脱节阻碍了国际出版和参与的机会。财政限制进一步加剧了这种情况,因为缺乏足够的资金限制了科学研究项目的实施。

虽然存在一些长期研究项目,但据该院长介绍,这些项目往往缺乏全面实

---

① PAPACHARISSI Z, de FATIMA OLIVEIRA M. Affective news and networked publics: the rhythms of news storytelling on# Egypt[J]. Journal of communication, 2012, 62(2): 266 - 282.

② SREBERNY A. The analytic challenges of studying the Middle East and its evolving media environment[J]. Middle East journal of culture and communication, 2008, 1(1): 8 - 23.

③ AYISH M I. Communication research in the Arab world a new perspective[J]. Javnost-the Public, 1998, 5(1): 33 - 57.

施和成功完成所需的资源和支持。科研项目的实际应用带来了另一个挑战，因为对应用研究成果的抵制阻碍了有效的实施工作。最后，该院长补充说，还存在方法上的障碍，最明显的是官方要求任何研究问卷都必须提交给政府机构，即中央公众动员和统计局批准，而评估和评价是由该领域的非专业人士进行的，因此研究过程不仅受到限制，还进一步复杂化。

最近一项研究调查了各大学的阿拉伯传播研究人员对国际研究合作的兴趣，以及与这一现象相关的动机和障碍。研究显示，研究人员的个人自我激励是鼓励他们参与此类合作的主要力量。然而，接受调查的研究人员指出，他们在这方面面临着许多障碍，包括他们自己的学术机构施加的限制和障碍，例如获得官方许可和缺乏足够的资金，以及阻碍他们开展国际合作的各种文化、语言和技术障碍①。

另一项近期研究探讨了阿拉伯媒体研究人员对影响其研究问题选择的因素的看法。该研究揭示了无数内部和外部因素以及微观和宏观因素，这些因素会影响他们选择某些主题的决定，而不会影响其他主题。除了这些因素之外，他们各自国家的整体政治和社会经济环境也对他们研究的主题施加了诸多限制。制度上的限制和他们自己的学术单位（如大学和研究中心）施加的限制也是制约因素之一②。

关于阿拉伯世界大众传播学院正在教授的教育课程，最近另一项研究表明，缺乏与某些主题相关的教育内容，例如公平、多样性、多元化、权利和自由、增强妇女权能以及促进有效对话③。

毫无疑问，上述挑战的融合对阿拉伯世界扎实、健全的传播研究内容的发展构成了许多严重的威胁和制约，同时也限制了阿拉伯传播学者的全球知名度和国际影响力。

然而，在承认这些紧迫挑战同时，我们也充分意识到阿拉伯传播研究的许多潜力和未来机遇值得特别关注。

---

① ABDULMAJEED，M.＆ELHAMY，H. Scientific cross-culture communication in media research：a study of Arab researchers participating in international research projects[J]. Journal of arts & social sciences (JASS)，2024，14(3)：31－45.

② ELHAMY H M, ABDULMAJEED M. Arab media researchers' perceptions of factors affecting their research problem selection[J]. SAGE open，2023，13(3)：21582440231196048.

③ MANSOOR H M H. Diversity and pluralism in Arab media education curricula：an analytical study in light of UNESCO standards[J]. Humanities and social sciences communications，2023，10(1)：1－11.

三、加强中东和北非地区研究并确保质量

尽管存在上述挑战,中东和北非地区仍然为阿拉伯传播研究人员提供了独特的机会,使他们能够探索这个充满活力、生机勃勃、具有战略意义的地区的各种重要课题。

我们认为,通过建立必要的机制来加强阿拉伯世界的传播教育和研究,阿拉伯传播学者可以脱颖而出,因为他们将被鼓励研究重要而有意义的研究课题,带头开展新的研究和开创性的研究,并促进国际和跨文化合作,同时将自己的研究嵌入本土背景中。这对于推动地区和国际传播学术发展都至关重要。

我们认为,这种地方与全球、地区与国际之间的平衡因多种原因而变得尤为重要。

首先,当研究要求我们展示新通信工具的社会价值以及这项研究的社会文化背景价值时,阿拉伯本土研究人员的贡献尤其重要。本土研究人员始终处于独特的位置,可以播下基于本地的理论和理论模型的种子。他们有潜力同时深入理解和分析中东和北非地区日益变化的社会政治和数字环境,这种对该地区根深蒂固的本地知识具有巨大的实践和理论意义。

正如动荡的短暂但宝贵的时刻所清楚表明的那样,中东和北非地区确实拥有能够从原因、后果和背景方面以谨慎和细致的方式分析社交媒体与政治变革之间复杂关系的当地学者。

越来越多有关这些起义的文献也揭示了建立成功的国际合著与合作关系的可能性,从而提高了本土阿拉伯传播学者的知名度和全球影响力[1][2]。

虽然这一短暂时刻之后出现的政治和数字威权主义的逆转不仅抑制了阿拉伯世界的言论自由,也抑制了该地区的学术自由,使得阿拉伯传播学者不太可能处理政治敏感或具有挑战性的话题,但阿拉伯起义这一独特时刻以及它给阿拉伯世界及其动态的政治和媒体格局带来的特殊关注使得国际合作、外联和知名度网络具有巨大的潜力。

我们认为,一方面从阿拉伯起义的时刻和其后果中可以学到很多教训,以了解阿拉伯世界传播学者面临的挑战;另一方面,他们可以孕育出潜力和独特

---

① KHAMIS S, VAUGHN K. 'We Are All Khaled Said': the potentials and limitations of cyberactivism in triggering public mobilization and promoting political change[J]. Journal of Arab & Muslim media research, 2012, 4(2-3): 145-163.

② ELTANTAWY N, WIEST J B. The Arab spring | social media in the Egyptian revolution: reconsidering resource mobilization theory[J]. International journal of communication, 2011(5): 18.

的机会。

其次，尤为重要的是，学术界不仅要倡导跨方法论专业之间的更好对话，即"把定性的案例导向方法与定量的广泛方法相结合"①，而且还要承认合作的价值，并建立超越国界和地区冲突的研究团队，关注人类行为、价值观和交流的普遍性，而不是关注文化、地区和政治差异。

例如，这种合作模式可以让居住在地中海地区的阿拉伯学者和欧洲学者共同研究与他们共同居住的地区有关的传播问题。目标是确保方法论的多样性，将全球理论融入区域背景，同时为整个传播领域做出重大贡献。

为了更好地实现这一点，中东和北非地区的学者需要了解潜在的社会文化背景，并需要在研究过程中表现出文化敏感性②。这不仅有助于加强对媒体不断发展的作用的理解，而且有助于更好地了解该地区的历史和政治背景。

最后，有必要把中东和北非地区的传播研究置于更广泛的知识和跨学科背景中，这就要求中东和北非地区的传播学者在寻求跨越地理和区域界限的知识共性的同时，把本土研究纳入其出版物中。

这需要超越地域界限，认识到建立强大的机构联系和可行的国际合作的价值，同时认识到需要实证开展中东和北非相关的传播研究，这种研究深深植根于本土文化、社会和政治背景，进而可以为全球视角和国际合作提供信息。

四、结语

本文重点介绍了在中东和北非地区开展传播研究的主要挑战和机遇。我们认为，该地区的本地研究人员具有独特的资格，能够更好地理解和分析该地区的社会、文化、经济、政治和媒体趋势与格局。这为他们提供了独特的优势，使他们能够形成坚实的科学观点和学术见解，这些观点和见解可能对地区和国际传播学术研究都很有价值。

然而，要以现实眼光推进更高质量的中东和北非 相关传播研究，必然需要更加重视地方与全球、南北之间的合作和团队合作，这在当今日益交织的世界中变得越来越紧迫和重要。此类合作的重要性在于提供必要的历史、文化和社会细微差别，使人们能够在必要的理论和背景包容性内深入研究中东和北非相关问题，这是取得进展所必需的。

我们真诚希望，这里探索的丰富多彩的挑战和机遇将成为未来中东和北非

① HOWARD P N，PARKS M R. Social media and political change：capacity，constraint，and consequence[J]. Journal of communication，2012，62(2)：359-362.

② DOUAI A. Media research in the Arab world and the audience challenge：lessons from the field [J]. Journal of Arab & Muslim media research，2010，3(1-2)：77-88.

地区开创性研究的催化剂。

除本文讨论的问题之外,我们还展望了未来,中东和北非地区的传播工具、内容、消费者、生产者和影响之间的复杂相互作用将引发新的探索,从而导致创造出新的传播模型、概念和理论,这些模型、概念和理论深深植根于该地区丰富的历史和文化结构,凸显其全球意义和深远影响。

我们认为,通过承认现有障碍并在未来采用合作和文化敏感的研究方法,中东和北非地区有潜力提升其在全球传播研究界的存在感和知名度。通过共同努力,弥合学术鸿沟,促进创新和有益的合作,包括中东和北非地区在内的全球南方可持续学术和信息发展之路可以走向更光明的未来。

作者介绍

沙希拉·S.法赫米(Shahira S. Fahmy)现任埃及开罗美国大学新闻学教授、国际传播协会会员(ICA Fellow)、富布赖特学者,其学术研究聚焦和平新闻与视觉传播领域,以开创性成果享誉国际。根据2023年全球学术指标,她荣登阿拉伯国家联盟及全非洲新闻传播领域排名第一的社会科学家,并斩获包括美国全国传播学会年度专著奖在内的多项国际殊荣。作为跨学科实践者,法赫米教授曾与北约、联合国非洲经济委员会等国际组织开展深度合作,现任国际传播学会视觉传播研究分部主席,同时担任《大众传播与社会》及《传播学学刊》副主编,其学术领导力持续推动全球传播研究的范式革新。

萨哈尔·哈米斯(Sahar Khamis)为马里兰大学帕克分校传播学系副教授,专攻阿拉伯与穆斯林媒体研究,曾任卡塔尔大学大众传播系主任。哈米斯博士是《伊斯兰网点:网络空间中的当代伊斯兰话语》(2009年出版)与《埃及革命2.0:政治博客、公民参与与公民新闻》(2013年出版)两书的合著者,同时担任《阿拉伯女性的行动主义与社会政治变革:未完成的性别革命》(2018年出版)一书的联合主编。她以英文和阿拉伯文在地区及国际范围内撰写并合著了众多书籍章节、期刊文章及会议论文。哈米斯博士荣获多项著名的学术与专业奖项,并担任多本传播学领域权威期刊的编辑委员会成员。她是一位杰出的国际媒体评论员与分析师,享有盛名的公开演讲者,现任阿拉伯—美国传播教育工作者协会主席。

新地缘政治环境下俄罗斯国际学术出版的困境与挑战

吴秀娟

自俄乌冲突爆发以来,由于地缘政治局势的急剧变化,俄罗斯学术成果的国际出版与传播面临更多的困难:科学成果尤其是哲学社会科学成果的国际发表受限;俄罗斯科学期刊系统对国际数据库的过度依赖问题凸显;俄罗斯学术期刊的国际传播能力被削弱;与国际社会的学术交流与合作受阻,等等。在极限制裁压力之下,学术孤岛之困引发了俄罗斯科学界的争议与反思,极大地影响了俄罗斯的科学政策以及科学领域的编辑和出版活动。俄罗斯国际学术出版面临的学术传播力不足、学术话语权乏力问题被提升至国家战略层面加以讨论。本文结合俄罗斯科学传播系统国际化转型的背景和历程,系统分析了在平衡科学传播的国际化努力与新地缘政治环境下去西方化的矛盾时,俄罗斯国际学术出版面临的现实困境,试图简要勾勒变局之下俄罗斯科学政策及科学传播的未来走向。

Since the outbreak of the Russia-Ukraine conflict, the dramatic shifts in the geopolitical landscape have posed significant challenges to the international publication and dissemination of Russian academic research. These challenges include restrictions on the international publication of scientific findings, particularly in the fields of philosophy and social sciences; the overreliance of the Russian scientific journal system on international databases; the diminished global reach of Russian academic journals; and obstacles to scholarly exchange and cooperation with the international community. Under the pressure of stringent sanctions, the predicament of academic isolation has sparked controversy and reflection within the Russian scientific community, significantly influencing Russia's science policies as well as editorial and publishing activities in the academic domain. Issues of inadequate academic influence and limited scholarly discourse power in Russia's international academic publishing have been elevated to discussions at the national strategic level. This paper examines the challenges faced by Russia's international academic publishing against the backdrop of the internationalization of the Russian scientific communication system and its transformation amidst new geopolitical realities. By systematically analyzing the tensions between efforts to internationalize scientific communication and the pressures of de-Westernization，it aims to outline the current difficulties and offer a preliminary perspective on the future trajectory of Russian science policies and scientific communication in the face of these transformative changes.

一、问题的提出：冲突背景下学术期刊的中立性与学术话语权之争

国际学术话语权是学术话语主体在国际学术场域所拥有的学术生产力、学术影响力、学术领导力和学术传播力的统一体①，是一个国家国际学术影响的体现，也是衡量其国际影响力和软实力的重要尺度，其强弱直接关系到一个国家的学术竞争力，影响其学术成果以及理念和思想的国际传播、国际影响，也决定其在世界知识体系中的地位。而作为学术承续、学术思想、学术创新平台的学术期刊，是与学术界建立学术共同体、实现学术融合与学术引领的重要场域，其整体影响力与学术传播力、学术话语权密切相关，甚至可以认为学术期刊的影响力在某种程度上就是学术传播力、学术引领力、学术话语权的整体合力②。俄乌战争作为改变世界的地缘政治事件，将西方国家和俄罗斯划分为对立的两极③。冲突刚一爆发，乌克兰科学家就屡次呼吁禁止俄罗斯科研人员在国际期刊上发表论文，随后 Web of Science 的所有者科睿唯安（Clarivate）和 Scopus 的所有者爱思唯尔（Elsevier）等从事科学文献出版和分发的大型西方公司宣布终止与俄罗斯的商业合作。爱思唯尔出版的《分子结构杂志》不再接受俄罗斯

---

① 韦路,秦林瑜.中国新闻传播学国际学术话语权的现状、问题与提升路径[J].新闻与写作,2023(3)：34－45.

② 孙吉胜.中国国际学术话语权的现状与提升[J].对外传播,2022(11)：51－54.

③ КИРИЛЛОВА О В.Подводя своеобразные итоги десятилетия и рисуя планы[J].Научный редактор и издатель 2022,7(1)：8－11.

科研机构和科学家的投稿①。科睿唯安关闭了在俄罗斯的办事处,同时在 Web of Science 上暂停对来自俄罗斯和白俄罗斯提交的新期刊的所有评估②。制裁对俄罗斯的国际学术出版影响极大,Scopus 收录的俄罗斯科学出版物数量减少了 14.4%。俄罗斯在全球出版物流量中的份额也相应下降至 3%,在排名中已跌出前十,移至第 11 位③。

俄乌冲突是大国博弈背景下混合对抗的试验场,冲突各方使用了多种权力和影响力工具以实现战略意图和国家利益。在冲突面前,所谓的"科学无国界"遭遇了前所未有的冲击与挑战。虽然国际科学理事会长期以来的原则是不能基于国籍或政治观点而歧视作者,要维护科学探索的自由,不被政治因素干扰,但随着俄乌战争进展,西方机构开始切断与俄罗斯的研究合作,引发了出版商及科学期刊是否应该保持中立的讨论。《英国医学杂志》前编辑理查德·史密斯(Richard Smith)直接质疑科学期刊的中立立场,他认为既然俄乌冲突是在用经济实力和软实力开战,那就意味着包括期刊在内的科学机构也应该切断与俄罗斯机构甚至俄罗斯科学家的联系④。

大部分期刊编辑并不赞同对俄罗斯实行学术方面的制裁,认为科学本就独立于政治立场之外,不应该把学术抵制作为对某国家的"惩罚"。学术抵制并不会"伤害"到某个被抵制的国家,只会影响学术成果的分享,阻碍全世界科学的发展与进步。据俄罗斯科学院院士托尔库诺夫 A.B(Торкунов A.B.)的统计,Scopus 中收录的没有意识形态偏见或对俄友好国家出版的期刊总数为 3 709 种,其中包括第一至第二区的 869 种,也包括社会科学和人文科学领域期刊 680 种,其中第一至第二区 221 种⑤。作为全球最大的科研文献摘要引文数据库,爱思唯尔旗下的 Scopus 收录了全球超过 5 000 家出版机构的 21 000 多种刊物,提供关于科学、技术、医学、社会科学和人文科学研究成果。而科睿唯安开发的 Web of Science,作为全球最受信赖的综合性学术信息资源库,通过引文索引收录了全球 9 000 多种核心学术期刊,涵盖了自然科学、社会科学、艺术与人文等多个领域。爱思唯尔和科睿唯安加入对俄罗斯的制裁,让俄罗斯学术

① ФЕРАПОНТОВ И. Российские организации отключили от базы научных статей Web of Science. [EB/OL].(2022－05－04)[2024－11－15]. https://nplus1.ru/news/2022/05/04/wos.

② Clarivate to Cease all Commercial Activity in Russia. [EB/OL]. (2022－03－11)[2025－01－05]. https:// clarivate.com/news/.

③ ЗАВАРУХИН В П., СОЛОМЕНЦЕВА О А., СОЛОПОВА М А. и др. Наука, технологии и инновации России:2023[M]. ИПРАН РАН, 2023:132.

④ BRAINARD J. Few journals heed calls to boycott Russian papers[EB/OL].(2022－03－10)[2024－11－20]. https://www.science.org/content/article/few-journals-heed-calls-boycott-russian-papers.

⑤ ТОРКУНОВ А В.Общественные науки в России:журналы и индексы [EB/OL].(2022－03－05)[2025－01－07] https://mgimo.ru/about/news/main/social-sciences-in-russia/.

界不得不直面西方的学术霸权，深入思考俄罗斯国际学术出版面临的现实困境，并系统规划变局之下俄罗斯科学政策及科学传播的未来走向。

二、俄罗斯科学传播系统的国际化转型背景及历程

（一）全球科学传播系统的英语化与语言统一趋势

俄罗斯在全球科学传播系统中处于边缘地位，经历了从传统的以国家为导向的地方性科学传播系统向以国际化为导向的跨国科学传播系统的艰难转型。在很长一段时间内，"以国家为导向"的科学交流模式在苏联以及拥有强大科学和出版传统的欧洲大国（主要是德国和法国）盛行。这种国家化的科学传播体系出现于 19 世纪末"国家科学"思想占主导地位的时期，其传播的先决条件是国家间的经济、政治和军事竞争①。然而第二次世界大战以后，科学交流的国际化趋势明显，各种形式的学术流动越来越普遍，国际科学会议、联合项目和出版的数量不断增加，外文文献越来越多，对外国同行著作的引用也越来越频繁。这些变化反映在全球科学交流模式中，而科学期刊则是其中的主要载体。如今，在国际学术传播场域，英文学术期刊占据主导地位。根据开放科学的主要支持者盖东 J.C（Guédon J.C.）的观点，科学期刊可分为两类：第一类主要在发达国家出版，被称为主流期刊、中心期刊、高级期刊或精英期刊，这些期刊在引文系统中评级较高，主要以英文出版。第二类通常在发展中国家出版，虽然也有少量英语期刊，但主要以英语以外的其他语言出版，这些期刊无论其规模和发行量如何都被视为边缘期刊或小型期刊②。据统计，在全球 3 000 多本 SSCI 期刊中，英文期刊数量占据 70% 以上，世界两大学术领域重要期刊文摘索引数据库 SSCI 和 A&HCI 都来自美国科学信息研究所，对全球知识生产、消费和传播产生重要影响③。

英语是全球科学界的主要交流媒介，英语出版物受到更多关注，许多科学家几乎不阅读用其他语言出版的学术文章。根据学科的不同，40%～80% 的国际科学交流用英语进行④。出版物的语言形式被认为会影响文章的"能见度"

① HEILBRON J. Qu'est-ce qu'une tradition nationale en sciences sociales? [J].Revue d'Histoire des Sciences Humaines,2008(18):3-16.

② HARZING A W. Document categories in the ISI Web of knowledge：misunderstanding the social sciences? [J].Scientometrics，2013,94(1):23-34.

③ 陈先红.返回中国性：提升中国学术国际话语权的新文科建设路径[J].人民论坛·学术前沿,2022(2):48-55.

④ ТРЕТЬЯКОВА О В. Российские экономические и социологические журналы в МНБД Scopus：существует ли зависимость между языком публикации и уровнем цитируемости? [J]. Управленец，2022,13(4):38-53. DOI：10.29141/2218-5003-2022-13-4-4.

和读者群的扩大,这反映在出版物的引用水平上。英语科学家的引用指数较高,英语文章的引用次数平均要比其他语言的文章高得多①。英语是科学知识最丰富的国家的语言和著名科学期刊的语言,英语文章具有特殊的传播价值,以任何其他语言发表都会减少研究成果的可得性②。

早在 20 世纪 70 年代中期,第一个科学引文索引的创建者加菲尔德就发表了一篇题为"法国科学是否过于地方化了"的文章。他在文章中敦促法国科学家用英语发表作品,以避免在国际科学领域日益边缘化③。这篇文章引起了一些法国学者的强烈不满,他们指责加菲尔德是"帝国主义分子"。然而,到 20 世纪 80 年代初,语言统一的趋势在法国已经非常明显:在 SCI(科学引文索引)中,法国作者的英文文章数量从 1973 年的 25%增加到 1978 年的 51%和 1988 年的 70%④。荷兰在 20 世纪 80 年代初几乎完全放弃了荷兰语作为科学语言的地位。荷兰科学出版商积极推行跨国政策,过渡到用英语发表,并增加其他国家作者的比例,确保了该国在国际科学出版物排名中仅次于美国和英国,位居第三⑤。到 20 世纪 90 年代末,在欧洲发达的非英语国家和日本,已经完成了以国际化为导向的跨国科学交流模式的过渡,开始使用英语作为统一的科学交流语言进行国际出版,英美科学出版商也逐渐占据主导地位。

(二)俄罗斯科学传播"国家模式"的边缘化危机

相比之下,在世界主要科学强国中,俄罗斯曾一直坚持科学传播的"国家模式",在苏联解体后的很长一段时间里,俄罗斯科学家都更乐于在国内出版社出版的期刊上用俄语发表论文。俄罗斯科研环境中一直存在着英语水平不足的问题⑥。据统计,2009 年,俄罗斯作者发表的所有科学文章中,被 Web of Science 数据库收录的不超过 10%。到 20 世纪年代末,俄罗斯和荷兰的科学出版物数量相同,约 3 万篇,但荷兰科学家几乎完全改用英语,而俄罗斯科学家

---

① УШАКОВ Д В.Публикационная активность и цитируемость ученых: различия научных областей и возрастных когорт[J].Социология науки и технологий,2015(1):16 - 28.

② YU Z, MA Z, WANG H, et al. Communication value of English-language S&T academic journals in non-native English language countries. [J].Scientometrics, 2020,125(2):1389 - 1402. DOI: 10. 1007/s11192 - 020 - 03594 - 3.

③ GARFIELD E. Is French science too provincial? [J].La Recherche,1976,7(70):757 - 760.

④ GINGRAS Y. Les formes spécifiques de l'internationalité du champ scientifique[J]. Actes de la recherche en sciences sociales,2002(141):31 - 45.

⑤ ZITT M, PERROT F, BARRE R. The transition from "national" to "transnational" model and related measures of countries'performance[J]. Journal of the American society for information science and technology,1998(49):30 - 42.

⑥ ДУГАРЦЫРЕНОВА В А.Трудности обучения иноязычному академическому письму[J]. Высшее образование в России, 2016(6):106 - 112.

则继续在国际引文索引"看不见"的俄罗斯期刊上用母语发表论文①。

俄罗斯国内存在着一个庞大的俄文科学期刊市场:俄罗斯科学引文索引(RSCI)数据库收录了6 000多种俄罗斯科学期刊,其中只有488种是用英语或其他外语出版的。俄罗斯国内科学出版物市场发达的内循环传统使得其融入"国际"英语空间的动力不足,向跨国传播模式转型的起步相对较晚。在2012年之前,俄罗斯科研机构的职业晋升制度并不与在国际科学刊物上发表文章挂钩,这种松散的联系使得俄语科学出版物市场得以维持甚至增长②。俄罗斯继承了苏联的国家科学传播模式,俄语在国家科学传播体系中占据绝对的主导地位。苏联曾经拥有世界科学强国的地位,是吸引其他国家(主要是社会主义国家)的一极。在1965年至1980年期间,在国际科学传播系统中俄语稳居世界第二位,是除英语外使用最多的语言。到1982年全世界10%的化学出版物和7%的物理学出版物是用俄语撰写的。但到了20世纪90年代,俄语和其他欧洲语言一样,开始迅速被英语所取代,英语成为国际科学交流的通用语言③。

(三)俄罗斯科学传播系统向跨国模式转型

俄罗斯在国际学术场域中的话语权式微,地位日益边缘化。为支持俄罗斯科学家在国际学术场域提升可见度和影响力,普京政府着力改革评估体系,为扩大国际出版提供制度支撑,开始通过各种科学政策激励俄罗斯科学家在国际科学计量数据库中增加国际论文发表,提升全球声誉。2012年5月,俄罗斯总统颁布法令,确定了提高俄罗斯科学家在 Web of Science 数据库中发表论文的目标④,并通过与国际标准接轨等一体化手段,激励俄罗斯科学期刊与全球出版标准和国际科学数据库的要求保持一致,以提高国内科学出版物的质量和数量。从2012年开始直至2022年俄乌冲突爆发,反映科学期刊被引水平和地位的文献计量指标在俄罗斯被广泛用作科研成果的筛选依据,这些指标由国家主动制定,并被各机构用于评估研究组织的科研绩效。为了确定科学组织的效率水平,俄罗斯联邦科学和高等教育部批准了"科学组织'出版绩效综合评分'

① ГОХБЕРГА Л М. Российский инновационный индекс[M].НИУ ВШЭ,2011:12.

② КИИЧИК О И. "Незаметная" наука Паттерны интернационализации российских научных публикаций[J]. Форсайт,2011,5(3):34-42.

③ ZITT M, PERROT F, BARRE R. The transition from "national" to "transnational" model and related measures of countries' performance [J]. Journal of the American society for information science and technology,1998(49):30-42.

④ О мерах по реализации государственной политики в области образования и науки: указ президента Российской Федерации от 7.05.2012 г. № 599. [EB/OL]. Российская газета.(2012-05-07)[2024-11-30] http://www.rg.ru/2012/05/09/nauka-dok.html.

国家任务定性指标"的计算方法①,在国际科学计量数据库索引期刊上发表论文被赋予更大的权重。俄罗斯联邦教育和科学部将这些指标作为方法论,用于评估研究机构完成的国家任务量,在资助国家计划和项目时被作为拨款条件考虑。各个科学机构和组织为了争夺资金,也引入了基于在高分刊物上发表论文的薪酬制度,以激励科学人员的国际出版活动②。

俄罗斯的科学政策目标是将俄罗斯的科学研究成果融入国际社会并创建俄罗斯科学期刊体系,增加俄罗斯学术成果在国际上的可见性。以国际化为目标,向跨国传播模式转型后,鼓励在国际科学计量数据库期刊上发表研究成果的政策取得了成效,俄罗斯在全球出版领域的地位显著提高。俄罗斯科学家在公认的科学引文索引中的出版物数量总体呈上升趋势,在世界科学领域的话语权也逐渐增强③。

在开放科学环境下,作为学术传播与交流的重要载体和学术共同体的重要组成部分,学术期刊在话语体系建设中发挥着越来越重要的作用。学术话语权直接体现为学术影响力,而学术影响力又有两个决定性因素:绝对的学术实力和适当的学术传播力。确立学术话语权并不断扩大影响,不能缺少科研成果恰当的传播渠道④。俄罗斯国内科学期刊一直在努力达到国际水平,但其参与跨国传播的整合过程却遇到很多问题:对国际科学出版物市场运作的认识水平低,外语熟练程度不足,出版活动水平相对较弱等。期刊是否被国际科学数据库收录也成了俄罗斯评价期刊质量高低的标志之一,被用于评判作者和出版机构的权威性⑤。俄罗斯支持主要期刊尝试纳入国际引文数据库、开发期刊的英文版本以及提供科学材料的开放式获取途径。在俄罗斯科学管理中越来越多地使用国际数据库的背景下,国际通用的质量标准在俄罗斯的出版环境中得以普及和传播,编辑出版流程也实现了数字化转型。Scopus 数据库收录了几乎所有高质量的俄罗斯科学期刊。截至 2022 年 4 月,被暂时接受的俄罗斯期刊

① Методика расчета качественного показателя государственного задания 《Комплексный балл публикационной результативности》 (КПБР) для научных организаций, подведомственных Минобрнауки России[EB/OL]. (2020 - 09 - 03) [2024 - 12 - 30] https://minobrnauki.gov.ru/documents/?ELEMENT_ID=24754.

② ТРЕТЬЯКОВА О В. Российский опыт составления национальных списков научных журналов: ошибки, задачи и перспективы[J]. Terra Economicus,2023, 21(3):102 - 121.

③ ТОРКУНОВ А В.Общественные науки в России: журналы и индексы [EB/OL].(2022 - 03 - 05) [2025 - 01 - 07] https://mgimo.ru/about/news/main/social-sciences-in-russia/.

④ 厚望,李延祥,厚宇德.历史视域下的我国自然科学话语权及其提升进路[J].自然辩证法研究,2024, 40(5):124 - 129.

⑤ БАЛАЦКИЙ Е В., ЕКИМОВА Н А., ТРЕТЬЯКОВА О В. Методы оценки качества научных экономических журналов[J]. Journal of Institutional Studies,2021,13(2):27 - 52. DOI: 10.17835/2076 - 6297. 2021,13(2):27 - 52.

总数已超过 700 种①。

但有专家认为,致力于跨国科学传播转型的科学政策对俄罗斯本国的科学期刊网络产生了负面影响,对跨国化指标的追求,使得本国作者、本国语言和本国出版社之间的联系遭到了破坏②。俄罗斯学者批评国家在俄罗斯科学期刊管理中丧失主观能动性,并建议科学政策中应该系统规划国家科学期刊网络的建设与发展,确定负责科学期刊发展的管理机构,恢复科学界自我组织形式的多样性,将国家科学期刊网络的发展方向定位在为国家科学研究前沿提供全面的信息支持上③。

三、新地缘政治环境下俄罗斯国际学术出版的现实困境

(一)俄罗斯的国际数据库依赖于西方学术话语权垄断

科学出版物日益成为衡量科学家个人和研究团队活动质量和有效性的指标,也是面对日益激烈的全球竞争时比较各国和地区在世界科学中的地位的基础。科学引文索引最初创建的目的是方便学者和图书馆员选择各个学科的关键期刊。然而,随着时间的推移,它们不仅越来越多地被用于确定大学或国家在国内和国际排名中的位置,还被用于评估科学活动和科学政策的有效性。Scopus 和 Web of Science 等国际科学计量数据库对于整个世界科学的可持续发展是必要的、有用的和不可或缺的。但俄罗斯学界对过度使用国际数据库的文献计量指标来评估科学绩效、出版活动片面追求提高国际科学数据库收录版本的引用率提出了质疑。俄罗斯学者特鲁布尼科娃 Е.И(Трубникова Е.И.)认为西方大型出版机构的市场垄断及话语霸权导致与知识产权相关的交易成本大幅增加,阻碍了知识的利用和积累,也导致俄罗斯科学出版物体系出现危机:信息不对称和学术出版物市场的西方垄断导致激励科学活动的资金流向西方大型出版商和中介公司,科学出版物市场的影子经济扩大,为低质量期刊、掠夺性期刊创造机会。俄罗斯学者建议应该由大学和科学界建立和维护公共评级系统,并由国家支持和激励国内期刊,只激励研究人员国际出版而不激励国内

① КИРИЛЛОВА О В.Подводя своеобразные итоги десятилетия и рисуя планы[J].Научный редактор и издатель 2022,7(1):8－11.
② ГАЙДИН Б Н.Российские научные журналы в новых геополитических условиях: сложности и перспективы развития [J].Управление наукой: теория и практика, 2022,4(3):44－52.
③ СЕМЕНОВ Е В.Национальная сеть научных журналов как система: проблемы до и после санкций [J].Мир России,2023,32(3):145－166.

期刊不会取得预期效果①。

在西方数据公司退出俄罗斯市场后,俄罗斯科学期刊系统对国际数据库的过度依赖问题凸显。在国际上,俄罗斯学术成果的传播力和可见性降低;在国内,基础科研数据和知识产权数据服务严重依赖西方,导致科研与国际交流面临卡脖子风险。作为全球科学和知识产权信息服务最大提供商之一,科睿唯安与俄罗斯科学电子图书馆合作开发了俄罗斯科学引文索引(RSCI),对俄罗斯科研数据与知识产权数据服务介入颇深,在俄罗斯科研界影响极大。科睿唯安在全球构建了一个从底层基础数据到上层基于数据的服务、评价的完整体系。科睿唯安等西方数据公司通过各种方式控制了俄罗斯科学研究的数据基础。在外部政治局势的影响下,国际科学计量数据库 Web of Science 和 Scopus 退出俄罗斯,而俄罗斯很难在短时间内找出能与国际科学计量数据库真正对标的服务和企业。俄罗斯科学院院士托尔库诺夫 A.B.认为,从地理全球性和主题普遍性的角度来看,Scopus 和 Web of Science 几乎没有替代品②。

(二) 俄罗斯科学文献及评估系统的"去西方化"尝试

俄乌冲突引发的地缘政治危机激发了俄罗斯学界关于科学文献"去西方化"的讨论。随着 Web of Science 和 Scopus 从俄罗斯撤出,俄罗斯国内科学研究对国际科学计量数据的严重依赖促使俄罗斯科学政策转向关注国家数据信息资源安全。俄罗斯联邦教育和科学部开始开发自己的科学研究效果评估系统,并支持俄罗斯现有的高产科学期刊,全面探讨在制裁压力和与西方公司合作机会大幅减少的情况下,进一步发展和支持俄罗斯科学期刊的可能途径,并强调有必要继续努力提高本土科学出版物的水平,开发自己的指数,同时在可能的情况下继续保持国际合作,重点是在非西方国家建立新的合作关系③。比如在俄罗斯—白俄罗斯联盟、独联体和金砖国家框架内开发了新的国际科学引文索引系统用于科学期刊排名、国际科学研究与发展效果评估。截至 2023 年 5 月,该索引收录了 1 300 种俄罗斯期刊。为了寻找替代解决方案,俄罗斯专家组提出了科学期刊"白名单",尝试创建国家科学期刊清单,并将其引入系统以评估科学研究的有效性。但这些系统在多大程度上能成为国际科学计量数据库的成熟替代品却是一个不得不面对的现实问题。有学者认为各种替代方案

① ТРУБНИКОВА Е И. Асимметрия информации и тенденции рынка на учных публикаций [J]. Высшее образование в России, 2017, 3(210):26 - 36.

② ТОРКУНОВ А В. Общественные науки в России: журналы и индексы [EB/OL].(2022 - 03 - 05) [2025 - 01 - 07] https://mgimo.ru/about/news/main/social-sciences-in-russia/.

③ ГАЙДИН Б Н. Российские научные журналы в новых геополитических условиях: сложности и перспективы развития [J]. Управление наукой: теория и практика, 2022, 4(3):44 - 52.

的标准不一，能够替代国际科学计量数据库的可能性非常有限①。

在俄乌冲突背景下，俄罗斯亟须改进自己的科学计量数据库，建立一个属于俄罗斯的更加灵活和公平的国家科学评估系统，以支持本国科学期刊的发展，并用来评估科学研究与发展的成效。托尔库诺夫 A.B.认为，过去十年来，俄罗斯实施的科学政策的主要战略误判是将科学成果的评估系统与国际科学计量数据库指标刚性联系，导致在拥有全球引文索引 Web of Science 和 Scopus 的公司退出俄罗斯市场后，科学评估系统完全无法运转。俄罗斯未能及时计算直接依赖国际科学计量数据库的风险，也未能实施能够完全替代全球指数的机制②。寻找不基于国际科学计量数据库来评估科学绩效的替代方法成为俄罗斯亟须解决的难题。

四、重回孤岛？俄罗斯科学政策未来走向的讨论

面对科睿唯安等西方数据公司的制裁，俄罗斯不得不调整科学政策方向，政策重点从鼓励国际化的跨国传播转向优先在国内传播科学研究成果。俄罗斯科学基金会取消了获得科研资金资助必须在 Web of Science 和 Scopus 上发表文章的强制要求③，教育和科学部也暂停对国际数据库中的索引出版物进行会计核算④，俄罗斯科学引文索引（RSCI）期刊质量评估和选择工作组也表示，在恢复与美国同行的全面合作之前，俄罗斯科学引文索引期刊的文章元数据将不会放入 Web of Science ⑤。但这样的政策转向带有明显的被迫倾向，再次陷入学术孤岛的担忧在俄罗斯科学界挥之不去，俄罗斯科学传播的国际化努力与新地缘政治环境下去西方化的矛盾如何调和与平衡，是俄罗斯科学出版面临的两难问题。

---

① ТРЕТЬЯКОВА О В. Российский опыт составления национальных списков научных журналов: ошибки, задачи и перспективы [J]. Terra Economicus，2023，21(3):102 – 121.

② ТРЕТЬЯКОВА О В. Российский опыт составления национальных списков научных журналов: ошибки, задачи и перспективы[J]. Terra Economicus，2023，21(3):102 – 121.

③ Позиция экспертных советов РНФ по вопросу учёта публикаций [EB/OL]. (2022 – 05 – 06)[2025 – 01 – 11]. https://rscf.ru/news/found/pozitsiya-ekspertnykh-sovetov-rnf-po-voprosu-ucheta-publikatsiy-/?ysclid=m62y634pko313793016.

④ Введён мораторий на показатели наличия публикаций, индексируемых в международных базах данных [EB/OL].(2022 – 03 – 21)[2025 – 01 – 12]. https://minobrnauki.gov.ru/press-center/news/.

⑤ Пресс-релиз Рабочей группы по оценке качества и отбору журналов в Russian Science Citation Index (RSCI) от 23 июня 2022 года[EB/OL]. (2022 – 06 – 27)［2023 – 10 – 12]. https://elibrary.ru/projects/rsci/RSCI_202206.pdf.

（一）积极参与全球科学知识生产与评价，防止被边缘化

俄罗斯科学院院士托尔库诺夫 A.B.认为，脱离国际数据库只会导致西方社会和科学思想在反俄平台上的意识形态同一性得到加强和巩固，而且会使俄罗斯失去近年来为自己赢得的科学计量学地位。最重要的是，如果俄罗斯不全面参与全球科学知识的生产和评价过程，不考虑科学本身的最新成就及其发展趋势，俄罗斯将无法应对科技发展的巨大挑战，无法适应当下所处的技术、通信、国际和自然环境的转型变化①。如果脱离全球背景，俄罗斯的科学院校也将面临被边缘化的威胁。用英文发表研究成果对于提高俄罗斯科学院校的声望和在全球范围内推广其理念具有重要意义②。俄罗斯有必要继续关注基础研究质量的全球竞争力，并继续巩固在国际出版活动和引用方面已经取得的成果③。

俄罗斯期望在解决当前的国际冲突后，俄罗斯科学传播的跨国传播模式能得以恢复。俄罗斯联邦教育和科学部依然在努力维持过去十年在国际空间推广俄罗斯科学家和期刊出版物的成就。尽管受到制裁、孤立和对最重要信息资源的访问限制，但考虑到编辑和出版领域的全球趋势，俄罗斯向国际社会展示俄罗斯科学家成就的计划和目标将保持不变。"自给自足"和"自尊"并不意味着忽视国际标准。俄罗斯科学政策对出版物质量的理解与追求、向国际社会传播科学成就的方法和工具都将是国际化的，而不是地方化的。在创建国家科学研究有效性评估系统和国家科学期刊清单时，评估研究质量的信息基础仍然是 Web of Science 和 Scopus 以及俄罗斯科学引文索引（RSCI）中包含的主要外国和俄罗斯期刊。同时俄罗斯专家也强调，无论使用什么推广和评估工具，俄罗斯学术期刊都应该成为传播俄罗斯科学家最有价值的科学信息的主要载体④。俄罗斯专家建议，任何情况下，都不应该打破科学的联系，用新的"铁幕"封闭自己。相反，有必要采用世界最佳经验，以国家利益为导向，推动俄罗斯科学期刊的发展。在现实情况下，最便捷的方法是俄罗斯科学期刊发行俄文和英文两个平行的全文版本。这种模式既可以大幅扩大国际读者群，提高所发表成

① ТОРКУНОВ А В.Общественные науки в России：журналы и индексы［EB/OL］.（2022－03－05）［2025－01－07］.https://mgimo.ru/about/news/main/social-sciences-in-russia/.

② ТРЕТЬЯКОВА О В.Российские экономические и социологические журналы в МНБД Scopus：существует ли зависимость между языком публикации и уровнем цитируемости?［J］.Управленец，2022,13(4)：38－53.DOI：10.29141/2218－5003－2022－13－4－4.

③ Эксперты обсудили создание Национальной системы оценки результативности научных исследований и разработок［EB/OL］.（2022－03－11）［2024－10－12］.https://minobrnauki.gov.ru/press-center/news/?ELEMENT_ID=48219/rscf.ru/news/found/.

④ КИРИЛЛОВА О В.Подводя своеобразные итоги десятилетия и рисуя планы［J］.Научный редактор и издатель 2022,7(1)：8－11.

果的国际"能见度",又可以保护俄语科学语言和俄语科学交流环境,这一点在发表俄罗斯最重要、最具战略意义的科技发展领域的成果时尤为重要①。

可以预见的是,俄罗斯将继续支持科学家个人和研究团队的科学知识生产,重视科学期刊的质量保证及可持续发展,在国家层面支持俄罗斯科学家、编辑、出版商的活动,持续监督俄罗斯作者、期刊、大学遵守既定的出版道德和科学诚信准则。政府还大力支持俄罗斯本土互联网企业扬德克斯(Yandex)公司开发结合 Google Scholar 的便利性和 Scopus 的科学计量功能的国内科学信息搜索引擎。这样的本土搜索引擎将改善俄罗斯的科学衡量标准,加强科学家之间的横向联系,并在俄罗斯各科学流派之间建立合作,尤其是在社会科学和人文科学领域。

(二) 促进科学外交,避免重回学术孤岛

当国与国之间各种直接关系遭遇困境和挫折时,科学外交是让国家之间保持彼此联系的一个途径②。为应对当下困难与挑战,避免重回学术孤岛,俄罗斯加大了科学外交领域的探索和努力。科学与外交之间的互动问题及其相互影响在俄罗斯学界得到积极讨论。科学外交是与外国合作伙伴进行全面对话的手段之一。科学外交机制作为国际关系体系中的一种特殊潜力和促进国家利益的手段,其发展前景广阔。在俄罗斯,科学外交被理解为公共外交的一部分,被视为国家科技政策的一个要素。2012 年 5 月 7 日俄罗斯联邦总统令《关于实施俄罗斯联邦外交政策的措施》指出了有效利用科学外交资源作为一种公共外交方式的必要性,并反映在"俄罗斯联邦外交政策理念"中③。普京政府一直将英语出版活动视为一种科学外交手段,将国际学术交流作为提高本国科学流派声望和在全球层面推广思想的工具,积极采用科学外交的形式和方法在国际科学和技术合作框架内促进俄罗斯国家利益。

即使许多联合科学项目出于政治和主观原因而被迫关闭或暂停,俄罗斯依然在努力与来自不同国家的学者合作并建立新的联系,尤其是在后苏联空间、发展中国家争取更大的学术影响力和话语权。俄罗斯学习法国的科学外交经验,积极建立了科技信息服务机构,整理从不同国家收到的科技成果信息,并提供给有关各方;学习德国科学和创新之家的经验,建立俄罗斯科学和文化之家,

---

① КИРИЛЛОВА О В. Как научному журналу сохранить родной язык и охватить англоязычную аудиторию [J].Научный редактор и издатель,2019,4(1-2):34-44. DOI:10.24069/2542-0267-2019-1-2-34-44.

② 孙艳.科技外交理论的概念演化、范畴界定及欧美实践的启示[J].中国软科学,2024(5):27-38.

③ Указ Президента РФ от 07.05.2012 № 605 《О мерах по реализации внешнеполитического курса Российской Федерации》[EB/OL].(2023-12-30)[2024-12-11].http://www.kremlin.ru/acts/bank/35269.

发展各种形式的国际科学、技术和创新中心,为俄罗斯驻外科学家寻找相关的研究基地,监测外交使团所在国的科技成就,并参与俄文科学期刊的推广工作,提高其在国际科学界的知名度①。

五、结语

当今国际格局正在发生深刻变化,"大变局时代"不仅是世界不同权力关系重新组合的时代,也是与其紧密相连的知识重组的时代。全新的地缘政治格局,以及有可能被排除在国际科学分工和国际科学技术合作体系之外的危机,迫使俄罗斯不得不重新考虑如何摆脱学术边缘化处境,走出孤岛困局。一方面,俄罗斯通过强化自主知识生产,重建国家科技信息系统,确保形成一个统一的数字知识空间,加强国内科学的全球竞争力。另一方面,拓展科学传播体系,通过去西方化的跨国和区域联系来抵抗欧美主导的学术出版秩序,提升国际学术话语权。重建国际学术出版秩序,离不开基础设施的平台和标准的支撑②。面对欧美出版寡头对国际知识生产和传播的垄断以及俄罗斯自身缺乏自主的高水平国际化学术出版和评估体系的结构性难题,俄罗斯着手从制度层面完善多元评价机制,重建俄罗斯科学期刊管理中的国家能动性,恢复科学界自我组织形式的多样性,并系统规划国家科学期刊网络的建设与发展。未来俄罗斯能否突破封锁,重建学术出版的跨国传播体系,打破西方科学数据及话语权垄断,如何致力于数智时代的学术话语创新,建设面向未来的国际化数字出版基础设施,值得我们持续关注。

作者介绍

吴秀娟,俄罗斯圣彼得堡国立大学新闻系政治学博士,上海外国语大学新闻传播学院副教授,中国国际舆情研究中心研究员。主要研究领域为国际新闻、全球传播、俄语国家媒介生态与涉华舆情等。具备俄语、新闻传播、政治学的交叉学科背景,发表中俄文论文二十余篇,出版俄文专著一部。主持教育部、上海市教委等省部级科研项目三项,参与国家社科基金等项目四项。

---

① ИЛЬИНА И Е. и др. Модель реализации механизма научной дипломатии: зарубежный и российский опыт[J].Управление наукой и наукометрия,2021,16(1):10-46.

② 韦路,秦林瑜.中国新闻传播学国际学术话语权的现状、问题与提升路径[J].新闻与写作,2023(3):34-45.

西方以外的数字媒体研究：菲律宾期刊的理论方向

杰森·文森特·A.卡巴涅　米娅·弗朗切斯卡·M.卢娜

　　响应全球化和去殖民化媒体与传播领域的呼声,本文主张应重视发表在非西方学术期刊上的研究成果,并探讨其对数字媒体研究的独特价值。通过聚焦菲律宾学术期刊发表的文章,本文为数字媒体研究开辟了新的路径。菲律宾是一个典型案例,其与当今数字媒体的全球基础设施之间存在复杂关系,同时也为研究全球南方前非西方殖民地中数字媒体使用的社会文化影响提供了丰富的视角。

　　本文选取了2020年至2023年期间的研究成果进行分析,这一时期因新冠疫情导致菲律宾经历了长期的媒介化隔离生活,凸显了数字媒体在日常生活中的核心地位。研究对象包括27篇发表在以下五种期刊上的文章:《Plaridel:传播、媒体与社会期刊》《文化批评》(Kritika Kultura)、《菲律宾社会学评论》《亚太社会科学评论》和《话语(Talastásan):菲律宾传播与媒体研究期刊》。通过定性主题分析,本文总结了菲律宾数字媒体研究中的关键要素和反复出现的主题,主要包括以下三个方面:①数字协商:探讨技术在多大程度上影响人们在讨论共同面对的政治问题时能否实现平等与相互尊重;②数字亲密:分析在线媒体作为一个空间,如何呈现所谓"现代价值观"与"传统价值观"之间的高度紧张关系在个人亲密经验中的表现;③数字推广:关注在线传播技术及社交媒体在传播与推广中的作用。

Contributing to the intensifying calls to globalize and decolonize the field of media and communication, this paper argues for the value of engaging with scholarship published in journals outside the West. It opens up new trajectories specifically for digital media research by spotlighting articles published in journals based in the Philippines. This country exemplifies the complicated positioning of many non-Western countries in relation to the planetary infrastructures of today's digital media. The

Philippines also allows for a rich exploration of the socio-cultural implications of digital media use in former non-Western colonies in the global South. The paper zeroes in on publications from 2020 to 2023. This was because the prolonged mediated lockdown life that many Filipinos underwent during these pandemic years significantly amplified the centrality of digital media to everyday life in the country.

In this chapter，we examine 27 articles from across the following five journals：Plaridel：A Journal of Media Communication and Society，Kritika Kultura，Philippine Sociological Review，Asia Pacific Social Science Review，and Talastásan：A Philippine Journal of Communication and Media Studies. Through a qualitative thematic analysis，we identify the key elements and recurring themes among digital media scholarship in the Philippines. These include three key themes：①digital deliberations，which is about technologies and their role in whether and how people can regard each other with equality and mutual respect as they discuss the shared political issues that they confront；② digital intimacies，which is about online media as a space wherein the heightened tension between what is perceived to be "modern values" and "traditional values" play out in people's intimate experiences；and ③ digital promotion，which is about online communicative technologies-and social media part.

传播领域的呼吁。它特别强调了参与西方以外期刊发表的学术研究的价值。除了该领域的类似举措①②③，本文旨在通过关注技术与非西方独特而多样的政治、经济和社会文化现实之间的纠葛来拓宽数字媒体研究的可能性。

21 世纪初，人们已经大力推动将主流媒体和传播研究的范围扩大到西方

① KEIGHTLEY E，LI E C Y，NATALE S，et al. Encounters with western media theory[J]. Media，culture & society，2023，45(2)：406-412.
② LANGMIA K. Theorizing beyond the west special edition：subaltern authors gird their loins[J]. Howard journal of communications，2021，32(2)：107-108.
③ LI X，TSANG L T，TSE T. Pluralising China as method：decolonising cultural mediations in the global south[J]. Global media and China，2023，8(4)：433-441.

以外①②③。这些举措旨在纳入非西方的经验研究，以更好地反映世界在媒体制作、呈现和消费方面的多样化经验。尽管出发点是好的，但它们往往以"规范性去西方化"的逻辑为支撑，即"代表'他者'，但要从'自我'的棱镜和规范中来代表他者"④。这些举措有助于扩大非西方案例研究在主流学术中的代表性。然而，他们并没有对西方在该领域知识生产政治中的主导地位进行足够的质疑，长期以来，"西方主导地位已经边缘化了亚洲、非洲和拉丁美洲现有的媒体和传播分析"⑤。

从 21 世纪 10 年代后期到 21 世纪 20 年代上半叶，要求重新定义媒体和传播以西方为中心的特征的呼声愈发激进。其中最突出的一个运动就是"传播学太白"（Communication So White）⑥。查克拉瓦蒂（Chakravartty）等人在其开创性的文章中指出，白人男性气质在主流学术界仍然普遍存在⑦。除了在主流媒体和传播中纳入更多非西方学术研究的问题之外，他们还强调了"关注知识生产中嵌入的权力结构"的价值⑧。他们特别将种族视为一个关键分析因素，有助于理解该领域的学科规范如何在知识再生产和资源分配中发挥作用。他们指的是"制度上占主导地位的白人群体与被主导的非白人群体之间的政治对抗关系"，以及至关重要的"西方继承的现代殖民主义暴力、集会、服从、剥削和隔离实践"⑨。在后续研究中，Ng 等人认为，反对媒体和传播以西方为中心的关键是关注学术实践，这些实践为理论和数据的出现提供了条件。这些包括"研究、招聘、评估、培训、引用和庆祝"。为此，我们需要摆脱把此类做法视为零和博弈的思维。相反，我们应该努力实现"联盟动员"，不仅把多种形式的边缘

---

① AMIN H，BENNETT W L，CUNNINGHAM S，et al. De-westernizing media studies[M]. New York：Routledge，2000.

② DAYA KISHAN THUSSU. Internationalizing media studies[M]. London，New York：Routledge，2009.

③ WANG G. De-westernizing communication research[M]. London：Routledge，2010.

④ WILLEMS W. Beyond normative dewesternization：examining media culture from the vantage point of the global south[J]. The global south，2014，8(1)：7 - 23.

⑤ WILLEMS W. Beyond normative dewesternization：examining media culture from the vantage point of the global south[J]. The global south，2014，8(1)：7 - 23.

⑥ 编者注：该运动借鉴了类似社会运动标签（如 ♯OscarsSoWhite"奥斯卡太白"），用于批评传播学领域或媒体行业中白人中心主义、缺乏多元文化视角的现象，强调学科理论框架、学术话语权、媒体代表性等方面存在的种族单一性问题。

⑦ CHAKRAVARTTY P，KUO R，GRUBBS V，et al. ♯Communicationsowhite [J]. Journal of communication，2018，68(2)：254 - 266.

⑧ CHAKRAVARTTY P，KUO R，GRUBBS V，et al. ♯Communicationsowhite [J]. Journal of communication，2018，68(2)：254 - 266.

⑨ SAUCIER P K，WOODS T P. Conceptual aphasia in black：displacing racial formation[M]. Lanham，Maryland：Lexington Books，2016.

化带到领域中心，还要解构中心的真正含义①。

考虑到上述情况，我们以现有的以非西方为起点的学术研究为基础，对数字媒体和社会进行理论化②③④⑤⑥。这些著作的价值在于，它们为理论的出现提供了沃土，这些理论具有明显的语境性，认识到世界各地不同的社会条件意味着数字媒体的发展和使用轨迹也同样不同。因此，它们与西方理论形成了鲜明对比，西方理论往往带有普遍适用性的有问题的假设，即使它们所基于的经验见解同样基于特定的地方，因此是"地方性的"⑦。此外，以非西方数字媒体理论为基础的学术研究往往与这些背景下的社会如何理解其条件有着密切的联系，而这些理解方式与西方密不可分。这是因为这些社会所遵循的制度和关系逻辑仍然带有与西方殖民共同历史的印记⑧。与此同时，他们发现自己陷入了西方全球现代性根深蒂固的理性主导地位，这种主导地位持续存在但令人不安⑨。

在本文中，我们为上述工作作出了贡献，即颠覆媒体和传播领域的主流学术研究往往不反思其扎根于西方并受到其"现代主义知识和制度结构"的影响⑩。为此，我们特意强调，我们所评论的文章是在菲律宾出现的。我们特别关注 2020 年至 2023 年期间在菲律宾期刊上发表的文章。我们研究了五种期刊中与数字媒体学术领域相关的 27 篇论文。

值得一提的是，我们讨论的这些作品都来自菲律宾，我们不仅仅是在索引

① NG E，WHITE K C，SAHA A. ＃ CommunicationSoWhite：race and power in the academy and beyond[J]. Communication，culture & critique，2020，13(2)：143－151.

② ARORA P. The next billion users：digital life beyond the West[M]. Harvard：Harvard University Press，2019.

③ DAVIS M，XIAO J. De-westernizing platform studies：history and logics of Chinese and US platforms[J]. International journal of communication，2021(15)：20.

④ Asian perspectives on digital culture：emerging phenomena，enduring concepts[M]. London：Routledge，2016.

⑤ MADIANOU M，MILLER D. Mobile phone parenting：reconfiguring relationships between Filipina migrant mothers and their left-behind children[J]. New media & society，2011，13(3)：457－470.

⑥ MUTSVAIRO B，dos SANTOS F O，CHITANANA T. De-westernizing digital politics：a global south viewpoint[M]//Handbook of digital politics. Edward Elgar Publishing，2023：16－58.

⑦ BABER Z. Provincial universalism：the landscape of knowledge production in an era of globalization[J]. Current sociology，2003，51(6)：615－623.

⑧ STOLER A L. Duress：imperial durabilities in our times[M]. Durham：Duke University Press，2016.

⑨ ANG I，STRATTON J. The Singapore way of multiculturalism：western concepts/Asian cultures[J]. Sojourn：journal of social issues in southeast Asia，2018，33(S)：S61－S86.

⑩ SHOME R，HEGDE R S. Postcolonial approaches to communication：charting the terrain，engaging the intersections[J]. Communication theory，2002，12(3)：249－270.

它们对主流数字媒体学术研究多样化的贡献，尤其不是说他们的见解只限于菲律宾。我们所做的是展示菲律宾这样一个非西方背景的独特现实如何允许对数字媒体进行理论研究，而这在西方同样独特的现实中可能并不容易。我们还表明，这种理论可以为其他背景（无论是非西方还是西方）的数字媒体研究提供参考，从而拓展其理论视野。

一、研究菲律宾的数字媒体

我们把 2020 年至 2023 年设为我们所审查文章的时间范围，其理由与两个重要历史时刻的交汇有关，这两个时刻放大了数字媒体在菲律宾日常生活中的核心地位。第一个时刻是 COVID‐19 及其对该国的严重打击①。它成为全球大流行的热点之一，多次位居西太平洋地区活跃病例和死亡人数榜首。菲律宾人——尤其是人口密集的城市中心的菲律宾人——因此被迫将大部分生活转移到网上②。第二个时刻是罗德里戈·杜特尔特成为菲律宾总统，以及他为该国治理带来的威权冲动。杜特尔特政府对 COVID‐19 的态度是军事化的。菲律宾全国实施了世界上最严厉、持续时间最长的封锁之一，持续了两年多③。这种情况意味着许多菲律宾人不得不比世界上许多其他地区的人更长时间地继续他们的网络生活。菲律宾发生的这两起事件意味着，我们所选择的年份发表的研究中的一个重要主题是，人们担心数字媒体与人们生活的紧密联系会加剧。这一系列研究之所以引人注目，是因为这种担忧非常明显。因此，这可以阐明世界各地不同背景下的相关经验。

除了我们选择关注的时间范围之外，菲律宾本身就是一个有价值的案例研究，可用于研究非西方国家（尤其是全球南方）的数字媒体生活。它可以说明数字技术对其他类似背景下的人们生活有多么重要，互联网所谓的"下一个十亿用户"正在从这些环境中涌现出来④。

菲律宾具有典型性，尽管其周围电信基础设施严重欠发达，但人们已把数字媒体深深融入生活的方方面面。由于菲律宾人广泛使用数字媒体，该国被称

---

① WHO. Situation Reports[EB/OL]//www.who.int. (2021)[2024‐04‐23]. https://www.who.int/westernpacific/emergencies/covid‐19/situation-reports.

② CABANES J V A, UY-TIOCO C S. Glocal intimacies: theorizing mobile media and intimate relationships[J]. Communication, culture & critique, 2022, 15(4): 463‐470.

③ ASSOCIATED PRESS. Traffic jams back in Philippine capital as Covid restrictions ease[EB/OL]//NBC News. (2022‐03‐01)[2024‐04‐24]. https://www.nbcnews.com/news/world/philippines-lifts-pandemic-restrictions-rcna18073.

④ ARORA P. The next billion users: digital life beyond the West[M]. Harvard: Harvard University Press, 2019.

为"世界短信之都"和"世界社交媒体之都"。菲律宾确实是世界上上网人数最多的国家之一。根据《数字 2024》报告①，他们每天平均在社交媒体上花费 3 小时 34 分钟，而全球平均时间为 2 小时 32 分钟。报告把菲律宾的社交媒体使用率列为世界第四，仅次于肯尼亚、南非和巴西，这三个国家都是非西方全球南方国家。因此，数字媒体以关键的方式改变了菲律宾社会，因为人们与数字媒体的接触"重塑了家庭关系、公民意识、工作和职业生活以及社会组织形式"②。然而，同样重要的是要记住，该国是一个发展中国家，民众对数字技术的使用"有限、不平等和受约束"，并且最终只是"足够好"③④⑤。有人担心，这种使用方式重塑并强化了该国的阶级等级制度，其精英阶层享受着西方人的优势，而工人阶级则面临诸多限制。可以肯定的是，后者对足够好的使用方式的亲身经历"可以说是积极和赋权的"。然而，这样的访问方式也引发了人们对数字媒体的担忧，"数字媒体是扩大资本覆盖范围、增强中心控制边缘的能力和确保资本有效流通的工具"⑥。

与上述观点相关，菲律宾也体现了许多非西方国家在当今数字媒体的全球基础设施方面的复杂定位。一方面，它可以被理解为边缘的。这是因为全球数字产业的不对称，表现为西方发达国家"在数字生态系统的架构层面上实行帝国控制：软件、硬件和网络连接"⑦。这种不对称还可以体现在该行业的劳动力

① KEMP SIMON. DataReportal—global digital insights［EB/OL］//DataReportal—global digital insights.（2024 - 01 - 31）［2024 - 04 - 23］. https://datareportal.com/reports/digital-2024-global-overview-report?utm_source＝Global_Digital_Reports&utm_medium＝Report&utm_campaign＝Digital_2024&utm_content＝Report_Promo.

② LORENZANA J A, SORIANO C R R. Introduction：the dynamics of digital communication in the Philippines：legacies and potentials［J］. Media international Australia，2021，179(1)：3 - 8.

③ UY-TIOCO C S. 'Good enough' access：digital inclusion, social stratification, and the reinforcement of class in the Philippines［J］. Communication research and practice，2019，5(2)：156 - 171.

④ MIRANDILLA-SANTOS M G. Bridging the digital infrastructure gap：policy options for connecting Filipinos［J］. 2021(1).

⑤ DIOP，NDIAME，WARWICK，MARA K.，ZAMAN，HASSAN，FOCK，ACHIM，NIANG，CECILE THIORO，COULIBALY，SOULEYMANE，HANSL，BIRGIT. Philippines digital economy report 2020：a better normal under COVID-19-digitalizing the Philippine economy now［EB/OL］//World Bank.（2020）［2024 - 11 - 26］. https://documents.worldbank.org/pt/publication/documents-reports/documentdetail/796871601650398190/philippines-digital-economy-report-2020-a-better-normal-under-covid-19-digitalizing-the-philippine-economy-now.

⑥ UY-TIOCO C S. 'Good enough' access：digital inclusion, social stratification, and the reinforcement of class in the Philippines［J］. Communication research and practice，2019，5(2)：156 - 171.

⑦ KWET M. Digital colonialism：US empire and the new imperialism in the global south［J］. Race & class，2019，60(4)：3 - 26.

需求集中在相同的西方国家，而其劳动力供应过剩来自非西方，特别是全球南方国家①②。菲律宾努力追究该行业及其全球参与者的责任。由于领先的大型科技公司和数字劳动力雇主无一例外地都位于国外，因此它们不受该国国家法律的管辖③④。另一方面，菲律宾在应对数字媒体发展的颠覆性方面处于创新智慧的前沿。它是非西方的全球南方国家之一，这些国家善于创造性地重塑自我，以应对强加的颠覆并克服社会技术系统的局限性⑤。例如，菲律宾数字工作者意识到颠覆全球行业动态的挑战，一直在寻找富有想象力的方法来改善他们的劳动条件⑥。尽管他们试图反击行业剥削性基础设施的尝试往往仍然建立在新自由主义资本主义的逻辑之中，但这些举措仍然是"建立在当地合作文化基础上的替代性团结形式……这表明可能为更大规模的社区主导变革打开了大门"⑦。

　　除了政治经济问题之外，菲律宾还是探索全球南方前非西方殖民地数字媒体使用的社会文化影响的丰富案例。它明确了这种使用必然会与更广泛的社会动态交织在一起，这种社会动态不仅受到殖民历史的影响，也受到仍然以殖民性为结构的当代轨迹的影响⑧⑨。后殖民非西方人经常以处理"全球本土化"的亲密、家庭和社区关系的方式使用数字技术⑩。他们在西方现代性所表达的

① LEHDONVIRTA V. Algorithms that divide and unite：delocalisation，identity and collective action in 'microwork'[J]. Space，place and global digital work，2016(1)：53 - 80.
② WOOD A，LEHDONVIRTA V. Platform labour and structured antagonism：understanding the origins of protest in the gig economy[J]. Available at SSRN 3357804，2019.
③ MARI J，LANUZA H，FALLORINA R，et al. Understudied digital platforms in the Philippines [R/OL]. (2021)[2024 - 04 - 23]. https://internews.org/wp-content/uploads/2021/12/Internews _Understudied-Digital-Platforms-PH_December_2021.pdf.
④ SERZO A L O. Cross-border issues for digital platforms：a review of regulations applicable to Philippine digital platforms[J]. 2020(12).
⑤ ARORA P. From pessimism to promise：lessons from the global south on designing inclusive tech [M]. Cambridge：MIT Press，2024.
⑥ SORIANO C R. Solidarity and resistance meet social enterprise：the social logic of alternative cloudwork platforms[J]. International journal of communication（19328036），2023，17：3955 - 3973.
⑦ SORIANO C R. Solidarity and resistance meet social enterprise：the social logic of alternative cloudwork platforms[J]. International journal of communication（19328036），2023，17：3955 - 3973.
⑧ ALATAS S F. Knowledge hegemonies and autonomous knowledge[J]. Third world quarterly，2022 (1)：1 - 18.
⑨ GO J. Postcolonial possibilities for the sociology of race[J]. Sociology of race and ethnicity，2018，4(4)：439 - 451.
⑩ CABANES J V A，UY-TIOCO C S. Glocal intimacies：theorizing mobile media and intimate relationships[J]. Communication，culture & critique，2022，15(4)：463 - 470.

所谓"全球文化"与本土逻辑所表达的"地方文化"的复杂拉力之间进行协调。对于菲律宾人民（包括移民和文化少数群体）来说，这意味着要关注菲律宾 300 多年西班牙殖民统治和 40 多年美国殖民统治的持久影响，以及当今菲律宾不断发展和多元的文化。对于占菲律宾 1.15 亿人口约 10% 的海外菲律宾人而言，这还意味着要关注他们所居住的 200 多个国家的独特文化①。菲律宾人和海外菲律宾人使用数字媒体的全球本土化质量的复杂性，可以从关于他们如何实现跨国亲密关系②③④、家庭关系⑤⑥⑦和社区⑧⑨⑩等诸多方面的成熟学术研究中看出。

二、遴选过程

由于我们希望集中研究菲律宾期刊中有关该国数字媒体的文章，因此我们采用了以同质性为重点的有目的抽样⑪。我们优先考虑涉及菲律宾背景的文

---

① ANG A P，JEREMIAH M O. The Philippines' landmark labor export and development policy enters the next generation[EB/OL]//migrationpolicy.org. （2023 - 12 - 21）[2024 - 04 - 23]. https://www.migrationpolicy.org/article/philippines-migration-next-generation-ofws.

② ATIENZA P M L. I think I'll be more slutty: 'the promise of Queer Filipinx/a/o/American desire on mobile digital apps in Los Angeles and Manila[J]. Q&A: voices from Queer Asian north America，2021(1)：237 - 247.

③ CABANES J V A，COLLANTES C F. Dating apps as digital flyovers: mobile media and global intimacies in a postcolonial city[J]. Mobile media and social intimacies in Asia: reconfiguring local ties and enacting global relationships，2020：97 - 114.

④ ONG J C. Queer cosmopolitanism in the disaster zone: 'my Grindr became the United Nations' [J]. International communication gazette，2017，79(6 - 7)：656 - 673.

⑤ ACEDERA K F，YEOH B S A. The intimate lives of left-behind young adults in the Philippines: Social media，gendered intimacies，and transnational parenting[J]. Journal of immigrant & refugee studies，2022，20(2)：206 - 219.

⑥ CABALQUINTO E C B. (Im) mobile homes: family life at a distance in the age of mobile media [M]. Oxford：Oxford University Press，2022.

⑦ MADIANOU M，MILLER D. Mobile phone parenting: reconfiguring relationships between Filipina migrant mothers and their left-behind children[J/OL]. New media & society，2011，13 (3)：457 - 470.

⑧ LORENZANA J A. Mediated recognition: the role of Facebook in identity and social formations of Filipino transnationals in Indian cities[J]. New media & society，2016，18(10)：2189 - 2206.

⑨ MCKAY D. An archipelago of care: Filipino migrants and global networks[M]. Indianapolis：Indiana University Press，2016.

⑩ UMEL A. Filipino migrants in Germany and their diasporic (irony) chronotopes in Facebook[J]. International journal of cultural studies，2023，26(6)：768 - 784.

⑪ MICHAEL QUINN PATTON. Qualitative Evaluation and Research Methods [M]. SAGE Publications，Incorporated，1990.

章。这包括研究菲律宾人和海外菲律宾人使用数字媒体的文章。如前所述，我们将评论限制在 2020 年至 2023 年期间发表的文章。从这组作品中，我们确定了近年来的学术主题。

在选择要纳入我们研究的期刊时，我们主要参考其声誉和可访问性。关于声誉，我们对菲律宾学术界享有盛誉的五种期刊进行了深入定性研究，尤其是因为它们由该国一些最知名的大学和学术组织出版的。在本文中，我们纳入了以下内容：

（1）《Plaridel：传播、媒体与社会期刊》：Plaridel 是西班牙殖民时期作家马塞洛·H.德尔·皮拉尔的笔名。此刊由菲律宾大学出版，定位为国家传播学期刊，除刊载菲律宾学者的作品外，还刊载了其他亚洲国家的学者的作品。

（2）《文化批评》（*Kritika Kultura*）由马尼拉雅典耀大学出版，是一本关于语言、文学和文化研究的国际同行评审期刊①，致力于促进挑战传统观点的创新学术研究，特别是在菲律宾、亚洲、东南亚和菲律宾裔美国人研究方面。

（3）《亚太社会科学评论》（APSSR）由德拉萨大学出版，旨在为作者提供一个重要的平台，分享社会科学领域引人注目的观点和相关主题②。该杂志侧重于与亚太地区相关的研究，并在非西方背景下开展更多研究。

（4）《话语（Talastásan）：菲律宾传播与媒体研究期刊》由菲律宾理工大学出版，是一本同行评议的电子期刊，旨在促进传播与媒体领域的理论和实证研究③。

（5）《菲律宾社会学评论》（*PSR*）由菲律宾社会学学会出版，是该国首屈一指的社会学专业组织的官方期刊。1953 年以来，一直以菲律宾背景和文化为重点进行实证研究④。

按照以同质性为重点的立意抽样，我们选择了总部全部位于菲律宾首都马尼拉的期刊。它们代表了在许多国际大学研究排名中占据主导地位的马尼拉机构，例如《泰晤士高等教育世界大学排名》《QS 世界大学排名》和《教育排名》（Edurank）。一个关键原因是，该国高等教育研究资金和支持的可用性往往集

---

① Ateneo de Manila University Journals Online［OL］. (2024)［2024 - 04 - 24］. https://ajol.ateneo.edu/ajol/page/about.

② Asia Pacific Social Science Review-De La Salle University［EB/OL］/De La Salle University. (2017)［2024 - 04 - 24］. https://www.dlsu.edu.ph/research/publishing-house/journals/asia-pacific-social-science-review/.

③ Talastásan［EB/OL］//Talastasan. (2022)［2024 - 04 - 24］. https://talastasan.wixsite.com/talastasan.

④ About the Journal［EB/OL］//Philippine Sociological Society. (2023)［2024 - 04 - 24］. http://philippinesociology.com/about-the-journal/.

中在首都①。这种情况是"帝国马尼拉综合征"的症状，即"距离首都较远的省份更有可能经历更高的贫困率以及经济、社会和政治欠发达"②。因此，必须强调的是，我们有限的样本应被视为菲律宾出版的重要数字媒体研究的指示性研究，但并非详尽无遗。非马尼拉出版物将为数字媒体研究提供独特的理论和实证途径，我们在此不作重点介绍。因此，尽管我们无法在本文中介绍非马尼拉期刊，但我们认识到，研究它们同样重要。

同时，在可访问性方面，我们必须在包容性和代表性方面做出艰难的权衡，以促进更广泛的传播和更广泛的受众可访问性。首先，我们选择了感兴趣的学者能够轻松在线访问的期刊。这意味着我们不会研究没有现成的在线档案的期刊。其次，我们还决定将选择范围限制在以英语发表的文章，因为无论好坏，英语仍然是全球学术界的通用语言③。这意味着我们也没有研究其他菲律宾期刊的文章，以及我们选择的以菲律宾国语和该国许多其他语言作为传播媒介的期刊中的文章。我们意识到，我们的选择排除了菲律宾学术界在数字媒体和社会方面提出的许多宝贵见解。它们无疑反映了在追求全球研究和学术的过程中，在可访问性和包容性之间取得平衡的持续挑战。

在我们选择的五种期刊中，大多数关于数字媒体的相关文章都发表在 *Plaridel* 上。27 篇文章中有 17 篇（约占总数的 63%）出现在 *Plaridel* 中，发表于 2020 年至 2023 年之间。同时，27 篇文章中有 4 篇（约占总数的 15%）来自 *APSSR*，发表于 2020 年至 2023 年之间。此外，27 篇文章中有 3 篇（约占总数的 11%）来自 *KK*，发表于 2022 年至 2023 年。27 篇文章中有另外两篇（约占总数的 7%）来自 *Talastásan*，均发表于 2022 年。我们还发现了 *PSR* 27 篇文章中的一篇（约占总数的 4%），发表于 2021 年。

我们进行了定性主题分析，确定了菲律宾数字媒体学术研究的关键要素和反复出现的主题。为此，我们标记了相关关键词和类似内容，从而勾勒出文献中明显的主题。我们还研究了每篇文章中讨论的主要主题，以得出作者的中心思想和关键论点。同时，我们注意到文章涉及的主要文献领域以及它们如何表达对现有学术讨论的贡献。

① BAYUDAN-DACUYCUY C，ORBETA A，KRISTINA M，et al. POLICY NOTES（electronic）The quest for quality and equity in the Philippine higher education：where to from here？［R/OL］.（2023－05）［2024－05－24］. https://edcom2.gov.ph/media/2023/06/Pids-Policy-Note-2023-12-Higher-Education.pdf.

② TUSALEM R F. Imperial Manila：how institutions and political geography disadvantage Philippine provinces［J］. Asian journal of comparative politics，2020，5(3)：235－269.

③ ALHASNAWI S. English as an academic lingua franca：discourse hybridity and meaning multiplicity in an international anglophone HE institution［J］. Journal of English as a lingua franca，2021，10(1)：31－58.

我们把以数字媒体为导向的文章分为三个主题，以表明它们共同关注的领域。这些主题线索指出了菲律宾人在新冠疫情防控期间数字媒体使用率的提高意味着这些技术在人们日常生活的多个方面都具有重要价值。在总共 27 篇文章中，有 6 篇是关于数字审议的（占总数的 22%），9 篇是关于数字亲密关系的（占总数的 33%），8 篇是关于数字推广的（占总数的 30%）。我们还有一组四篇文章被归类为"其他"（占总数的 15%），因为它们的主题与所选作品中出现的其他重复主题并不完全一致。本文的其余部分将讨论每个确定主题下的文章提供的见解。

三、关于数字化审议

我们在"数字审议"主题下发表的六篇文章均探讨了在线技术在人们是否以及如何"在平等和相互尊重的基础上走到一起，讨论他们面临的政治问题"方面所扮演的角色（见表 1）①。它们凸显了菲律宾以及印度尼西亚、巴西和印度等国家在扩大分裂性网络言论方面所扮演的复杂角色，这些言论已成为全球民主政治的一个关键问题。在西方，这种分裂主要体现在"不文明行为的增加、政治两极分化、虚假信息的正常化以及为复杂问题寻找简单解决方案的吸引力日益增强"②。与此同时，在菲律宾，这种分裂一直受到两种力量之间紧张关系的调解。一方面，反殖民运动和后殖民自由主义建设者将协商规范历史性地植入其中③；另一方面，人们对民主条件也存在着越来越多的矛盾和争议④⑤。

---

① BACHTIGER A，JOHN S. DRYZEK，JANE M & MARK E. WARREN.（eds.）. The Oxford handbook of deliberative democracy[M]. Oxford：Oxford University Press，2018.
② CURATO N，SASS J，ERCAN S A，et al. Deliberative democracy in the age of serial crisis[J]. International political science review，2022，43（1）：55 – 66.
③ CURATO N. The Philippines：an uneven trajectory of deliberative democracy[M]//Deliberative democracy in Asia. London：Routledge，2021：120 – 135.
④ GARRIDO M. Rodrigo duterte as "the Trump of Asia"? The limits and pitfalls of thin comparison [J]. American behavioral scientist，2024：00027642241268329.
⑤ WEBB A. Chasing freedom：the Philippines' long journey to democratic ambivalence [M]. Liverpool：Liverpool University Press，2022.

表 1　有关数字审议的文章

标题	作者	期刊来源	出版年份
《〈菲律宾每日问询者报〉社交媒体环境中的不文明气氛》	圣·帕斯夸尔，马·罗塞尔·S	*Plaridel*	2020 年
《被情感所吸引：昆东快乐蜂（快乐蜂故事）、快乐的事物以及亲密公众的形成》	杰里米·德查韦斯	*Kritika Kultura*	2022 年
《选举虚假信息：通过 Tsek.ph 事实核查观察》	1. 蔡，伊冯娜·T. 2. 索里亚诺，杰克·C.	*Plaridel*	2020 年
《夺回土著身体：话语、社交媒体和伊戈罗特行动主义的美学》	卡拉比亚斯，何塞·科尔文·塞萨尔·B.	*Kritika Kultura*	2022 年
《这不是普通的鲶鱼故事：SamMoralesOver 标签背后的取消文化的作用》	1. 卡纳尔，博纳·克里斯汀·O. 2. 卡普扬，艾拉·科泽特·C. 3. 德尔·皮拉尔，汉娜·帕梅拉·M. 4. 埃诺尔佩，米里尔·埃洛伊斯·S. 5. 洛西奥，苏珊·梅·P.	*Plaridel*	2022 年
《菲律宾宗教仪式的社会表征存在争议——关于翻译的文本挖掘在线话语》	1. 约瑟夫·梅德里亚诺 2. 约瑟夫·阿韦拉多·托里奥	*Plaridel*	2022 年

　　与上述观点一致，其中两篇文章展示了菲律宾的在线民主协商如何继续受到来自仍然在地缘政治上占主导地位的西方的政治问题束缚。它们强调了该国如何受到与西方民粹主义兴起相关的动态影响，这种动态试图通过恐惧和仇恨等负面情绪来动员民众，从而绕过民主协商的复杂性[1]。话虽如此，它们也捕捉到了该国如何以反映其政治的后殖民条件的方式折射这些动态[2]。

---

① NIKUNEN K. The Nordic far right and the production of gut feelings [M]//Re-thinking mediations of post-truth politics and trust. London：Routledge, 2023：109－124.

② STOLER A L. Duress：imperial durabilities in our times[M]. Duke：Duke University Press，2016.

例如，圣·帕斯夸尔（San Pascual）描述了西方民主国家公共政治中日益增长的不文明氛围在菲律宾背景下如何体现。作为一个例子，她研究了《菲律宾每日问询者报》的评论部分，这是该国最热门报纸之一的数字版。她特别关注最常见的不文明形式是什么以及这些评论针对的是谁。圣·帕斯夸尔认为，虽然这些不文明行为往往是人身攻击的形式，比如人身攻击和辱骂，但它们并不一定能让人们沉默。然而，它们可以刺激人们进行进一步的不文明讨论。鉴于菲律宾尚处于萌芽阶段的在线协商民主空间的脆弱性，她想知道这样的讨论是否真的可以促进民主，还是只会破坏民主①。

在德查韦斯（De Chavez）的作品中，他揭示了菲律宾网络空间的毒性是如何被新自由主义逻辑所利用的，这也是西方也存在的一种动态。他关注的是菲律宾一家受欢迎的快餐连锁店快乐蜂，以及他们非常成功的昆东快乐蜂数字营销活动。他讨论了快乐蜂如何利用个人经历——比如对家庭和菲律宾人集体身份的集体幻想——为菲律宾公众提供情感纽带。在菲律宾主流社会重视家庭和文化认同的背景下，这种纽带似乎特别令人向往，尤其是考虑到该国网络话语的毒性越来越大。然而，德查韦斯批评这些虚构的情感纽带是虚假的，是投机取巧地变成商品的东西。他指出，快乐蜂的宣传活动动员了人们对理想生活的简单愿景，希望通过产品的吸引力来团结受众，并最终避免真正解决菲律宾网络讨论空间中错综复杂的结构性问题②。

其他四篇文章指出，菲律宾在试图利用数字媒体的民主动力的同时，也处于试图反击有毒政治的举措的前沿。不幸的是，该国是全球数字虚假信息行业的创新者，甚至被称为全球信息混乱流行病的"零号病人"③。但话又说回来，这也不仅是反虚假信息举措，也是真正的审议讨论和广泛的社区桥梁④。

蔡（Chua）和索里亚诺（Soriano）不仅对菲律宾选举虚假信息的性质提供了宝贵的见解，而且还旨在找出应对它的方法。他们讨论了 2019 年中期选举期间主要在脸书上传播的虚假信息的趋势和特征，以及虚假信息如何对该国的选举进程产生负面影响。他们还强调了 Tsek.ph 采取的举措，这是一个由三所

① SAN PASCUAL M R S. The climate of incivility in Philippine daily inquirer's social media environment[J]. Plaridel, 2020，17(1)：177 - 207.
② De CHAVEZ J. Consumed by affects：kwentong Jollibee［Jollibee Stories］, happy objects，and the formation of intimate publics[J]. Kritika kultura，2022 (38)：60 - 79.
③ MENDOZA R，DEINLA I，YAP J. Philippines：diagnosing the infodemic［EB/OL］//Lowy Institute. (2021 - 12 - 01)［2024 - 04 - 30］. https://www.lowyinstitute.org/the-interpreter/ philippines-diagnosing-infodemic.
④ FELIX J, SANCHEZ II F, CURATO N. Creatives as frontliners in the Philippines' fight against disinformation｜East Asia Foru［EB/OL］//East Asia Forum. (2023 - 06 - 16)［2024 - 05 - 24］. https：//eastasiaforum. org/2023/06/16/creatives-as-frontliners-in-the-philippines-fight-against- disinformation/.

大学和 11 个新闻编辑室建立的合作事实核查项目。作者强调了数字媒体如何被用来打击虚假信息和红色标签，以及如何保护其各种受害者①。

同样，卡拉比亚斯（Calabias）强调了数字媒体如何被用作促进手段，在网络政治毒性的背景下赋予边缘化声音权力。他深入研究了旨在反对红色标签和捏造针对菲律宾土著社区伊戈洛特人的刑事指控的在线激进媒体。通过使用激进媒体和在线动员，伊戈洛特活动人士利用脸书作为平台，针对当时的总统罗德里戈·杜特尔特的反恐逻辑进行反击②。

卡纳尔（Cañal）等人（2022）对"抵制文化"持不同立场，它指的是口头"谴责冒犯性和令人不快的行为、信仰或某些污名，试图要求被视为冒犯者承担责任"。他们作品认为，这种现象在某些情况下可以促进边缘化酷儿社区的赋权。他们特别指出，抵制文化赋予受害者和少数群体权力，让他们谴责冒犯性行为，而这些行为在这些数字媒体平台出现之前可能会被压制③。

梅德里亚诺（Medriano）和 托里奥（Torio）还关注了在线话语如何促进必要的民主争论。他们把这个问题与菲律宾一项重要的宗教仪式联系起来看待，每年有数百万信徒参加。作者认为这些话语不仅反映了主流情绪，即支持这是一种有效的宗教仪式，还反映了大量关于该仪式狂热和潜在偶像崇拜的讨论。通过这样，他们揭示了网络空间不仅有助于扩大已经存在的关于宗教仪式的表达多样性，而且还有助于公开讨论其在菲律宾社会中的地位的重要争议性讨论④。

四、论数字亲密关系

这 9 篇关于数字亲密关系的文章探讨了网络媒体如何成为人们亲密体验中所谓的"现代价值观"和"传统价值观"之间加剧的紧张关系的空间。他们研究了这些空间在菲律宾居民和居住在国外的菲律宾人生活中的作用（见表 2）。正如女权主义学术界早已指出的那样，亲密关系等非常私人的事情也绝对是政治性的。在西方，这些争论愈演愈烈，他们当前的文化战争促使学者朱迪斯·

---

① CHUA Y T，SORIANO J C. Electoral disinformation：looking through the lens of Tsek. ph fact checks[J]. Plaridel，2020，17(1)：285 – 295.

② CALABIAS J K C B. Reclaiming the indigenous body：discourse，social media，and the aesthetic of Igorot activism[J]. Kritika kultura，2022 (39)：520 – 544.

③ CANAL B，CAPUYAN I，del PILAR H，et al. Not your ordinary catfishing story：the role of cancel culture behind the hashtag # SamMoralesisOver[J]. Plaridel，2022，19(1)：91 – 113.

④ MEDRIANO J，TORIO J A. Contested social representations of a religious ritual in the Philippines. Text mining online discourses on the Traslación[J]. Plaridel，2022，19(2)：241 – 270.

巴特勒问道："谁害怕性别?"①菲律宾的案例具体说明了某些方面倾向于将现代亲密价值观等同于西方,将传统价值观等同于非西方,这种做法是有问题的②③。这些力量在该国的背景下并不完全符合这些定义,因为一些西方殖民影响实际上表现为保守力量,而更本土化的逻辑实际上表现为进步力量。这是因为,虽然许多这样的前殖民地都具有独特的社会文化动态,但这些地方通常被认为是地方性的,也是它们与全球力量互动的结果,这些力量源于它们的殖民历史和当代后殖民主义④。

表 2　有关数字亲密关系的文章

标题	作者	期刊来源	出版年份
《穿越空间:探索菲律宾同性恋巡游的媒体化》	兰迪·杰伊·索利斯	*Plaridel*	2020 年
《菲律宾同性恋关系的建立:媒体化和场所营造的历史》	兰迪·杰伊·索利斯	*Plaridel*	2021 年
《酷儿网络疫情关系:亲密、关怀和情感的移动表达》	1. 雷博,约纳卢·S. 2. 阿尔卡萨伦,霍尔顿肯尼斯 G.	*Plaridel*	2021 年
《移动性行为:菲律宾年轻人在约会应用中的表现》	雷博,约纳卢·S.	*Plaridel*	2020 年
《年轻人在手机约会应用中是否性感? 菲律宾年轻人中构建的性脚本》	雷博,约纳卢·S.	*Talastásan*	2022 年
《联播的语言:聊天的对话和自我展示分析》	1. 贾拉加特,约瑟夫·瑞恩·J. 2. 杰里·R·亚波	*Plaridel*	2021 年
《陌生家庭:"海外菲工子女"关于中介沟通和亲子关系的新兴叙事》	平松,玛丽·珍妮特·L.	*Plaridel*	2021 年

---

① BUTLER J. Who's afraid of gender? ［M］. Knopf canada，2024.

② CABANES J V A，UY-TIOCO C S. Mobile media and social intimacies in Asia［J］. Dordrecht：Springer，2020(10)：978－994.

③ MOHANTY C T. Under western eyes：feminist scholarship and colonial discourses［J］. Boundary 2，1984：333－358.

④ Scattered hegemonies：postmodernity and transnational feminist practices［M］. U of Minnesota Press，1994.

（续表）

标题	作者	期刊来源	出版年份
《姐妹、妈妈、监狱：在日本的菲律宾女性移民在脸书群组上的归属感和团结》	纳瓦尔塔，拉泽尔·安德里亚·D.	*Plaridel*	2022 年
《了解泰国跨国移民菲律宾人的社交媒体新闻消费》	尤拉，马克	*APSSR*	2021 年

其中三篇文章重点关注的是数字亲密关系的一个关键问题，即同性恋关系。这些文章指出了菲律宾社会对这种亲密关系既开放又抵制的复杂态度。一方面，该国在扩大欢迎同性恋社区的空间方面取得了重大进展，数字媒体在其中发挥了核心作用，因为它们为这些社区寻求浪漫的同性恋关系提供了新的方式[1][2][3]。另一方面，菲律宾仍然是一个以传统和父权制为主的国家，因此同性恋社区仍然面临着对性别和性取向的严格异性恋规范[4][5][6]。与此相关，某些阵营认为数字媒体是破坏亲密关系传统价值观（如一夫一妻制和长期关系）的有害因素[7]。

正是在上述背景下，索利斯评估了现行技术对整个历史时期巡游行为的影响，最终导致了当代主流平台（如在线约会应用程序和网站）的出现。索利斯（Solis）质疑上层和中产阶级"全球同性恋"男性使用数字媒体所带来的解放潜力。他指出这些往往受到西方理想的影响，因此，产生了对"土著娘娘腔"的负

① CHAN L S. Ambivalence in networked intimacy：observations from gay men using mobile dating apps[J]. New media & society，2018，20(7)：2566 - 2581.

② CHAN R. Understanding the Filipino youth：navigating agency between tradition and modernity [J]. Philippine sociological review，2023(69)：151 - 156.

③ HOBBS M，OWEN S，GERBER L. Liquid love? Dating apps，sex，relationships and the digital transformation of intimacy[J]. Journal of sociology，2017，53(2)：271 - 284.

④ CABRERA R. Gender role strain and the psychological health of Filipino gay men[J]. IAFOR journal of psychology & the behavioural sciences，2017，3(2)：35 - 51.

⑤ MANALASTAS E J. Sexual orientation and suicide risk in the Philippines：evidence from a nationally representative sample of young Filipino men[J]. Philippine journal of psychology，2013，46(1)：1 - 13.

⑥ TAN，ANGELI CHARMAINE C.，MARC ERIC S. REYES & ROGER D. DAVIS. Parental attitude，internalized homophobia，and suicidal ideation among selected self-identified Filipino gay men in the Philippines[J]. Suicidology online，2019，10(8)：1 - 9.

⑦ WU S. Domesticating dating apps：non-single Chinese gay men's dating app use and negotiations of relational boundaries[J]. Media，culture & society，2021，43(3)：515 - 531.

面看法，即与下层阶级地位相关的当地菲律宾同性恋男性①。在另一篇文章中，索利斯基于这一主题把注意力转向在建立同性恋关系的背景下发展新的文化实践和活动。他强调了同性恋约会应用程序如何将同性恋关系的建立媒体化，由此产生的矛盾向量。索利斯认识到，这种媒体化为同性恋表达开辟了新的途径。但他也提出了一些关键问题，即粉红经济是否符合同性恋群体的真正需求。他质问品牌是否真的像他们声称的那样关心倡导同性恋权利和赋权，还是他们只是在利用不断扩张的粉红经济来获取资本收益②。

与此同时，雷博（Labor）和阿尔卡萨伦（Alcazaren）研究了在 COVID‐19 大流行期间被迫身体分离的酷儿情侣之间的网络关系，重点关注他们对数字媒体的大量使用。作者认为移动技术通过实现同步和异步仪式帮助情侣管理他们想象中的性恋，这唤起了他们在彼此生活中的持续存在。话虽如此，作者也谈到了这种交流的局限性。他们特别指出了情侣必须实施中介护理工作的矛盾性。它维持了他们对酷儿亲密关系的表达，但有时却被困在家庭中的异性恋规范动态中。同时，它强化了植根于菲律宾人通常高度父权制成长方式的各种情感界限③。

另外三篇文章探讨了数字技术如何影响青少年性行为的协商和表达，强调了移动平台在塑造性身份和行为方面的作用。近年来，菲律宾年轻人——包括那些自认为是宗教天主教徒的人——越来越不关心"正确的信仰"，而更关心"正确的生活"④。与此相符的是，他们对性的教条主义也变得不那么教条，对性采取了相对更自由和更肯定的看法，甚至把其视为一个正常的话题⑤。然而，由于社会限制和既定的社会规范，他们无法总是公开表达自己的性行

① SOLIS R J. Cruising through spaces：exploring the mediatization of gay cruising in the Philippines [J]. Plaridel, 2020, 17(1)：223‐252.
② SOLIS, R J. Initiating gay relationships in the Philippines：a history of mediatization and place-making[J]. Plaridel, 2021, 18(2)：55‐83.
③ LABOR J S, ALCAZAREN H K G. Queered online pandemic relationships：mobile expressions of intimacies, care, and emotion work[J]. Plaridel, 2021, 18(2)：29‐53.
④ CORNELIO J S. Being Catholic in the contemporary Philippines：young people reinterpreting religion[M]. London：Routledge, 2016.
⑤ ANA P. S. Young Filipino feminists：the personal and the sexual are political｜Gunda-Werner-Institut｜Heinrich-Böll-Stiftung［EB/OL］//Gunda-Werner-Institut｜Heinrich-Böll-Stiftung. (2021)［2024‐05‐24］. https://www.gwi-boell.de/en/2021/12/15/young-filipino-feminists-personal-and-sexual-are-political.

为①②。因此，网络已成为他们的避难所之一，他们可以在那里更自由地表达这些性行为。

例如，雷博讨论了菲律宾年轻人在在线约会应用中构建自我形象的方式。他发现，为了进一步实现使用这些在线平台的动机和意图，他们会进行一系列自我展示——从真实到不真实的自我描绘。雷博强调，尽管此类应用程序通常被视为自由表达和自我推销的空间，但菲律宾年轻人实际上展现自己的方式不仅受到他们所使用平台功能的影响。他们也意识到他人基于社会和文化期望的评判，因此他们试图理想化和隐藏自己的某些部分，有时突出，有时隐藏自己的性取向和身份③。

在另一篇文章中，雷博还探讨了年轻人移动约会应用程序用户的叙述。他专注于描述他们在移动约会活动中性交流的话语性质，记录他们对话的象征性表现和特征。他强调，移动约会应用程序已经改变了传统菲律宾约会流程，使约会体验变得个性化。它们让年轻人能够创建情境性脚本并制定适当的约会话语，从而不仅在寻求关系方面，而且在寻找性快感方面，推动他们的兴趣④。

贾拉加特（Jalagat）和亚波（Yapo）的一项相关研究调查了约会应用程序用户如何构建他们的交流，以及如何在探探平台上以勾搭为目的的对话中展现自己。在不同的参与者中，聊天中呈现的主要方式是"挑逗"，指的是调情和进行露骨的性对话。然而，他们的研究表明，异性恋菲律宾用户仍然遵守传统的性脚本和占主导地位的父权制意识形态，其中男性在发起和控制对话方面占主导地位。与此同时，女性受到内化性别角色的限制，这些角色迫使她们充当被动的守门人，这在该国被视为社会可接受的女性特质。即使女性试图表达性意图，与男性相比，她们的尝试似乎相对克制⑤。

最后三篇文章从菲律宾人的亲密关系转向了他们的跨国家庭和社区关系。这些文章感兴趣的是，在散居背景下数字媒体的使用如何促进跨国联系、弥合地理距离，同时又在此过程中重塑家庭关系和社区纽带。事实上，网络技术对

① CHAN R. Understanding the Filipino youth：navigating agency between tradition and modernity [J]. Philippine sociological review，2023(69)：151-156.
② JUSTINE D. Navigating the stigma surrounding sex and my own sexuality[EB/OL]//Medium. (2022-04-14)[2024-05-24]. https://medium.com/@hello.girlupzine/navigating-the-stigma-surrounding-sex-and-my-own-sexuality-by-justine-dabao-6e1b170e2d59.
③ LABOR J. Mobile sexuality：presentations of young Filipinos in dating apps[J]. Plaridel：a Philippine journal of communication, media, and society，2020，17(1)：247-278.
④ LABOR J S. Are young adults sensual in mobile dating apps? Constructed sexual scripts among Filipino youth[J]. TalastĀsan：a philippine journal of communication and media studies，2022，1 (2)：1-13.
⑤ JALAGAT J R J，YAPO J R. The language of hookups：a conversation and self-presentation analysis of Tinder chats[J]. Plaridel，2021，18(2)：85-118.

于菲律宾人如何"通过媒体以及在媒体中'做家庭'"至关重要①。除其他外,它们还塑造了分居的已婚伴侣如何协商他们的亲密和养育角色②,以及移民父母和留守儿童如何定义他们的关系条款③④⑤。网络技术还使海外菲律宾人能够建立能够滋养他们的社区关系。例如,它们可以实现海外菲律宾工人的"理想地理图"⑥,为他们的全球网络提供扩展的可能性,超越其社会资本的一般限制,还允许他们培育"关怀群岛"⑦,巩固各种环境中的联系网络——包括他们的社交媒体团体、信仰团体和社区中心——共同缓解他们不稳定的生活条件。

例如,平松(Pinzon)谈到了菲律宾家庭与海外菲律宾劳工的关系的重新配置。在海外菲律宾劳工家庭中,数字媒体使面对面的互动变得陌生,而这种互动承载着他们传统的联系观念。但与此同时,这些技术使菲律宾父母和性别角色的观念得以延续,父亲被视为家庭的供养者,母亲被视为家庭的情感支柱。因此,虽然这些交流技术改变了人们的家庭生活方式,但它们也为人们继续想象"家庭"的本质提供了新的途径⑧。

纳瓦尔塔(Navalta)补充说,中介网络空间也促进了菲律宾移民之间的联系,在新环境中培养了一种社区意识。在她的研究中,脸书群组帮助日本的菲律宾女性移民应对她们遇到的社会和结构边缘化。她的研究描绘了这种数字空间中情感归属的性质,以及陌生人之间如何建立和维持亲密关系。然而,纳瓦尔塔还指出,通过脸书群组可以实现的目标存在局限性,特别是在法律、社会和政治变革的集体行动方面。她强调,这项技术使菲律宾女性移民更倾向于"个人"而不是"政治"的关系。因此,在平台内,她们无法真正解决日本社会中

---

① MADIANOU M, MILLER D. Mobile phone parenting: reconfiguring relationships between Filipina mothers and their children in the Philippines[J].New media and society,2011, 13(3):457－470.

② ACEDERA K A, YEOH B S A. 'Making time': long-distance marriages and the temporalities of the transnational family[J]. Current sociology, 2019, 67(2): 250－272.

③ MADIANOU M, MILLER D. Mobile phone parenting: reconfiguring relationships between Filipina mothers and their children in the Philippines[J].New media and society,2011, 13(3):457－470.

④ CABALQUINTO E C. [Dis] connected households: transnational family life in the age of mobile internet[R]. Second international handbook of internet research, 2020: 83－103.

⑤ PARAGAS F. Migrant workers and mobile phones: technological, temporal, and spatial simultaneity[M]//The reconstruction of space and time. London: Routledge, 2017: 39－65.

⑥ ARORA P, SCHEIBER L. Slumdog romance: Facebook love and digital privacy at the margins [J]. Media, culture & society, 2017, 39(3): 408－422.

⑦ MCKAY D. An archipelago of care: Filipino migrants and global networks[M]. Indianapolis: Indiana University Press, 2016.

⑧ PINZON M J L. Defamiliarized family: the "Anak ng OFWs'" emergent narratives on mediated communication and parent-child relationships[J]. Plaridel, 2021, 18(2):281－307.

更广泛的社会和政治结构问题。正因为如此，日本公众很少讨论菲律宾女性的个人故事，这导致这些女性持续受到误解和污名化[1]。

与这项关于数字媒体关系元素的研究平行，尤拉讨论了其信息元素。他关注的是菲律宾跨国公司在泰国的新闻消费实践，以及新闻消费如何满足他们的社会和个人需求。尤拉(Ulla)解释说，对于这些移民来说，及时了解菲律宾的重要新闻和事件有助于他们与家人保持联系，并与泰国的菲律宾移民工人建立联系。因此，在社交媒体上消费有关祖国的新闻让他们有一种家外之家的感觉，对他们来说意义更为深刻。然而，这种与家乡的联系让他们忽略了一个问题，即他们作为东道国局外人的持续疏离感，因为语言是他们与当地人之间的社会障碍[2]。

五、关于数字推广

对于数字推广这一主题，有八篇文章探讨了如何使用在线交流平台(尤其社交媒体)与不同的公众建立联系。他们都强调，即使在一个互联网接入仅"足够好"的国家[3]，"推广无处不在"的动力仍然存在(见表3)。这些文章对反击通常的"推广的本体论和认识论去语境化"做出了重要贡献，这种去语境化往往标志着学术研究，并暗示了一种"不存在的普遍现实"。它们表明，推广文化必然与特定语境的现实交织在一起，在本例中，是非西方全球南方的现实。

表3 有关数字推广的文章

标题	作者	期刊来源	出版年份
《油管视频博客作为可能性的入口：对一位菲律宾原创视频博主的现象学研究》	1. 德维拉，马龙·杰斯费尔·B. 2. 萨卢达德斯，让·A.	*Plaridel*	2021年

---

① NAVALTA R A D. Sis，mamsh，kasodan1：belonging and solidarity on Facebook groups among Filipino women migrants in Japan[J]. Plaridel，2023，20(2)：31 - 58.

② ULLA M. Understanding the social media news consumption among Filipinos as transnational-migrants in Thailand[J]. Asia-Pacific social science review，2021，21(1)：61 - 70.

③ UY-TIOCO C S. 'Good enough' access：digital inclusion，social stratification，and the reinforcement of class in the Philippines[J]. Communication research and practice，2019，5(2)：156 - 171.

（续表）

标题	作者	期刊来源	出版年份
《从"欢迎来到我的频道"到"请点赞、分享和订阅":菲律宾油管视频博客开场和结束策略的对话分析》	贾拉加特,约瑟夫·瑞安 J.	*Plaridel*	2022 年
《烤肉串渠道:两位菲律宾影响者的颠覆性轻浮》	1. 萨缪尔·卡布阿格 2. 贝尼特斯,克里斯蒂安·吉尔	*Plaridel*	2022 年
《祈祷时我们在做什么:通过马拉维祈祷传达后人道主义团结》	朱内斯·克里斯托莫	*Plaridel*	2021 年
《通过脸书进行本地电子政务和 COVID‑19 病例报告:在社交媒体中配置疫情沟通》	1. 巴贾,杰森·特洛伊 F. 2. 巴克,托马斯	*PSR*	2021 年
《社交媒体危机沟通与组织公民行为对员工在新冠肺炎疫情期间抵制变革的互动影响:来自菲律宾大学员工的证据》	1. 普约德,詹妮特·维勒加斯 2. 佩拉育·查伦苏蒙空	*APSSR*	2021 年
《探索州立大学在脸书 上的对话策略和公众参与》	1. 西尔弗,丹尼尔·弗里茨·V. 2. 弗洛,本杰明·保拉·G.	*Plaridel*	2022 年
《菲律宾顶尖大学官网自我展示摄影作品对比分析》	1. 德拉克鲁兹,AARchela L. 2. 戈佩斯,克里斯蒂安·P. 3. 马加希斯,利恩 A. 4. 瑞瑟瑞克逊,安娜丽莎 D. 5. 德米特里三世,费奥里洛 A.	*Plaridel*	2022

　　其中三篇文章是关于数字影响者的,他们被定义为"舆论塑造者,通过社交媒体上人物的认真校准来说服受众,并通过与粉丝进行'物理'空间互动来支持"①。这些作品与已经建立的关于影响者的核心是真实性的文献相联系,这

---

① ABIDIN C,OTS M. Influencers tell all[J]. Unravelling authenticity and credibility in a Brand Scandal,2016(1):153 - 161.

需要能够打造和维护一个真实、可关联但又独特的自我品牌①。可以说，这些文章有助于扩大我们对全球影响者策略的了解②。他们展示了他们在这个过程中如何充当意识形态中介，即把鼓舞人心、有抱负、世界观深刻的新自由主义生活方式拟人化并加以推广的渠道③。话虽如此，这些文章也让我们意识到影响者的动态与西方截然不同。这是因为在菲律宾这样的国家，你会发现主要是中上层阶级的影响者向下层阶级的受众兜售新自由主义思想，而下层阶级的受众对西方现代性的理念又爱又恨，他们有时向往，有时又鄙视④。

萨卢达德斯（Saludadez）以及 贾拉加特（Jalagat）的两部作品均从菲律宾视频博主的角度探讨了油管（YouTube）视频博客⑤⑥。德维拉（De Vera）和萨卢达德斯探索了他们中那些 OG（原始黑帮）的亲身经历，这个词用来描述那些在油管商业化之前就活跃在上面的人。这些视频博主强调，除了这种另类职业选择的变革性方面之外，在线成功还需要博主具备一些基本技能，其中包括知道如何与观众互动、与粉丝互动、与他人合作，以及尽可能真实地呈现真实性。重要的是，对于大多数来自社会经济背景较低的观众来说，这些 OG 视频博主提出的理念是，他们的工作不仅可以让人们获得各种可能性，还可以扩展一个人的能力⑦。与此同时，贾拉加特分析了菲律宾油管视频博主与观众互动时使用的对话策略。他们在油管视频中采用了不同开场和结束策略，旨在培养观众的深刻参与感、参与感和归属感，即使正如刚才提到的，他们可能来自不同的社会经济背景。他们部署的策略将确保一种友好和非正式的氛围，从而巩固他们与观众的联系。例如，他们不断使用"tayo"（我们）这个词来加强合作和互动的

① BANET-WEISER S. Gender, social media, and the labor of authenticity[J]. American quarterly, 2021, 73(1): 141 – 144.

② ABIDIN C. Internet celebrity: understanding fame online[M]. Emerald Publishing Limited, 2018.

③ ARNESSON J. Influencers as ideological intermediaries: promotional politics and authenticity labour in influencer collaborations[J]. Media, culture & society, 2023, 45(3): 528 – 544.

④ SHTERN J, HILL S, CHAN D. Social media influence: performative authenticity and the relational work of audience commodification in the Philippines[J]. International Journal of Communication, 2019(13):1939 – 1958.

⑤ DE VERA M J B, Saludadez J A. YouTube vlogging as access to possibilities: a phenomenological study of an OG Filipino vlogger[J]. Plaridel, 2021, 18(2):1 – 27.

⑥ JALAGAT J R J. From "welcome to my channel" to "please like, share, & subscribe": a conversational analysis of the opening and closing strategies of Filipino Youtube vlogs[J]. Plaridel, 2022, 19(1):233 – 271.

⑦ DE VERA M J B, Saludadez J A. YouTube vlogging as access to possibilities: a phenomenological study of an OG Filipino vlogger[J]. Plaridel, 2021, 18(2):1 – 27.

感觉①。

在卡布阿格（Cabbuag）和贝尼特斯（Benitez）的作品中，他们专注于男同的呈现渠道。这是源自菲律宾推特的独特酷儿身份，指的是"来自沟渠的同性恋者"，这是一个贬义词，后来被重新定义为"有权力、勇敢的社会正义战士"。这一现象的出现是因为推特上的酷儿人物公开表达了他们对前菲律宾总统罗德里戈·杜特尔特政权的政治观点和不满，并在此过程中吸引了推特观众。他们调查了这些影响者如何协商和利用男同的象征性概念渠道建立和维护他们的影响者地位。这些自认为是影响者的吸引力在于他们让观众耳目一新，因为他们与传统观念中的影响者（主要是中产阶级和有抱负的人）不同。文章还强调了感知真实性在他们的自我品牌推广工作中的重要性，这是他们在应对复杂社会政治动态同时与当地观众建立联系的策略②。

同时，有三篇文章更多地关注菲律宾组织的网络宣传文化。它们说明了这种文化是如何以该国"灾难文化"中的逻辑为基础的，即其社会动态受到其不断受到自然灾害威胁的历史的影响③。克里斯托莫（Crisostomo）描述了社交媒体（尤其是推特及其标签功能）在制定框架叙事以动员人们应对人道主义危机方面的可能性和局限性。她关注的是 PrayForMarawi 标签，该标签与 2017 年菲律宾最大的穆斯林城市遭到恐怖分子围攻有关以及该标签的影响。尽管网络话语获得了显著的关注，发展了民族主义，甚至将其带入国际新闻，但这场运动最终还是逐渐减弱。话语的相关性未能在数字领域之外保持相关性，实际上并没有为悲剧的受害者提供切实的援助和有意义的帮助。克里斯托莫认为，这一切都有"后人道主义"的元素。参与标签活动可以是为了消除自己不参与的罪恶感，尤其是考虑到人们必须关心的国家灾难数量可能会变得令人难以承受④。此外，巴贾（Bajar）和巴克（Barker）研究了地方政府如何有效地利用社交媒体平台和工具作为其地方电子政务的一部分，特别在 COVID‑19 大流行期间，大多数通信都转移到了线上。他们专注于如何利用脸书作为他们当地疫情通信工具，把其确立为新闻和信息的主要来源。尽管在提高数字化方面做出了巨大努力，但许多地方政府似乎仍处于探索利用社交网络平台进行电子政务

① JALAGAT J R J. From "welcome to my channel" to "please like, share, & subscribe": a conversational analysis of the opening and closing strategies of Filipino Youtube vlogs[J]. Plaridel, 2022, 19(1):233 - 271.

② CABBUAG S, BENITEZ C J. All hail, the baklang kanal!: subversive frivolity in two Filipino influencers[J]. Plaridel, 2022, 19(1): 55 - 90.

③ BANKOFF G. Cultures of disaster: society and natural hazard in the Philippines[M].London & New York: Routledge, 2003.

④ CRISOSTOMO J. What we do when we # PrayFor: communicating posthumanitarian solidarity through # PrayForMarawi[J]. Plaridel, 2021，18(2):163 - 196.

的全部潜力的阶段。由于缺乏明确指导方针，地方政府无法有效管理和利用数字平台，因此当提供的信息似乎不完整或不一致时，公民会转向其他来源。尽管菲律宾人长期以来面临多种危害，因此需要寻找替代方案可以理解，但不幸的是，这也使他们容易受到错误信息的攻击①。

普约德（Puyod）和查伦苏蒙空（Charoensukmongkol）也探讨了新冠疫情防控期间的数字通信，研究了通过社交媒体渠道进行危机沟通如何显著降低大学等组织环境中对变革的抵制程度。尽管作者发现社交媒体可以成为菲律宾大学进行危机沟通的有力工具，但他们指出组织公民行为是其成功的关键因素。他们认为，由于菲律宾人的集体主义文化，大学员工首先应该愿意支持他们的同事和整个组织度过危机。因此，他们强调危机沟通需要考虑到员工的文化特征，以便更好地预测他们的反应②。

最后两篇文章展示了促销文化如何渗透到菲律宾的高等教育领域。该国的大学不得不参与全球排名游戏，尽管由于自身资源匮乏以及游戏的西方中心主义和英语中心主义等诸多因素而处于多重劣势③④⑤。这意味着持续的、有时是成问题的积极展示只会加剧全球教育不平等。作为一个例子，德拉克鲁兹（Dela Cruz）等人旨在了解菲律宾排名前四的高等教育机构在其官方网站上以视觉方式展示自己。他们认为，在这些高等教育机构日益可视化和媒体化的过程中，代表性建立在文化、权力和机构网站之间的相互联系之上。随着菲律宾高等教育机构面临当地和国际认证机构提高研究成果的要求，它们面临着参与全球排名竞争的越来越大的压力。这需要评估菲律宾高等教育机构与全球标准的匹配程度。但值得注意的是，国际化对这些高等教育机构在塑造自我形

---

① BAJAR J T F, Barker T. Local E-Governance and COVID-19 case reporting via Facebook[J]. Philippine sociological review，2021(69)：95 - 122.

② PUYOD J V， CHAROENSUKMONGKOL P. Interacting effect of social media crisis communication and organizational citizenship behavior on employees' resistance to change during the COVID - 19 crisis：evidence from university employees in the Philippines[J]. Asia-Pacific social science review，2021，21(3)：13 - 27.

③ LEON M de， JAYEEL S. C. [OPINION] The state of research in the Philippines[EB/OL]// RAPPLER. (2023 - 11 - 22)[2024 - 04 - 30]. https：//www.rappler.com/voices/thought-leaders/ opinion-state-of-research-philippines.

④ LASCO G. The trouble with university rankings (1)[EB/OL]//INQUIRER.net. (2023 - 06 - 16) [2024 - 04 - 30]. https：//opinion.inquirer.net/164083/the-trouble-with-university-rankings-1.

⑤ SAN JUAN D M. Bakit Dapat Manaliksik sa Filipino Ang Mga Pilipino?：Kritik sa Scopus-sentrismo ng Mga Unibersidad at Ahensiyang Pang-Edukasyon at/o Pampananaliksik sa Pilipinas/ Why Filipinos Should Write Researches in Filipino?：A Critique of Scopus-Centrism in Philippine Universities and Educational and[J]. Malay，2021，34(1)：47 - 64.

象方面的重要性较低①。

另一篇探讨高等教育与数字媒体交集的文章是西尔弗(Silvallana)和 弗洛(Flor)的研究，调查了一所州立大学在脸书上的关系建设工作。他们研究强调，尽管各机构开始将数字媒体纳入影响公众参与的范畴，但这仍处于起步阶段，因此，还未赶上全球参与者。他们表示调查的州立大学更注重社交媒体上的独白交流，而不是对话交流，将其社交媒体资料视为传播公共信息的工具，而不是相互的双向对话②。

六、未分类的文章

尽管不属于上述四个主要类别，我们认为，我们选定的其余四篇文章也应该强调它们提供的研究可能性。它们每一篇都表明，在非西方、全球南方国家（如菲律宾）的背景下，数字媒体学术研究可能存在新的研究方向（见表 4）。

表 4　未分类的文章

标题	作者	期刊来源	出版年份
《懂的女孩懂了：关于批判性舞蹈模因》	露那，乔纳森·贾里德	*Kritika Kultura*	2023 年
《校园广播 2.0 版：校园广播与数字媒体的融合》	法贾多，金·伯纳德·G.	*Talastásan*	2022 年
《数字金融对菲律宾人银行账户所有权影响的研究》	1. 安东尼奥·卡洛·伊恩 2. 麦格奈特·麦里·卡洛琳	*APSSR*	2023 年
《信息时代的千禧一代：技术创新中的脱节》	卡拉拉，阿尔瓦罗 N.	*APSSR*	2020 年

一项独特的研究是露那(Luna)的研究，他关注的是虚拟空间中的批判性舞蹈话语，尤其是在社交媒体平台上流传的网络模因。文章展示了模因，阐明了其潜在含义的标题，简要介绍了舞蹈背景下模因所传达的互文性概念。他认

---

① GOPEZ C P, MAGAHIS H L A, RESURRECCION A D, et al. Comparative analysis on the photographic self-presentations of the top Philippine universities in their official websites[J]. Plaridel，2022，19(2):77 - 149.

② SILVALLANA D F V, FLOR B P G. Exploring a state college's dialogic strategies and public engagement on Facebook[J]. Plaridel，2022，19(2):55 - 75.

为，虽然网络模因经常被忽视，但它们实际上在虚拟空间中发挥着至关重要作用，并提供了民主化沟通和批评手段①。

同时，法贾多（Fajardo）和安东尼奥（Antonio）、麦格奈特（Magante）的作品都讨论了数字媒体的出现如何深刻地改变了社会规范和实践②③。Fajardo 讨论了数字技术出现后广播行业的转型。他指出，随着技术的快速进步，广播一直在努力跟上变化。然后，他指出了帮助广播适应数字时代和与数字时代相关的努力，例如使用社交媒体来扩大听众④。安东尼奥、麦格奈特则谈到了数字移动银行的出现及其对菲律宾人金融实践的影响。他们的研究强调了数字化如何改善服务不方便人群的金融服务，鼓励更多移动用户在近期开设银行账户⑤。这两个讨论都有助于全面了解数字媒体使用情况的演变格局。

最后，卡拉拉（Calara）的文章探讨了千禧一代在使用互联网时所经历的脱节，尤其是创新如何影响他们的日常生活⑥。他的工作通过研究菲律宾背景下的文化滞后的存在⑦，促进了信息和通信技术和互联网使用的发展。他强调了互联网的快速发展如何使某些社会结构难以理解和适应对其使用日益加剧的担忧。

七、结论

在本文中，我们研究了菲律宾五种期刊上发表的 27 篇关于数字媒体的作品，这些作品均发表于 2020—2023 年的 COVID‐19 期间。这些作品反映了许多菲律宾人经历的长期媒介封锁生活，谈到了通信技术在人们日常生活中日益重要的地位。这些作品围绕三个关键主题：数字审议、数字亲密关系和数字

---

① LUNA J J. The girls that get it：on critical dance memes[J]. Kritika Kultura，2023（40）：220 - 235.

② FAJARADO K B G. Campus radio version 2.0：the convergence of campus radio with digital media[J]. TalastĀsan：a Philippine journal of communication and media studies，2022，1(1)：71 - 84.

③ ANTONIO I C，MAGANTE M C. A study on the influence of digital finance on bank account ownership of Filipinos[J]. Asia-Pacific social science review，2023，23(4)：1 - 14.

④ FAJARADO K B G. Campus radio version 2.0：the convergence of campus radio with digital media[J]. TalastĀsan：a Philippine journal of communication and media studies，2022，1(1)：71 - 84.

⑤ ANTONIO I C，MAGANTE M C. A study on the influence of digital finance on bank account ownership of Filipinos[J]. Asia-Pacific social science review，2023，23(4)：1 - 14.

⑥ CALARA A N. Millennials in the information age：disjuncture amidst technological innovations [J]. Asia-Pacific social science review，2020，20(1)：205 - 212.

⑦ LAUER R H. The social readjustment scale and anxiety：a cross-cultural study[J]. Journal of psychosomatic research，1973，17(3)：171 - 117.

推广。其中有一些与这些主题不一致，但也可以从中看到数字媒体与菲律宾社会动态的交织。

我们在本文中所做的是强调我们所选的学术作品在菲律宾等非西方全球南方国家背景下的情境性。我们认为，从整体上看，这些作品让我们能够思考关于数字媒体的理论研究的扩展路线，这些路线超越了西方学术研究的典型重点。由于它们所基于的独特现实，它们凸显了西方理论可能不那么容易捕捉到的担忧。这些作品强调了数字媒体的发展和使用不应总是从西方历史，尤其是北大西洋历史的角度来看待。它们还应该结合它们与非西方全球南方历史的（有时是主要的）纠葛来理解①。除此之外，这些作品还强调了数字技术所处的西方和非西方历史之间的相互联系。它们展示了这些社会不同时间性的纠缠，正如"现在、过去和未来的相互交织"所见②。

本文讨论的作品不仅展示了数字媒体与非西方社会动态的紧密联系，还展示了它们与主导全球其他地区的社会逻辑的纠缠，从而产生了关于数字媒体的新想法。他们关注的是菲律宾和其他类似环境中此类技术的发展和使用是如何发生的，这些环境在数字访问方面面临挑战，但在在线参与方面也非常激烈；处于全球数字产业的边缘，但在处理这一产业的创新独创性方面也处于前沿；并且受到其殖民历史和后殖民轨迹的全球性特征以及植根于其本土文化的当地逻辑的影响。

我们必须指出，未来对菲律宾出版物中的数字媒体学术研究的评论可以通过解决本文的局限性，提供更丰富的视角来看待其对理论研究的贡献。这意味着除了总部设在马尼拉的期刊之外，还要包括知名期刊，以及使用菲律宾语和该国其他语言的作品。这也意味着要超越期刊文章，研究其他形式的出版物，例如近年来菲律宾出版的许多相关且具有开创性的书籍、书籍章节和公开报告。

从我们遴选的作品中，我们已经可以看到菲律宾数字媒体研究如何努力推动该领域的学术讨论超越西方的关注。即使他们有时使用西方关于在线技术的理论作为出发点，这也是可以理解的，因为这些思想在该学科中仍然占主导地位。例如那些关于数字讨论的作品强调了后殖民社会的多个层面，菲律宾的民主政治就映射在其中。他们表明，该国仍处于萌芽阶段的在线公共空间倾向于或多或少民主对话的可能性与实现殖民根源动态的问题密不可分，这些问题

---

① SHOME R. When postcolonial studies interrupts media studies[J]. Communication, culture & critique, 2019, 12(3): 305-322.
② MBEMBE A. On the postcolony[M]. Berkeley, CA, Los Angeles, CA, and London: Univ of California Press, 2001.

仍然"围绕着当代问题"①。除其他事项外，这些包括围绕文明、文化认同和宗教等西方思想的持续争论。

关于数字亲密关系的文章坚持认为，我们应该更深入地思考人们可能轻易区分的西方和非西方价值观以及进步和传统价值观。许多作品指出，社交媒体平台已成为菲律宾人和其他居住在菲律宾的人与许多复杂的亲密关系想象进行协商的空间②。例如在该国仍然占主导地位的天主教框架内存在亲密关系，这种亲密关系既植根于西班牙殖民统治，也以独特的菲律宾方式表达出来；在西方现代性的框架内，强调个人选择可以解放人，但也可能被纳入新自由主义的资本主义。

最后，关于数字推广的作品从全球南方背景的角度衡量了创造力的可能性和局限性③。这让人想起菲律宾的"diskarte（策略）"概念，它指的是成为一个创造性的问题解决者，尤其是在一个人的条件所施加的限制下④。正如这些作品所显示的那样，菲律宾面临着许多限制，从电信基础设施不发达到易受自然灾害影响，再到在全球学术界的游戏中处于先天劣势。有时，推广工作者会凭借自己的聪明才智克服这些挑战，例如数字影响者不断创新与不同受众建立联系的策略。在其他时候，他们也会发现自己无休止地追赶，例如那些为菲律宾组织工作的人，他们面临着无法独自解决的艰巨的结构性问题。

为了进一步巩固菲律宾出版物对数字媒体研究的见解对其他非西方和西方学术著作的价值，我们建议在菲律宾期刊上发表的文章应更明确地阐明其研究成果对世界各地其他学者的价值。除了讨论其见解在菲律宾背景下的含义外，它们还应指出这些见解为更广泛的数字媒体学术研究提供的理论开端和方向。我们遴选的这组文章中的一些文章已经做到了这一点，但这需要更进一步。

与上述内容相关的是，这些文章可以更多地突出它们与非西方和全球南方学术研究的联系。例如，与菲律宾东南亚邻国的数字媒体研究进行更深入的对

---

① STOLER A L. Duress：imperial durabilities in our times［M］. Durham and London：Duke University Press，2016.

② CABANES J V A，COLLANTES C F. Dating apps as digital flyovers：mobile media and global intimacies in a postcolonial city［R］. Mobile media and social intimacies in Asia：reconfiguring local ties and enacting global relationships，2020：97－114.

③ ARORA P. From pessimism to promise：lessons from the global south on designing inclusive tech［M］. Boston，MA：MIT Press，2024.

④ MORALES M R H. Defining diskarte：exploring cognitive processes，personality traits，and social constraints in creative problem-solving［J］. Philippine journal of psychology，2017，50（2）：115－135.

话,然后希望从那里扩展,将会很有帮助①。毕竟,通过探讨同样以非西方和全球南方为起点的其他理论,我们可以收获很多。这样做将使发表在菲律宾期刊上的学术研究能够进一步为后者的项目做出贡献,该项目将团结一致,改变当今全球媒体和传播理论格局中的西方中心主义,特别是数字媒体研究②。

除了以上两点,我们还建议西方的数字媒体学术研究也应该与菲律宾等非西方全球南方背景中出现的独特思路相结合。前者通常将自己置于前者的位置,很少被要求将自己置于后者的位置③。当然,这是一个公平问题,但这也是在世界各地建立复杂理论、具体背景的数字媒体研究的问题。

作者介绍

杰森·文森特·A.卡巴涅(Jason Vincent A. Cabañes)为伦敦大学金史密斯学院后殖民媒体与文化高级讲师。其当前研究聚焦于全球范围内跨文化团结与亲密关系的复杂媒介表现。同时,他还致力于研究数字媒体文化与全球南方政治、社会经济及文化现实之间的关联。他与人合著了短篇专著《消费数字虚假信息》,并联合主编了《亚洲移动媒体与社会亲密关系》与《宣传文化与社会手册》等多本著作。目前,他正在完成一部关于媒体与后殖民种族主义的著作。

米娅·弗朗切斯卡·M.卢娜(Mia Franchesca M. Luna)近期于菲律宾马尼拉的德拉萨大学完成了传播学应用媒体研究专业的硕士学位。在她的研究生论文中,她探讨了菲律宾男同性恋者使用在线应用程序的行为与菲律宾不断变化的社会文化背景下他们对浪漫的看法之间的联系。她的研究领域包括数字媒介关系、在线应用程序使用以及数字媒体文化。

① ALATAS S F. Knowledge hegemonies and autonomous knowledge[J]. Third world quarterly, 2022：1-18.
② WILLEMS W. Beyond normative dewesternization：examining media culture from the vantage point of the global south[J]. The global south, 2014, 8(1)：7-23.
③ GLUCK A. De-Westernization and decolonization in media studies [M]. Oxford Research Encyclopedia of Communication, Oxford University Press, 2018.

为何缺乏本土化关照？

——新闻传播领域国际发表中的问题反思[①]

苗伟山　贾鹤鹏　张志安

以往的研究发现，中国内地新闻传播学者发表的国际论文影响力相对不高，其研究领域与国内论文存在很大差异，总体上缺乏对本土问题的关照。本文对 24 位具有国际发表经历的大陆新闻传播学者进行访谈，研究发现：目前的学术考评体制、学术文化、学者对国际发表过程中可能存在偏见的顾虑以及宏观体制环境等因素导致学者往往难以专注于国际学术生产；已经产出的国际论文与国内研究成为割裂的"两张皮"，难以进行有效对话。同时，这种情况又导致以中国问题研究为旨趣的论文在国际新闻传播学界难以得到足够关注，无法产生明显的知识印迹。

Previous studies have found that the influence of the international papers published by the Chinese mainland scholars in the field of journalism and communication is relatively low，there is a great difference between the research published at home and abroad，and there is little concern about localization in general. Drawing on data of 24 interviewees who have international publication record，we argue that：1）various factors，including the current academic evaluation system，academic culture，scholars' concerns about the possible prejudice in the process of international publication and macro institutional environment，contribute to distract scholars from international publication；2）research published at home and abroad seems to be separated and unrelated，which failed to advance effective dialogue between China and the world；3）this kind of situation leads to the scarcity of attention given to research which is focusing on Chinese issue，and thus producing limited knowledge imprinting.

---

① 本文原刊于《新闻大学》2018 年第 4 期第 72－77＋153 页。

一、文献综述及研究问题

近年来，中国新闻传播领域的学者在发表国际学术论文方面取得突破性进展①②。然而，基于以往发表文本的计量统计学却发现，中国内地新闻传播学者发表的国际论文的影响力相对不高，其研究领域与国内论文存在很大差异，缺乏对本土问题的足够关照③。是什么原因导致了这种结果？显然，关于中国议题国际发表的文献计量学只能呈现发表成果的文本属性，却不能探索学者发表的动机、知识生产的过程及各种影响因素④，同时既往研究对国际发表影响因素的解释也相对不充分⑤。

与此同时，在中国乃至整个亚洲学界，新闻传播学研究的本土化问题正在随着对"亚洲化传播学研究"的讨论而成为热点议题之一⑥⑦。提倡者们认为，所谓"亚洲中心"的传播研究，就是格外关注亚洲本土的特殊性或本土化问题⑧。沿着这一思路，相关研究也揭示了主流传播学理论被西方主导的现实，并反思了其中的西方人偏见⑨。

中国新闻传播学者，尤其是海外华人传播学研究者，同样对传播学研究的本土化问题给予极大关注。与有些亚洲国家默认其考察的学术研究为英语发表不同，中国学者往往主动区分国际发表与国内发表。这些学者或者强调要将

① 张志安,贾鹤鹏.中国新闻传播学研究的国际发表现状与格局——基于 SSCI 数据库的研究[J].新闻与传播研究,2015,22(5):5-18+126.
② 张志安,贾鹤鹏.2014 年中国新闻传播研究的国际发表与国际合作——以 SSCI 传播学期刊数据库为例[A].中国社科院新闻研究所主编,中国新闻传播学年鉴(2015)[C].北京:社会科学出版社,2015.
③ 贾鹤鹏,张志安.新闻传播研究的国际发表与中国问题——基于 SSCI 数据库的研究[J].新闻大学,2015(3):10-16.
④ SO C Y K. The rise of Asian communication research: a citation study of SSCI journals[J]. Asian journal of communication,2010,20(2):230-247.
⑤ 金兼斌.本土传播学者的研究国际化:路径、困境和前景[J].新闻与传播研究,2008(4):52-58.
⑥ MIIKE Y. Asian contributions to communication theory: an Introduction[J]. China media research,2007,3(4):1-6.
⑦ WANG G. Asian communication research in ferment-moving beyond eurocentrism[J]. Asian journal of communication,2009,19(4):359-365.
⑧ GOONASEKERA, A., & KUO, E. "Foreword"[J]. Asian Journal of Communication, 2000,10(2):7-12.
⑨ KIM M S. Intercultural communication in Asia: current state and future prospects[J]. Asian journal of communication,2010,20(2):166-180.

本土经验理论化①②③，或者主张激活文化传统与想象④，还有呼吁在技术和方法上考虑到适应中国本土或文化情景的量表⑤。这方面代表性的呼声来自李金铨，他提出了"在地经验，全球视野"的口号⑥。

虽然学者们积极呼吁本土化或特殊化，但他们也认识到这并非易事。汪琪⑦以及陈国明和三池贤孝⑧就指出，学者们中并没有形成有关亚洲传播学未来的共识，也缺乏对话。亚洲学者普遍缺乏发展具有亚洲特性的传播学研究的动机，往往只是用借来的理论处理本土数据。这些讨论从某种程度上也验证了此前研究⑨所指出的情况：中国内地新闻传播学者发表的国际论文影响力不高和对本土问题关注不够等问题并非个案。

但是，上述研究均缺乏足够的经验证据来说明，为何在国际传播学论文中，我国学者缺乏对本土化或特殊性的关注？究竟是什么原因导致我国学者的国际发表影响力不够？就国际发表而言，中国内地学者如何看待本土化的问题？

回答这些具体的问题是本文的研究初衷。但为了探讨国际发表与本土问题之间的关系，势必先要探究促进我国新闻传播学者进行国际发表的原因和动机。在此基础上，我们可以进一步分析国际发表与本土议题之间的张力与关系。为此，本文提出下述三个研究问题：

研究问题1：是什么原因促使中国内地新闻传播学者从事国际学术发表？

研究问题2：是什么原因导致中国内地新闻传播学者在发表国际新闻传播学论文时对本土问题关注不够？

研究问题3：如何促进中国学者的国际新闻传播学论文更加关注本土议题？

---

① 祝建华.中文传播研究之理论化与本土化：以受众及媒介效果的整合理论为例[J].新闻学研究，2001(68):1-22.

② 陈昭文.理论化是华人社会传播研究的出路：全球化与本土化的张力处理[A].张国良,黄芝晓主编.首届中国传播学论坛文集：反思与前瞻[C].上海：复旦大学出版社,2002.

③ 李喜根.新闻与传播学理论以及新闻与传播学科学研究[J].新闻与传播研究,2009,16(1):19-24+107.

④ ZHAO Y. Directions for research on communication and China：an introductory and overview essay[J]. International journal of communication(19328036)，2010(4):573-583.

⑤ WANG G, CHEN Y N K. Collectivism, relations, and Chinese communication[J].Chinese journal of communication，2010,3(1):1-9.

⑥ 李金铨.在地经验，全球视野：国际传播研究的文化性[J].开放时代,2014(2):133-150+8.

⑦ WANG G. Asian communication research in ferment-moving beyond eurocentrism[J]. Asian journal of communication，2009, 19(4): 359-365.

⑧ CHEN G M, MIIKE Y. The ferment and future of communication studies in Asia：Chinese and Japanese perspectives[J].China media research，2006, 2(2):1-12.

⑨ 贾鹤鹏,张志安.新闻传播研究的国际发表与中国问题——基于SSCI数据库的研究[J].新闻大学,2015(3):10-16.

二、研究方法和数据来源

本文依靠汤森路透公司的 SSCI 数据库进行文献计量学研究,对中国内地作者进行取样,并在此基础上对部分作者进行了深度访谈。

2015 年,该数据库收录了 76 份传播学期刊。从 2006 年到 2015 年,工作单位为中国内地的作者共出现在这些期刊上发表的 278 篇论文中(即每篇论文中至少包含一名中国内地作者)。由于新闻传播学具有高度的跨学科性,并非在 SSCI 传播学期刊发表论文的作者都属于新闻传播学者,我们又在这些作者中选取了发表文章时其供职单位为新闻传播学院(系)的作者。由于很多作者的单位只标识了隶属大学/研究机构,我们通过网络检索、熟人核对等方式,对其所在的院系进行核对,最终识别出 60 名新闻传播院系的作者。

在这些作者中,本研究考虑到不同的地域分布、学术训练背景、不同层次的高校(如 985/211/普通高校),以及不同的研究领域,最终联系了 26 名作者,其中 24 名作者接受了我们的访谈,本文征求了受访者的知情同意,并对所有访谈都进行了匿名处理。

鉴于中国地域和学科发展的不均衡,绝大多数受访者分布在沿海大城市的 985 高校。本研究的样本量较小,部分因为这一群体的总数较少,同时质性研究更应该追求典型性[1],而非统计代表性。访谈对象中,共有正教授/正研究员 5 人,副教授/副研究员 16 人,助理教授/讲师/助理研究员 2 人,博士后 1 人。所有采访对象都有海外经历,其中 9 人在中国获得博士学位,15 人在北美、欧洲和亚洲获得博士学位。9 名本土博士全部有至少一次海外访学经历,这一经历与此前研究[2][3][4]所揭示的国际合作在中国内地学者国际传播学发表中发挥了重要作用这一结论相一致。

我们的访谈从 2015 年 10 月开始,到 2016 年夏天基本结束。主要通过电话,部分通过面对面采访。每个采访平均用时 94 分钟。访谈采用半结构化问题。我们向被采访者咨询了其发表国际论文的动机、单位和同事对此的看法、

---

[1] SMALL M L. How many cases do I need?' On science and the logic of case selection in field-based research[J]. Ethnography, 2009, 10(1): 5 - 38.

[2] 张志安,贾鹤鹏.中国新闻传播学研究的国际发表现状与格局——基于 SSCI 数据库的研究[J].新闻与传播研究,2015,22(5):5 - 18+126.

[3] 张志安,贾鹤鹏.2014 年中国新闻传播研究的国际发表与国际合作——以 SSCI 传播学期刊数据库为例[A].中国社科院新闻研究所主编,中国新闻传播学年鉴(2015)[C].北京:社会科学出版社,2015.

[4] 贾鹤鹏,张志安.新闻传播研究的国际发表与中国问题——基于 SSCI 数据库的研究[J].新闻大学,2015(3):10 - 16.

发表过程中的障碍、是否获得了相应的回报、如何看待发表国际论文与本土化之间的关系、如何处理两者之间可能具有的张力、是否感受到发表过程中受到国际期刊或审稿人的不公平待遇、是否感受到歧视或偏见等问题。所有问题的提问方式、顺序、结构等都根据实际访谈进行调整。停止访谈和停止联系新采访对象都是以是否达到理论饱和高等教育为标准①。

绝大多数访谈都是结束后立刻进行转录和编码。在编码过程中，按照研究问题，课题组成员对编码标准和原则都进行了反复讨论和权衡。随着访谈的深入进行，编码标准也更加清晰，为研究问题提供了丰富的信息。

三、研究结果

（一）国内新闻传播学者国际发表的动机

尽管国内外文献中尚无专门通过访谈论文发表者来探讨中国内地新闻传播的国际发表，但国际第二语言写作学者对相关社科领域国际发表的探索为我们提供了启发。这些研究认为，中国高等教育与科研机构的国际化及由此而来的对国际发表的鼓励是推动国际发表的最主要因素②③。

那么，新闻传播学领域的国际发表是否也验证了以上的结论呢？本文的发现对以往的研究提出了新的挑战。我们的访谈对象普遍认为，通过国际发表获得的荣誉感和在发表过程中进行的学习，是激励他们进行国际学术生产最主要的因素，而不是学术考评机制。

一位青年学者说道："发这种文章，有一种荣誉性质。本来就觉得发这种国际期刊更规范一些。就对自我效能会满足一些，不会只在自己的单位里进行交流，需要出去和同行进行交流。我还是觉得需要同行认可。"另一位学者的感受类似，"其实（发表文章）也不是要让别人知道，其实是一种自我实现的感觉吧，不一定是我发了一篇就得让全世界都知道我发了一篇，只是我发了，觉得自己被认可了，自己做的这个研究还是很有价值，自己的学术能力还是被认可的，这个是最重要的吧。"

此外，大部分受访者，包括所有在国内接受博士训练的受访者，都提到了国

① GLASER B G, STRAUSS A L. The Discovery of Grounded Theory: Strategies for Qualitative Research[M]. New York: Aldine Publishing Co., 1967.
② FLOWERDEW J, LI Y. English or Chinese? The trade-off between local and international publication among Chinese academics in the humanities and social sciences[J]. Journal of second language writing, 2009, 18(1): 1-16.
③ GE M. English writing for international publication in the age of globalization: practices and perceptions of mainland Chinese academics in the humanities and social sciences[J]. Publications, 2015, 3(2): 43-64.

际论文发表过程中与编辑及匿名评审的互动是重要的学习机会，对提升自身学术能力有很大帮助。这包括通过梳理理论发展来发现研究问题、规范地表述学术目的、创新的研究方法、严谨地处理和表述研究数据、审慎地推导结论，也包括审稿人的认真指导、建设性批评和审稿过程中对未来研究方向的把握。

诚然，国际发表让学者获得更大的荣誉感，通过国际发表而不是国内发表学习到更多经验，这体现了像其他社会科学学科一样，我国的新闻传播学科也在经历国际化的轨迹。但是，这些学术印记和学术追求并不直接或主要归因于机构的国际化措施或者适应国际化进行的奖惩措施。

相比荣誉和学习，几乎所有访谈者都认为，其所在机构对国际发表的鼓励措施不足以构成其发表的最主要动力。造成这种状况的原因是国内高校和研究所普遍将国际发表（往往要求是 SSCI 期刊的论文发表）折算成中文论文进行考核，通常是一篇国际论文相当于两篇中文 CSSCI 刊物论文。具体政策因不同学校略有差异，例如有学校直接按发表篇数折算，有学校区分了研究论文和书评访谈等，还有学校按发表英文期刊的影响因子分区对应折算。而在实际发表过程中，由于更加严格的程序和更高的学术质量要求，发表一篇英文论文付出的时间精力远远高于几篇普通中文论文。

如一位学者表示："国际论文的写作要花很大精力，一年两篇是很极限的了。发国际期刊还是国内期刊，是个很现实的问题。如果我不花很多时间的话，我可能一个月写一篇，或一年写好几篇中文论文，发国内期刊就可以了。"

既然激励措施不足，那么内地学者仅仅是因为追求荣誉感和学习机会吗？我们的访谈也揭示了另外一个维度，即对国内学术风气不满意，这包括认为国内发表文章要讲关系[1]；学术期刊或者没有匿名审稿制度，或者邀请的审稿人不能给出有质量的评审意见，既有的研究也证明了我国新闻传播学界的期刊具有较为特殊的学术生态特征[2]；还有一些学者是出于认为自己的研究选题在国内较为敏感而选择海外发表。除去体制的原因外，还有少量学者认为，通过国际发表可以向外界讲好中国的故事，丰富国际学界对中国的认识，这也是中国学者的责任之一。

综上所述，我们发现具有国际发表经历的国内新闻传播学者普遍对国际发表的意义持有积极态度。但大部分人承认，国际发表没有因其更高的质量和时间精力投入而得到应有的物质回报。在一定程度上，我们可以推断，追求荣誉、渴望学习和对国内学术氛围的不满，可能难以形成促进学者追求高质量国际发

---

① LI H, LEE C C. Guanxi networks and the gatekeeping practices of communication journals in China[J]. Chinese journal of communication, 2014, 7(4): 355 - 372.

② 朱鸿军, 苗伟山. 作为知识把关人的学术期刊——基于中国新闻传播学 6 本 CSSCI 期刊的实证研究[J]. 现代传播（中国传媒大学学报）, 2017, 39(6): 49 - 56.

表的可持续发展的机制。如一位受访者所说："有的从海外回来的老师如果只发国际期刊，会比较吃亏，因为英文期刊的周期长，花很长时间，还要排队。中文期刊快一些。毕竟学者还是要面临生存的压力，包括成果、晋升等。"

（二）中国学者国际新闻传播学论文中的本土问题

既然有学者认为国际发表的目的之一是丰富国际学界对中国的认识，为什么以往研究①发现国际论文中普遍缺乏对本土问题的足够关注呢？我们的访谈发现了多个潜在的肇因。

语言能力以及在投稿过程中对国际编辑、审稿人和读者可能具有的偏见的顾虑是造成缺乏本土素材的一个原因。有学者提出，难以用英语将需要很多背景知识的中国故事描述清楚。也有学者担心，引用了过多中文文献后，是否会带来论文可信性的问题，从而影响自己的论文发表。

还有受访者指出，中国学者在发表时面临两个选择：区域性研究期刊和专业领域期刊。前者更侧重对中国本土问题的"深描"，而后者则要求跳出本土化情景的制约，回答这个专业领域内更加具有普遍性的问题。一位青年学者对此给予了非常务实和折中的描述："我觉得在国际期刊上发表，都会找一些国际、西方人对中国问题关注的视角和热点，因为只有这样的东西才发得出来，只是中国关注的热点不一定能在国际上发出来，这是现实的情况导致这么个结果，差别就是很大。而且习惯了西方的范式，你会去琢磨西方的思维后，你再去看国内期刊（发表的文章和研究主题），就会发现很不一样。"

在这种情况下，为了迎合国际编辑或审稿人的理论喜好，一些学者的理性选择是放弃对中国问题的深入讨论或独立探究。如汪琪②等所说，使用本土数据来验证现成的国际理论，而不是致力于发展对本土更有解释力的理论。

缺乏系统深入地对本土问题的探究，并非仅仅是由于国际学界可能存在的偏见及内地学者对这种偏见的感受和应对措施。在相当大的程度上，国内的学术体制无法做到充分鼓励学者综合考虑国内和国际的知识生产，让两者形成良性对话。例如，一些受访学者指出，国内的新闻传播学术界不太熟悉国际传播学研究路径，这让他们很难将自己的国际知识生产与国内学术体系综合在一起，从而也难以深入和系统地思考本土议题。

还有一些学者在国际上发表后，为了满足国内考评的需要，往往会利用同样的研究数据复制一篇符合国内需求的中文论文。也有学者在一开始就根据国内外不同的需要和取向选择同一研究中的不同数据或不同视角来分别生产

---

① 贾鹤鹏，张志安.新闻传播研究的国际发表与中国问题——基于 SSCI 数据库的研究[J].新闻大学，2015(3)：10-16.

② WANG G. Asian communication research in ferment-moving beyond eurocentrism[J]. Asian journal of communication，2009，19(4)：359-365.

中英文论文。这些行为本身无可厚非，但如果着眼于两种知识体系的对话，则这种做法往往贡献不大。

通过上述分析可见，语言表达能力的限制、对国际偏见的担心、传播学研究对理论普遍性的更多关注、国内外两种知识生产之间对话的缺乏以及对一些研究敏感性的规避，导致了内地学者在进行国际发表时，难以系统深入地研究本土化议题。这也就让基于中国经验进行国际新闻传播学的理论发展和创新更为困难。

（三）促进中国问题进入国际新闻传播学研究视野

许多学者接受我们访谈时承认，对本土化的忽视在很大程度上是因为对传播学理论的把握不深，难以既把握本土问题又兼顾发展国际化的理论。多位青年学者表示，没有认真思考过这个问题，目前最关心的就是论文是否能顺利发表，也有表示自己目前的水平或能力有限。一位学者认为，"我们现在在理论上还讲不好中国故事。"另一位学者说，"我们现在的学术水平还不足以吸引国际学者在学术上关注中国。"

但大多数受访学者对未来表示乐观，认为随着更多的学者接受国际学术训练、进行国际发表并更加熟悉传播学理论，中国学者也有更大的可能借助国际学术平台来研究自己的问题，继而形成中国对世界传播学的理论贡献。如一位学者所言："学术的水平要提高，还是要走向理论化。特别是案例、资料已经很丰富的情况下，都需要我们做一些理论化抽象的工作……我们中国的传播学很有机会，因为我们在一个变动的社会当中，产生了很多有趣的传播现象和问题，就看我们有没有能力把这个故事讲好，有没有能力在这个经验之上生发出对于别的国家学者能有启发的理论，可能是转型社会的权力变动和传播之间的关系，可能是中国的语境对于原来理论的一种丰富、完善和对话，这个里面我们是有很多机会的。"

另一位学者也认为："如果是好的研究，在一个国别中提炼出来的问题，这个理论本身是会跨越国界的。如果我们研究一个案例，如果这个理论限制在这个国别上，那我们是在研究这个国别，而不是传播领域。如果我们的研究能够跨越国别成为传播学共同关注的问题，我们自己的问题就可以成为传播学共享的问题。"

受访学者们普遍呼吁，要做到这一点，我国的学术考评体制有待改善。要根据学术贡献而不是论文篇数来评估学者的成就，要杜绝国内期刊的裙带关系，也要改善国内发表的同行评议制度。只有促进国内学术界的健康发展，才能为国内外学术界以及传播学普遍理论与我国问题研究之间的对话建立体制性保障。有学者指出，即便如此，也不应该奢望国际发表为我国的现实问题提供解决方案，因为理论升华在很大程度上超越具体地域的特点，限制了其在特定情境中的应用。

也有学者对此持悲观态度，认为在大多数新闻传播学者不具有国际发表能力的情况下，我国的学术体制不可能因为部分学者生产国际传播学论文需付出更多的精力和时间而给予格外照顾。本质上，现有的学术评价机制是维持现实权力关系的，难以被改变。有多位学者甚至较为激烈地反对在现阶段的传播学研究中提倡本土化。他们认为，这为拒绝积极学习西方既有的学术成果提供了借口。

总之，在如何促进内地学者在国际学术生产中更多关注本土化这一问题上，学者们既形成了学术发展有助于审视本土化这一共识，又在如何促进学术发展、怎样促进学术对话乃至如何看待本土化方面有很大分歧。毫无疑问，弥合这样的分歧本身也有待进一步的学术发展和学界的对话。

四、结语

本研究首次通过比较深入和系统的访谈，探索了造成中国新闻传播学的国际论文发表与本土研究及中国问题之间隔阂的原因：第一，国际学术界是以理论贡献作为论文价值的判断标准，而这种理论导向本身就有超越地域特性的倾向。第二，对国际偏见的顾虑和优先确保发表的折中主义，导致部分内地学者在国际发表时回避不为外国熟知的本土议题和使用丰富而复杂的本土资料。第三，以论文数量为基本评估标准的学术考评体系并不利于国内外的学术对话，从而妨碍对本土议题进行理论性审视。第四，对部分敏感议题的担忧和规避，导致学者疏于国内外的学术对话。最后，也有部分受访学者出于对国内学术体制的不满而回避与国内同行的学术对话。

但上述问题的存在不应该成为我们拒绝新闻传播学科国际发表的理由，也不该由此而在国际知识生产进程中忽视本土问题或本土性。借助国际新闻传播学术的规范化和理论化，我们可以更全面地理解中国的问题及其规律。同时，中国的社会变迁、制度特点与文化传统，也会为世界传播学理论发展贡献自己的素材，并最终有望汇聚、生成更加普遍的理论。这一目标的实现，需要我们有更为完善的评估体制的学术文化，而实现这一目标的过程也有助于完善我国新闻传播学科的评估体制和学术文化。

作者介绍

苗伟山是中国人民大学新闻学院副教授。他的研究兴趣在于技术、文化和社会之间的交织互动，尤其关注全球南方国家以及弱势群体、边缘性和不平等问题。他的作品发表在国内外的行业顶级期刊，包括《新闻与传播研究》《传播学杂志》《计算机媒介传播杂志》《新媒体与社会》《信息、传播与社会》《社交媒体与社会》《移动媒体与传播》等。

贾鹤鹏,康奈尔大学博士,苏州大学传媒学院教授。主持国家社科基金重点项目等多项课题。主要研究科学传播理论与科普能力建设。曾任中科院《科学新闻》杂志总编辑。曾获全国科普先进工作者、江苏省双创人才荣誉称号。

张志安,复旦大学新闻学院教授、复旦大学全球传播全媒体研究院副院长,他的研究兴趣集中在新闻社会学、数字新闻业、互联网平台与治理。

作为知识把关人的学术期刊

——基于中国新闻传播学 6 本 CSSCI 期刊的实证研究①

朱鸿军　　苗伟山

　　学术期刊在知识生产中扮演了重要角色,其把关的标准和过程却一直是整个学术界隐形的规则。通过对中国新闻传播学 6 本 CSSCI 期刊编辑的深度访谈,旨在揭示学术期刊把关论文发表的内部机制。本文发现,首先,期刊的定位和发展受到了所在组织机构的强烈影响,进而会影响到期刊对于论文的选择标准;其次,匿名评审被引入,但现有新闻传播学术生态状况使得传统"三审制"依然起着较大作用;最后,格式体例和文字差错等细节容易成为作者忽视但又是编辑个体在乎的审稿因素,在论文内容的专业评判标准方面,各类期刊编辑有共性之处,但也会基于刊物的定位而有自身的理解。

Academic journals play a critical role in knowledge production, yet the standards and processes of their gatekeeping remain implicit rules within the academic community. Through in-depth interviews with editors of six CSSCI journals in journalism and communication studies in China, this chapter seeks to uncover the internal mechanisms behind the gatekeeping of academic publications. The findings reveal three key insights: first, the positioning and development of journals are strongly influenced by their affiliated institutions, which in turn shape their criteria for article selection. Second, while anonymous peer review has been adopted, the traditional "three-stage review system" still holds significant sway due to the current state of the journalism and communication academic ecosystem. Lastly, details such as formatting styles and textual errors, often overlooked by authors, are highly valued by individual editors. While there is consistency among editors regarding professional content evaluation standards, their

---

① 本文原刊于《现代传播(中国传媒大学学报)》2017 年第 6 期第 39 卷第 49 - 56 页。

interpretations are also shaped by the unique positioning of their respective journals.

一、引言

2012 年，《传播与社会学刊》组织八位主编围绕大中华地区新闻传播学术期刊的现状与发展展开专题讨论，涉及期刊定位、论文评审、学术考核等一系列问题①。在随后 2013 年的专刊中，围绕这些问题，学者们从不同视角进行了探索：华人传播学界学术发表和引用情况②；学术期刊如何被各种社会力量所制约③④；学术期刊与知识生产、学术表现之间的关系⑤。这些启发性的研究引发我们对学术界一些重要却隐形的问题的思考：作为发表平台的学术期刊到底是如何运作的？什么样的稿件才能获得编辑的青睐？筛选的标准究竟是什么？

事实上，不发表就出局早已成为学术圈的残酷规则，这直接关乎学者的绩效考核、职位晋升和学术声誉。但是，学者们对于期刊的了解大部分来自个体的经验体会、同行分享或相关学术场合与编辑的短暂交流，期刊内部的具体环节/流程因为未知常常被称为"黑盒子"⑥，这也造成了不必要的误解和猜测⑦。2016 年，传播学领域重要期刊《传播学期刊》的主编专门撰文解释了期刊评审的过程，因为"透明性对学术诚信和学术发表声誉至关重要"⑧。本文将基于对中国新闻传播学期刊编辑的深度访谈，来回应以上的问题。来自编辑自身的声

---

① 李少南，邵培仁，胡智锋，等. "学术出版与传播研究"圆桌会议讨论[J]. 传播与社会学刊，2013（23）：7 - 30.

② 苏钥机，王海燕，宋霓贞，等. 中华传播研究的现况：谁做什么和引用谁[J]. 传播与社会学刊，2013（23）：31 - 79.

③ 李红涛. 中国传播期刊知识生产的依附性：意识形态，机构利益与社会关系的制约[J]. 传播与社会学刊，2013（23）：81 - 111.

④ 李红涛. 匿名评审与学术把关正当性——以中国传播领域学术期刊为中心的考察[J]. 新闻与传播评论，2012（0）：13 - 28，207，210 - 211.

⑤ 翁秀琪. 学术期刊与学术生产，学术表现的关联初探：以台湾传播学门学术期刊为例[J]. 传播与社会学刊，2013（23）：113 - 142.

⑥ BENSON J F. Inside the editor's black box：10 years of the journal of environmental planning and management[J]. Journal of environmental planning and management，2001，44(1)：3 - 19.

⑦ TEWKSBURY R，MUSTAINE E E. Cracking open the black box of the manuscript review process：a look inside Justice quarterly[J]. Journal of criminal justice education，2012，23(4)：399 - 422.

⑧ WAISBORD S. Behind the curtain of editorial decisions[J]. Journal of communication，2016，66(2)：207 - 210.

音,赋予我们知晓、理解和分析学术期刊内部运作的一手材料——也响应邓正来对于学术场域的反思呼吁——借由此棱镜窥见更大层面的中国新闻传播学领域的知识生产、学术自主和权利关系[①][②]。

二、研究背景和问题的提出

作为知识传播的重要平台,学术期刊在引领学术发展、推动学术进步方面至关重要。截至 2016 年,在国家层面正式被认定的学术期刊共计 6 449 本[③]。面对如此数量庞大的学术期刊,我国已形成多个期刊评价系统,其中以南京大学的中文社会科学引文索引(CSSCI)影响最大。CSSCI 本来是南京大学中国社会科学研究评价中心受教育部委托研发的引文数据库,目前已被很多高校和科研机构当作学术考核的重要依据。

表 1 中国新闻传播期刊主办单位的分布

主办单位	说明	数量
研究所/大学	学校(普通大学和专业学校),研究所(如中国社科院、中国新闻出版研究院)	17
学会/协会	如中国报业协会、中国广播电视协会、中国科技新闻学会、中国新闻技术工作者联合会	14
出版社	出版社、杂志社、书店(如三联)、书局(如中华书局)、外文局	12
报业	报业集团、专门报社(如人民日报社)、传媒集团等	11
广电	广电集团、专门广播电台(中央人民广播电台)、电视台(中央电视台)、广电总局	8
联合主办	两家以上单位主办。如报业+新闻学会/记者协会、报业+研究所、学会+出版社等	17

数据来源:曲飞祝、杜骏飞,2016。

---

① 邓正来.关于中国社会科学的思考[M].上海:上海三联书店,2000.
② 邓正来.知识生产机器的反思与批判[J].社会学家茶座,2004(7):7.
③ 国家新闻出版广电总局.国家新闻出版广电总局关于第二批认定学术期刊认定情况的公示[OL].https://www.nppa.gov.cn/xxfb/tzgs/201702/t20170206_666100.html.

我国内地新闻传播学领域共有期刊 79 本①，在南京大学公布的核心期刊（2017—2018）中，入选来源期刊的有 15 本，拓展版来源期刊 6 本，集刊 7 本。每两年新一轮的期刊名单都会部分调整。因为 CSSCI 与高校考核挂钩，因此其遴选必然影响期刊的稿件数量和质量、学术声誉。在这种生态体系下，排名和竞争容易导致期刊对自身定位和发展产生忧患意识。不仅如此，在近些年中国学术"走出去"的大环境下，期刊国际化的呼声越来越高，一方面，越来越多的学者选择在海外期刊发表文章，这直接影响了本土期刊高水平的稿源；另一方面，海外期刊的相关规范如匿名评审，也带动我国学术期刊的改进；有些高校也和海外出版集团合作，直接按照国外的学术体系创办学术期刊，如中国传媒大学的 *Global Media and China*，浙江大学的 *Communication and the Public* 和 *China Media Report*。

在这种外有来者、内有竞争的情况下，如何谋求生存与发展便成为每家学术期刊必须思考的问题，基于此，研究提出第一层级研究问题：贵刊的学术定位和发展目标是什么？为什么这样定位？为达成这个目标，都采取了哪些措施？

在学术界，论文发表始终是悬在学者头上的"达摩克利斯之剑"。正如学者指出的，在进入学术场域的游戏场中，你必须知道游戏的规则是什么②，而有些规则是隐形或不成文的，却恰恰是至关重要的。虽然最新一轮的新闻传播学 C 刊（包括来源期刊、扩展和集刊）已有 28 本，而这些期刊面对的则是全国 681 所大学新闻传播专业的 6 912 名教师和 225 691 名学生③。在这种激烈的竞争中，来自学术期刊内部的声音却是缺场的，大部分编辑决策的过程都属于幕后工作。对于投稿者，特别是刚刚迈入学术圈的青年学生和学者，围绕这些隐形的规则产生了一系列的困惑：稿件的评审流程到底是如何开展的？作为学术把关人的编辑在其中扮演了什么样的角色？是什么原因导致了一些稿件被直接拒稿？又有哪些原因让编辑眼前一亮，入其法眼？不同期刊的编辑是否有特定的议题、方法和范式偏好？

以上问题的讨论已经引起了学术界的关注，但因核心数据的获取难度（缺乏相关期刊编辑的访谈或田野调查），相关研究要么是基于发表文本的内容分析，辨识出某个或某些期刊发文数量变化、常见话题/方法/理论或学术偏好，例如有研究对中国新闻传播学的 79 本期刊进行了统计，发现整体上这个领域期

---

① 曲飞帆，杜骏飞.2015 年中国新闻传播学期刊发展分析[J].新闻与传播研究，2016，23(11)：108－125＋128.

② SILVERMAN F H. Publishing for tenure and beyond[M]. Westport：Greenwood Publishing Group，1999：126－128.

③ 陈昌凤《2013—2017 年新闻传播类专业教学指导委员会第七次全体会议暨学科评议组工作会议》，http：//weibo.com/1877509425/DAOtjgKZw.

刊存在着学理探索和业务实践两极分化的现象①。还有的研究从期刊匿名评审的文本入手分析,讨论学术期刊对稿件的遴选标准。例如,有文章对 2005 年投稿给《传播学期刊》的 120 篇论文的所有匿名评审意见进行分析,总结了这本领域顶级期刊的七个选稿维度②。不同于西方学术出版被少数出版集团垄断,中国的学术期刊镶嵌在单位制度中,例如隶属于某研究机构或高校,因此在整个运行机制和规则上都有别于西方③④。我国新闻传播学领域目前实行匿名评审的期刊较少,期刊编辑对于整个学术实践的把关便凸显为重要问题⑤。

    基于以上分析,本文提出第二和第三层级研究问题:期刊的编辑构成和分工是什么? 期刊采取什么审稿制度,具体审稿流程是什么? 编辑眼中评判论文的标准是什么? 换言之,期刊编辑认为什么是好的研究?

三、研究方法

    鉴于南大 CSSCI 期刊在我国学术领域的重要影响,本文以其公布的 2017—2018 年期刊目录为范围。在其公布的来源期刊、拓展期刊和集刊中,以其中最为核心的来源期刊为目标,聚焦的新闻传播学六本期刊:《新闻与传播研究》《国际新闻界》《现代传播》《新闻大学》《当代传播》《新闻记者》。

    本研究采取的是目的抽样,主要是通过人际关系网络、熟人推荐,对目标期刊的编辑进行深度访谈。通过前期情况摸底,我们了解到目前期刊编辑分为专职和兼职,两者主要是在身份制度上有所区别,前者属于编辑岗位,侧重具体业务、文字等技术性工作;后者则是来自教研序列的科研人员或教授,负责稿件内容、评审等工作。虽然我们发现两者的工作内容在具体实践中相互交叉,但是在人员数量上兼职类编辑却占据大部分。鉴于这种情况,我们在访谈中兼顾两者,但在数量上采访了较多的兼职编辑,最终成功访谈 6 名人员。鉴于我们的研究人群较小,而在小圈子人群中,诸如性别、年龄、教育背景以及工作时限等常规信息都有可能导致受访者身份的暴露,故本研究不汇报任何关于受访者的

---

① 曲飞帆,杜骏飞.2015 年中国新闻传播学期刊发展分析[J].新闻与传播研究,2016,23(11):108-125 +128.

② NEUMAN W R,DAVIDSON R,JOO S H, et al. The seven deadly sins of communication research[J]. Journal of communication,2008,58(2):220-237.

③ 李红涛.中国传播期刊知识生产的依附性:意识形态,机构利益与社会关系的制约[J].传播与社会学刊,2013(23):81-111.

④ 李红涛.匿名评审与学术把关正当性——以中国传播领域学术期刊为中心的考察[J].新闻与传播评论,2012(0):13-28,207,210-211.

⑤ LI H, LEE C C. Guanxi networks and the gatekeeping practices of communication journals in China[J]. Chinese journal of communication,2014,7(4):355-372.

个人信息材料。

访谈在2016年10月至2017年3月之间进行，6位访谈中1位通过面对面的形式进行，5位通过电话访谈。所有访谈持续时间在1小时到2小时之间，平均时长为80分钟。本文采用了半结构化访谈，根据研究问题设计了访谈提纲，主要问题包括：①期刊的定位是什么（是什么，为什么，怎么做）？如何看待本期刊在整个新闻传播学术期刊中的位置？最终想通过期刊达成什么样的学术目的？②编辑部有多少人，职责分工是什么？一般来说，你们日常的工作流程是什么？③是否实行了匿名审稿，在什么情况下，基于什么目的实行？具体如何操作？这中间有什么困难和问题，同时采取了什么措施？④对你来说，一篇论文哪些方面能迅速吸引你？你会因为什么原因马上拒绝一篇论文？⑤你认为来稿中存在最多的问题是什么？你认为什么是一篇好的论文？⑥你对投稿人有哪些话最想说？

需要说明的是，访谈在每次进行之后，两位作者都迅速转录文本，并针对访谈内容进行讨论，这样一方面及时调整下一个访谈对象的问题，在上一轮访谈中发现的有价值的信息会加入下一轮；另一方面营造访谈者之间的对话和碰撞，试图捕捉相关洞见。例如在第一次访谈中，一位编辑提到，他们杂志的定位就是高冷。由此认为被访者的自我评判直接体现了他们的定位，因此下一轮访谈中，增加了这个问题："有编辑说他们的定位是高冷，那您如何定位自己的期刊？"另一方面，两位作者的讨论、笔记和数据分析贯穿在整个采访之中，每次采访完成之后都会针对采访内容和亮点不断进行抽象和总结，并将讨论笔记记录下来，每次访谈的事后讨论分析持续在半个小时左右。

访谈法被认为是基于互动的共同建构的过程[①]，为避免你问我答的形式对数据效度的影响，研究以开放式的问题邀请被访者逐步进入状态，通过适当的回应和追问，尽量让采访者把握整个访谈的节奏，鼓励对方谈真实感受和想法，而非应该是什么的规范性回答。为了让访谈更加深入，时常辅助"您能举个例子吗？""能否谈谈您印象最深的一次审稿"等问题。

每进行完一次采访后，研究者都对受访者的回答进行迅速整理，并根据已有的访谈结果及时调整下一次访谈的侧重点：①一些已经被反复提及并相对信息饱和的问题会简化处理；②某些没有被涉及或谈得不够充分的问题则会在下一个研究中不断追问；③受访者提出的一些超过既定访谈提纲但有价值的问题会及时补充进来，并会以"我们的上个访谈提到过……不知道您是怎么看待这个问题的"的形式在访谈者之间形成对话。

---

① Handbook of interview research：context and method[M]. Sage，2002.

受访者提供的所有信息均在访谈后被迅速地转录成文本,遵循分析性归纳①和持续比较②的路径,首先对文本进行了总体浏览和讨论,并记录下感受和笔记。其次,通过逐行阅读和分析,结合笔记辨识出关键词和相关主题。最后,不同的主题被组织整理在提出的三个研究问题之下。

四、研究发现

(一)定位与发展:主办方的影子

不同于西方学术期刊隶属于专业协会或出版集团,我国《出版管理条例》③对期刊的申请、审批和出版提出了明确要求,我国的期刊主管主办单位大致可以划分为五个系列:社会科学院系列、高等院校系列、部委党校系列、社科联系列、新闻出版业系列④。在中国的新闻传播学期刊中,来自行业协会、出版社、报业和广电等业界的主办单位占据了绝大部分(详见表 1),这也反映了这个学科与业界的密切联系。在本文分析的 6 本 CSSCI 来源期刊中,4 本为研究所和大学主办、2 本为业界主办(详见表 2)。

表 2　中国新闻传播学 6 本 CSSCI 来源期刊的主管主办单位和办刊宗旨

期刊	主管单位	主办单位	办刊宗旨
《新闻与传播研究》	中国社会科学院	中国社会科学院新闻与传播研究所	代表中国新闻学、传播学学术研究的最高水平,引领中国新闻学、传播学学术研究的发展方向
《国际新闻界》	教育部	中国人民大学	坚持学术质量第一,致力于学术自由与创新的追求,促进国内外学术交流,瞄准国际学科前沿,继续保持国内一流水平,加快走向世界的步伐,使《国际新闻界》成为真正的国际性学术期刊

---

① GOETZ J P. Ethnography and qualitative design in educational research[J]. 1984.
② MILES M B, HUBERMAN M A. Qualitative data analysis: an expanded sourcebook [M]. Thousand Oaks: Sage Publications,1994.
③ 《期刊出版管理规定》,2008 年 4 月 28 日,http://www.gapp.gov.cn/news/1675/110683.shtml.
④ 张耀铭.中国学术期刊的发展现状与需要解决的问题[J].清华大学学报(哲学社会科学版),2006(2):28 - 35.

（续表）

期刊	主管单位	主办单位	办刊宗旨
《现代传播》	教育部	中国传媒大学	以学术性、时代性、思想性为追求；站在时代的潮头和理论的前沿，密切关注变动着的以广播电视为中心的大众传播事业的新问题、新现象、新观念；从整个社会文化大背景对传播现象进行全方位、综合性的理论研究，并紧紧追踪国内外理论研究的最新动向和学科前沿
《新闻大学》	教育部	复旦大学	新闻理论探讨、新闻实践研究、新闻人才培养、新闻学术交流，坚持办刊的学术性
《新闻记者》	上海报业集团	上海报业集团、上海社会科学院新闻所	秉持敏锐、尖锐、新锐的办刊风格，所刊文章既重理论深度，又紧密联系实际，为新闻业界与学界架起一座沟通的桥梁
《当代传播》	新疆日报社	新疆日报社、新疆新闻工作者协会	展示我国新闻传播理论领域的最新学术成果和前沿理论，分析中国新闻传播实践的演进规律，揭示各种传播现象的本质内涵，推进新闻传播的学科建设和理论创新

资料来源：根据网络资料整理。

  学术期刊在中国的发展经历了较长的历史①，其历史的遗产和惯性发挥了巨大作用。我国学术期刊是建立在单位的体系模式上的，我们的研究发现这一性质对于期刊的定位和学术把关起到了决定性的作用。正如一位编辑指出的："我国的学术报刊最早的定位是本单位的科研辅助机构，它承担了为本单位教工发表论文的功能。随着计划经济转为市场经济，报期刊从最早的在本单位求生存转变为在市场中求生存，开始有了定位、发展和竞争这一套市场话语逻辑。但是我们必须承认，历史的惯性依然存在。"

  《新闻与传播研究》的主办方为中国社会科学院新闻与传播研究所，在这份期刊的网站中，办刊追求被明确地表达为"代表中国新闻学、传播学学术研究的最高水平，引领中国新闻学、传播学学术研究的发展方向"。对此，其期刊编辑解释其"引领"的功能："大家开玩笑说我们是国家队。我们的身份的确很特殊，一方面我们要做主流价值观的建构者、宣传者和引导者，另一方面要做纯学术，引领学术和理论发展。"这位编辑解释说："我们的定位有两个标准，一个是对现

---

① 尹玉吉.中西方学术期刊审稿制度比较研究[J].浙江大学学报(人文社会科学版),2012,42(4):201-216.

实有指导,一个是对理论有推进。大家看了我们的期刊就知道,我们不发业务类的稿子,也不发经验感悟文章、访谈类文章,也很少发书评,(我们的论文)基本都是纯学术的。但是我们做一些学术基础类的工作,比如说我们有个名词专栏,是对新闻传播学基础核心概念进行梳理,这些概念是学科和学术发展的根基,我们有义务和责任做这些基础工作,由此也能反映出我们期刊的定位和取向。"

本领域学术期刊的主办方还有很多来自高校,本文研究对象的 6 本期刊中有 3 本直接隶属于高校,各个高校/院系的独特性充分地体现在这几本期刊上。《国际新闻界》《现代传播》和《新闻大学》都是由国内实力雄厚的新闻高校或院系主办的,这三家期刊的编辑都不约而同地提到并认为期刊的定位发展和所在高校或院系的整体愿景密不可分,三家期刊的定位也因此各具特色。

《国际新闻界》的国际化发展走在前沿,它较早实施网络投稿、匿名评审制度,也是目前唯一一本刊发英文论文的中文新闻传播类期刊。在其官方网站中,"促进国内外学术交流""瞄准国际学科前沿""加快走向世界的步伐""国际性学术期刊"这类的措辞表达也集中体现了其国际化的视野。这本期刊的编辑在接受采访的时候说:"国际化是未来的发展方向,我们确实在凸显我们的国际化色彩,比如注释要求中英双语,刊登海外优秀学者的访谈,刊发英文文章等。之所以这样做,同时也与我们学院的国际化特色、海归教师越来越多、大部分老师都有国际交流的经验,大家容易达成这样的共识有关。"

《现代传播》的主办方中国传媒大学是一所极具鲜明传媒专业特色的高校,其编辑提道,"我们的期刊曾经是以广播电视为主的,这也和传媒大学的定位有关。这几年随着网络的发展,我们紧跟学术发展,增加了新媒体网络等专栏,但是广播电视仍然是我们的保留栏目,也是特色栏目,这可能是别的期刊没有的。所以在这个历史的惯性下,如果没有其他太大的变化和挑战,我们未来的发展是微调创新"。

作为另一家旗舰期刊,《新闻大学》的定位则与复旦大学新闻学院的发展一脉相承,其编辑提道:"我们期刊的侧重点都和学院历史有关,复旦新闻传播教育是全国高校中唯一没有中断过的,因此我们对于新闻史论很重视。同时,传播学刚传到中国的时候,复旦在其中起到了积极的作用,因此传播理论也是我们(期刊)的重点。还有一个很有特色的地方是我们的传媒教育栏目,这和复旦新闻学院作为一个教育机构有关系,我们的理念就是教育在学术发展中扮演了重要的角色,我们 2016 年的期刊大概发了 6 篇左右的传媒教育的文章"。

不同于以上研究机构和高校,《当代传播》和《新闻记者》这两本由业界主办的期刊呈现出不一样的特征,两本期刊都由新闻报业集团主管,在发表内容上不同于以上四本期刊,呈现出较强的实践应用性。《新闻记者》的编辑在详细介绍了该刊历史、强调管理主体对其定位的影响后提道："近些年我们的定位发生了很大变化,过去主要是新闻实践业务,现在主要偏重学术,但是与《新闻与传播研究》《国际新闻界》的纯学术不同,我们在学术性的基础上强调现实性,具体来说就是针对目前传媒实践中的重大问题和现象有回应。"《当代传播》的编辑则强调了作为唯一一本偏远地区的新闻传播 CSSCI 期刊,他们在文化、资源和经济等各个方面所面临的困境。为兼顾生存和发展,他们协调性地处理着学术和实践应用两个方面的发展。

(二) 匿名评审:沉重的翅膀

传统的学术期刊实施的是三审责任制的审稿流程,即通常由编辑初审、编辑部主任或副主编复审和主编终审,对出版内容逐层把关。这最早可以追溯到1952 年《关于国营出版社编辑机构及工作制度的规定》,1980 年国家出版局颁发的《出版社工作暂行条例》重申了这一制度,1994 年新闻出版署签发的《加强图书审读工作的通知》,强调指出"必须加强出版社的'三审制'"。作为保障出版内容的三审制,毫无疑问凸显了编辑在稿件把关中的重要地位。20 世纪 90年代国内的学术期刊开始引进西方的"匿名评审制度",这和当时人文社科的学术规范化讨论密切相关①。匿名评审依靠的是学术共同体内部的专业评判,这无疑改变了三审制中编辑对于知识把关的主导模式,有助于提升评审专业性的"翅膀"。我国新闻传播学期刊也在近些年逐渐实行了匿名评审制度,但正如有研究指出的,我国期刊并非以匿名评审取代三审制,而是作为补充替代的混合模式②③。这种混合性所带来的冲突、矛盾和变化,无疑为我们考核期刊的把关提供了一个新的视角,也是本部分致力解决的问题。

匿名评审的采纳必然给原有的权力结构关系带来冲击,那么是什么原因驱动着学术期刊采纳了匿名评审呢? 受访对象认为存在多重原因。

第一,编辑角色和认知的转变。在没有完全实现匿名评审的期刊中(下文称之为"匿名审稿为主——三审制为补充的模式"),虽然受访的编辑仍然认为自己完全有能力对稿件质量做出判断,正如一位编辑说:"我看了这么多年稿子,来的稿件是好是坏,我一眼就能看出来,没必要出去外审,除非是极个别有争议的稿件。"但另一位编辑对此做出了另一种回应,"每个人都有自己知识的盲区,我觉得应该打破我什么都行的感觉,认识到我们不行的地方。传播学本身是一

---

① 邓正来.知识生产机器的反思与批判——迈向中国学术规范化讨论的第二阶段[J].西南政法大学学报,2004(3):3-6.

② 李红涛.中国传播期刊知识生产的依附性:意识形态,机构利益与社会关系的制约[J].传播与社会学刊,2013(23):81-111.

③ 李红涛.匿名评审与学术把关正当性——以中国传播领域学术期刊为中心的考察[J].新闻与传播评论,2012(0):13-28+207+210-211.

个交叉学科,很多东西更新换代又很快,别说是我们编辑,就是知名学者也不一定什么都懂,这就是专业化分工"。

第二,期刊公正性和规范性的体现。各位期刊编辑在接受采访时都提到了匿名评审是海外期刊的惯例,一位编辑这样说:"匿名评审也是标志性符号,体现了我们期刊处于正规化的轨道上。"学术期刊被质疑过其公正性和客观性,例如是否存在关系稿,是否对所有来稿一视同仁,匿名评审的引入在一定程度上回应了这种质疑。一位编辑说:"很多期刊喜欢刊登知名学者的来稿,这样确实有助于扩大期刊的影响力和传播力。但是我们通过匿名评审决定以稿件质量作为唯一标准,因为只有好的内容才能真正经得起时间的考验。虽然大家普遍反映我们的来稿录取率很低,但我们的期刊上还刊发过普通硕士生为一作的论文。因为匿名送审后就一视同仁。"

第三,作为关系网络的对抗。私人关系网络被认为是学术公正的阻碍因素,编辑在接受采访时也提到了这种关系的压力,"你的老师、同门把稿子给你,你说是发还是不发?学术大佬把稿子给你,你拒绝了,以后的会议、评审和项目申请还怎么办?我们中国人是生活在人情社会的,你否定了别人的稿件,他们第一时间不是反思自己的稿件有什么问题,而是质疑你是不是对我有意见。"在这种情况下,匿名评审被当作专业性的挡箭牌,使得编辑足以对抗关系人情的压力。有位编辑提道,"总有一些领导投稿给我们,但是稿件质量很差,我们没有办法,只有说那你通过我们的投稿系统吧。我们现在实行匿名评审,确实不敢给你开这个口子,所有的稿件都要有外审专家建议。"有时编辑将专家作为体现知识把关权威性的背书,正如一位编辑坦言:"如果什么都是我们自己做决定,作者也会不服气,他们肯定心里也会质疑我们,你们编辑又不是全才,有什么资格评判别人辛辛苦苦做出来的专业性东西。"匿名评审不仅作为与外界沟通的手段,也往往成为编辑内部之间协调的工具,"我们编辑部就几个人,有时候大家对一些稿件的意见不合,这个时候引入匿名评审第三方意见就会调节人际关系,这个东西很微妙"。

在以上因素的驱动下,受访的 6 本期刊编辑都宣称采用了匿名评审制度。但是,这种源自西方专业实践的制度并非被直接移植到中国的实践,每个期刊都根据自己的实际情况进行了调节和改造,研究中访谈辨识出不同的匿名评审模式,见表 3。

表 3　各大期刊的审稿模式和流程

模式	具体流程
匿名评审为主三审制为补充的混合模式	期刊 A：①编辑登录投稿网站进行初步筛选，将筛选稿提交副主编提交送审稿；②副主编对送审稿件全程负责，包括联系外审专家、反馈作者、修改后再送外审、校对等，最终根据专家意见和作者修改稿，推荐当期拟用稿件；③主编召开编审会讨论确定最终用稿
	期刊 B：①编辑部主任登录投稿网站进行第一轮筛选；②编辑部主任及主编将稿件分发给匿名评审专家，一般至少两轮外审；③外审专家和作者的互动在投稿系统中进行；④主编助理及主编定稿，对有争议的稿件通过编前会讨论定稿
	期刊 C：①责编对来稿进行初步筛选；②责编将自己负责栏目的稿件发给两位外审专家，让其进行打分排序；③责编按照专家意见确定拟录取稿件，并将专家意见反馈给作家建议修改；④作者修改返回后，责编将本栏目所有稿件提交主编进行终审
三审制为主—匿名评审补充的模式	期刊 D、E、F：①责编初审，对稿件做出拟录用、修改或拒绝的决定；②拟录用的稿件直接提交副主编审核，修改的稿件由责编和作者沟通完善后提交副主编；③副主编审核后提交主编，在编审会中大家对稿件进行讨论，对于有争议的稿件送出匿名评审再决定

　　表 3 的总结中，目前 6 本期刊的评审模式总的可以划分为"匿名评审为主—三审制为辅的模式"和"三审制为主—匿名评审为主的模式"两大类。前一模式所呈现的共性是匿名外审专家的意见正在成为评判论文的主导标准，但三审制、编辑的作用依然较大。此外，该模式又呈现出略有差异的特征：期刊 A 中编辑、副主编、主编参与度相对比较平均；相比较而言，期刊 B 中主编扮演的角色要更多一些；期刊 C 中责编的责任较大，在第一轮筛选和后期的送审中都有较大的话语权。而对于"三审制为主—匿名评审补充的模式"的三本期刊，整个评审过程中基本还是由编辑主导，而匿名评审仅仅被用来决定非常少的有争议性的稿件，不仅如此，对于这些争议性的稿件反馈回来的专家意见，最终也是被当作编辑决策的参考，而非决定性因素。

　　在分析完动机和实践后，编辑们又是如何评价匿名评审这种学术把关？他们在具体操作中遇到了哪些问题，又是如何破解的？访谈发现匿名评审遭遇到了种种问题。

　　首先，匿名评审专家都是谁，又如何被筛选出来？一位期刊编辑指出："我们最开始采取了名人路线，给各领域内的知名学者颁发聘书，聘请他们当我们的匿名评审专家。结果发现效果甚微，因为大家都很忙，有的专家说学院硕士生博士生的论文都改不完,更没有时间做外审专家。所以后来我们改变了策略,将所有在我们期刊发表过论文的作者都作为审稿专家库成员,但发现基本上审稿积极的大多是中青年学者,而且通过正式的渠道很难得到回应,经常需通过私人关系才能推进审稿进程。"另外两本期刊则揭示出不一样的情况:"其实我们的匿名专家基本上就是自己学院的老师,一方面是因为都比较熟,也好说话,方便;另一方面我们学院的很多老师本身就是这个领域的专家,他们中间很多也被其他期刊聘请为外审专家,所以是完全够格的。"

其次,编辑如何动员这些外审专家进行评审?他们在沟通中有哪些问题?匿名评审作为西方成熟的学术文化,评审专家一般都是免费付出的,大家觉得有义务为整个学术共同体作出贡献①。访谈发现,编辑部一般会付给匿名评审专家相应的报酬,有编辑认为"这个(报酬)真的是很不好拿捏,给少了别人没积极性,给多了我们又有经济压力。但是整体上来说,钱真的很少"。另一位编辑则发现评审专家很难给出非常详细的建设性意见,"有的专家一直拖着,作者一直在问,我们夹在中间也很无奈。有的时候收回来的评审意见也不负责任,有的回复就一句话说此稿可用,有的则是很笼统地提出一些泛泛意见,这些其实都没有办法帮助作者进行有针对性的修改"。这种匿名评审也带来了一些负面的效果,贾鹤鹏等人基于中国新闻传播学国际发表的研究发现,相当一部分学者之所以热衷于国际发表,正是因为他们能从匿名评审专家那里得到专业和负责的修改意见,这样帮助他们加强和同行的交流,提升自我学术水平,而这恰恰是国内的学术评审所欠缺的②。

最后,期刊编辑在不同程度上都认为匿名评审不能照搬西方学术界的模式,三审制度依然应该发挥作用,期刊的体制身份、学术共同体的惯习、期刊发展需求、编辑的职业价值的理解成为支撑的主要依据。有编辑认为,"在中国不能纯粹依赖匿名评审,需要三审制把关,新闻传播研究离意识形态很近,如果纯粹靠专家把关,刊物就有可能犯政治导向性错误"。另有编辑说道,"整个学术界还没有形成一个为别人稿件认真提供建议的氛围,所以不能完全依赖匿名评审",一编辑补充道:"匿名评审的时间一般都比较长,作为月刊,我们的压力很大,如果全部按照匿名评审,不可控性太大,闹不好就会出现稿荒,出刊拖期是要受罚的。"另有编辑从刊物实际发展需求谈道,"编辑和专家看评判论文的角度时常不一样,专家会侧重看论文的专业性,编辑还要考虑到论文的引用率,引用率高期刊的影响因子就会高";另一编辑提道,"我们需要名人稿件,这有利于提高期刊的知名度和影响力,对于名人来稿,我们时常免检,来了就发,并且从

① 魏然:《SSCI 期刊评审制度与投稿技巧》,北京师范大学新闻传播学院演讲,2017 年 3 月 3 日.
② JIA H, MIAO W, ZHANG Z, et al. Road to international publications: an empirical study of Chinese communication scholars[J]. Asian journal of communication, 2017, 27(2): 172-192.

不拖延,因为他们的稿件一般质量是有保证的,不会忽高忽低,他自身就是品质保证,再去找专家审,就多此一举"。有编辑则从编辑审稿的经验和积极性角度谈道,"编辑自身也是有判断力的,看了那么多稿子,好稿坏稿一眼就看出来,并不需要篇篇都依靠专家,而且有三审制过滤,论文质量不会太差",更有编辑补充道:"如果稿子都让专家审了,那还要编辑干吗,编辑岂不成了编务人员或校对人员,哪还有积极性。"

(三)把关标准:隐形的规则

如果说前文论述印证,即使匿名审稿制被引入,编辑仍然在学术期刊中充当了核心的知识把关人,那么他们把关的依据和标准到底是什么？面对众多来稿,哪些因素让他们迅速做出决定,拒绝或接受一篇稿件？他们眼中优秀的稿件到底是什么？投稿者又该注意哪些问题？研究的第三部分旨在揭示出这些为人人关心却没有明文标注的重要规则。

哪些原因会导致编辑直接拒绝一篇来稿？每个期刊都在官方网站上明确列出了详细的投稿指南,这些说明往往很详细也很琐碎,但却时常被投稿者忽视。一位编辑举例说:"我们经常收到这样的来稿,内容不错,但是正文中却有作者的信息。面对这样的稿件我们一律退稿,要求作者重新投稿""我们非常讨厌来稿不按照刊物的注释体例走,这些注释体例虽然琐,似乎不重要,但对刊物来说是'雷打不动'的规范,好些作者都不重视这块,觉得只要内容好,这些都不重要,甚至理所当然地认为,这是杂志编辑校对干的事。他们不知,如果他们这一关把得不严,会给编辑带来多大的工作量,我经常一下午就改当期来稿的注释,比如英文注释第几卷第几期的大小写,在中文注释的期刊和第几期之间用逗号,每当这时都是心急火冒,怀疑人生的价值,后来,我们就统一规定凡是看到格式体例特别是注释部分严重和刊物要求不一样的,一律作为退稿处理。"另一刊物编辑补充提道:"编辑的侧重点和评审专家还是有所不同。格式是期刊的特色风貌,我们很在乎。我们还对文字差错很在意。国家对期刊的文字差错率有明确要求,不能超过万分之三,我们自己的规定是万分之一。论文内容专业水平的高低时常和编辑没有太大关系,发表论文转引率高低、是否获奖等等都与编辑没有直接关联,但是如果出现了文字差错率不合格的状况,则是直接对编辑专业技能的否定,直接影响到我们的工作考评。所以对于文字差错率高的稿子,我们很反感,说明作者态度不认真,有时就直接退回,让作者校对后再投。"

除了格式上的规范性和文字硬伤等细节方面外,编辑也会对论文专业内容进行初次审核,这一关很重要,正如一位编辑提到的,"因为它直接决定你的稿子有没有刊发的机会,有的稿件连送出去外审的机会都没有,直接在编辑这里就被否定了"。那么,除了大家皆提到的内容导向决不能出错之外,编辑在内容专业性上拒绝一篇稿子的原因都有哪些？我们对六位编辑的回答进行了梳理和归纳（见表 4）。

表 4　哪些因素导致了稿件直接被拒绝

考评维度	具体说明
论文类型	必须是研究型论文，要有明确的观点、方法和论证过程，不能是领导讲话、随感评论或者空话套话
研究问题	是否提出了一个值得研究的真问题，不能通篇没有研究问题，研究问题的提出不能凭空产生，如果提出了已经被讨论过的问题是否有新的视角
理论视角	是否有一个理论框架解释和分析研究问题，不能完全是描述性或说明性质的内容，文章必须明确提出对既有理论有何贡献
研究方法	是否有恰当的方式对研究问题予以回复，但是一定要避免为了方法而方法
研究结论	明确提出文章的研究结论和意义，对于既有的知识到底有何补充和推动，不能是重复性研究，避免得出常识性结论

　　值得关注的是，不同期刊对于稿件的话题性和理论性产生不一致的看法，一位在以理论性为导向的期刊中供职的编辑提道："我们要和业界保持距离，不能什么议题最火最热我们就刊登什么。我们强调慢热，因为现象很多很快，但是理论需要沉淀。"而另一本以实践为导向的期刊则强调"我们要回应业界的实际问题，他们是我们的读者"。当我们将这两个不同的看法在访谈中和一位编辑沟通时，他指出每本期刊都有自己的读者和受众，关键是看自己的读者是谁，以及他们的阅读需求是什么。这无疑又回到了本文前面讨论的期刊定位，目标受众和期刊的论文价值取向密切相关。

　　在此基础上，优秀的论文又应该具备什么因素呢？好几位编辑都提到了"文无第一"，优秀稿件的评判本身就是一件很主观的事件，但是他们也提出了一些自己的看法：

　　文章的引领性。一篇论文是否对于既有知识有突破并引导领域学者朝这一领域迈进一步。三位编辑都说，这种引领性并不一定要学术界都认可，有争议也没关系，一位编辑解释道，"引发大家对某个问题的思考，激发大家的讨论，这就是一篇好的研究。作为期刊，它的核心使命不是光发文章，而是以此平台来促进学术共同体的沟通交流"；另一编辑则说道，"现在这类争论性文章太少，学者之间往往是你好我好，一团和气，这种风气不好，学术研究就是在不断试错、争议中前进的，我们非常希望看到与人商榷的文章"。

研究的理论贡献。尽管不同期刊有不同的定位和导向，但是受访访谈的编辑都认为评判一篇研究型论文最核心的标准就是其理论贡献。"没有理论贡献的文章在我们这里是发表不出来的"，一个编辑说，"理论贡献分为不同层面，有的是验证既有的理论在新的时空情景下是否适用；有的是补充原有的理论，比如说回答没有回答的问题；最高层面的就是创建新的理论"。尽管如此，这位编辑还是承认"大部分研究还是停留在理论验证的层面上"。

论文的创新性。在我们的访谈中，编辑反复提到了论文的创新性，正如一位编辑指出的："我们每天要看大量的稿件，很容易产生审美倦怠，这个时候如果一篇稿子是不痛不痒或者泛泛之谈，很容易被拒绝。"至于何为创新，访谈的编辑也提出了创新的不同层面和程度，这包括新的议题、新的理论、新的方法和新的发现，受访者普遍认为论文必须对既有知识有新的增量。

五、总结与讨论

学术期刊作为研究成果的展示和沟通平台，处于整个学术生态的核心位置。然而，期刊内部对稿件的筛选过程却一直鲜为人知，成为学术界重要却隐形的知识。研究通过对新闻传播学领域 6 本 CSSCI 期刊编辑的访谈，旨在通过探索这个很少被触及的领域，揭示学术期刊如何作为把关人影响学术生产。

作为一项探索性研究，研究得出一系列值得继续探索的发现：首先，因为隶属于不同的组织机构，学术期刊的定位强烈地受到了所在组织的影响，正如上文一位编辑提到的，期刊的定位和所在学院一脉相承。期刊的人员、工作流程和财政等直接由所在组织管理，这些都加剧了期刊对于隶属组织的依赖性，也从某种程度上影响了学术期刊的自主性和独立性。其次，研究重点探索了"匿名评审"这种西方学术实践的引入、实施和存在的问题。在传统的"三审制"中，期刊编辑承担了学术审核最主要的责任，也因此成为学术审核客观化、公开化争论的焦点；"匿名评审"并非简单地对于编辑认知专业化、期刊公正性和规范性的回应，在中国人情社会的特殊语境下，也被编辑作为调节、对抗某些关系的策略性工具，从而赋予其丰富的本土意涵；在匿名评审的实施过程中，其并未完全成为主导制度，甚至作为补充元素被吸纳进原有的审核体系，这一方面缘于匿名评审所依赖的学术共同体、匿名评审文化以及学术习惯等外部因素在我国尚未成熟；另一方面也与期刊的体制身份、期刊实际发展需求和编辑自身的职业价值理解等客观内部因素密切相关。最后，研究探索了编辑个体层面对于稿件的把关标准，从被拒文章和优秀文章两个层面展开调研，细致阐述了编辑的评判标准，这为学者提供了有价值的参考信息。

研究对知识生产的相关话题进行了探索，在经验材料上进行了有益的探索,但在理论层面仍然有所欠缺。基于该研究在期刊和组织、论文评审制度以及评判标准等方面的展示,未来的研究可以借助不同的理论视角挖掘具体现象背后"为什么"的深层次知识,诸如宏观层面政治对学术自主性的影响,中观层面上期刊把关、学术评审和组织考核之间的相互影响,以及微观上作者与编辑、匿名评审专家的行为互动对文本内容的影响等,这些都将加深对于学术知识各个层面和环节的理解,加强研究者对于学术场域反思性的思辨性认识。

作者介绍

朱鸿军现任中国社会科学院新闻与传播研究所研究员、新闻与传播研究所编辑室主任、《新闻与传播研究》执行主编、中国社会科学院大学新闻传播学院教授、教育部长江学者特聘教授。兼任中国新闻史学会媒介法规与伦理研究会副会长、中国新闻史学会传媒经济与管理研究会副会长。入选中国社会科学院领军人才、"四好"党员、教学名师、中国社会科学院大学卓越示范课程,中宣部—中组部网络通识课主讲教师、国家新闻记者培训教材编写项目负责人、新时代教育部马工程重点教材《新闻传播伦理与法规》首席专家。主持国家社科基金重大项目及中国博士后基金、国家新闻出版广电总局重大项目、新闻出版总署重点项目、中国社会科学院创新工程项目等课题 16 项。参与中央办公厅、中央财经领导小组、中宣部、中央网信办等部委机关交办的各类课题 20 多项。出版著作 5 部,发表论文 100 多篇,其中 1 篇为 SSCI 一区期刊论文,1 篇为 SSCI 二区期刊论文,3 篇为顶级期刊论文,50 多篇为 CSSCI 期刊论文,2 篇被《新华文摘》全文转载,6 篇被人大复印资料全文转载,2 篇被《中国社会科学文摘》转载。学术成果获第七届中华优秀出版科研论文奖、中国社科院优秀对策信息对策研究类二等奖、全国编辑出版学优秀论文奖、全国媒介伦理与法规研究优秀论文奖、中国社会科学院新闻与传播研究所优秀成果一等奖等称号。

苗伟山是中国人民大学新闻学院副教授。他的研究兴趣在于技术、文化和社会之间的交织互动,尤其关注全球南方国家以及弱势群体、边缘性和不平等问题。他的作品发表在国内外的行业顶级期刊,包括《新闻与传播研究》《传播学杂志》《计算机媒介传播杂志》《新媒体与社会》《信息、传播与社会》《社交媒体与社会》《移动媒体与传播》等。

第二部分　全球学者对话录：如何有效推进国际发表

如何在国际学术出版中取得成功：
中国大陆学者的机遇与挑战

哈筱盈

本文探讨了国际学术出版的相关问题，旨在为非英语母语背景的学者提供指导。本文强调在英语期刊发表论文不仅能够与全球学术界建立联系，还能提升学术影响力，增强机构声誉。本文的核心建议包括开展严谨的研究、在现有文献基础上深化理论探讨，并采用适当的研究方法。作者建议全球南方的学者要充分利用免费资源，以克服获取学术资源的限制。作者特别强调学术道德的重要性，如避免数据造假、重复投稿以及"切片发表"（salami publishing），因为学术不端行为严重损害研究者的学术声誉。作者建议读者学习来自中国大陆学者已在高水平期刊上发表的论文，从中借鉴其理论和方法，并分析这些研究如何在国际语境下呈现中国及非美国背景的问题。顶级期刊并非只接受定量研究。中国学者既可以进行严谨的定性或定量实证研究，也应在选题上考虑其全球学术价值，避免仅关注中国本土议题而忽略国际学术社群的兴趣。本文建议学者通过国际学术合作，在更广泛的背景下呈现研究发现，以提升论文在顶级学术期刊中的接受率。本文还为不同学术阶段的研究者提供了具体的发表策略与建议。

The paper provides insights and guidance on international academic publishing, especially for scholars from non-English-speaking backgrounds. The paper explains the importance of publishing in English-language journals to connect with a global audience, claim intellectual leadership, and boost institutional reputations. Key recommendations in this paper include conducting rigorous research, building on existing literature, and using appropriate methods. Scholars in the Global South are encouraged to utilize free resources to overcome access limitations. The author stresses the importance of adhering to research ethics, such as avoiding data falsification, concurrent submissions, and salami publishing, as violations can damage reputations of a scholar. Readers are advised to learn from the articles with Chinese authors from China's mainland that got published in good journals in the field，identify the strengths and theoretical and methodological contributions of those articles and how they articulated the Chinese and non-US settings. There is a misconception that top international journals in our field only publish quantitative research. Chinese scholars，in particular，are encouraged to conduct rigorous empirical studies either qualitatively or quantitatively，but also to consider the global relevance of their research and avoid topics relevant to China only in submitting to international journals. International collaborations and presenting findings within broader contexts can enhance acceptance chances in top academic journals. Practical advice offered to readers includes selecting the right journals，complying with research ethics，and tailoring publication strategies to different career stages.

    本文主要写给中国学者，但其中大部分内容适用于所有非英语国家的学者以及全球南方的学者。我的研究领域是媒体、新闻学与传播学，但我认为本文这些建议同样适用于许多其他以英语为主导的社会科学领域①。

    我本人发表了 84 篇英文期刊论文，并出版和编辑了 4 本学术专著。曾担任创始于 1924 年的 SSCI 期刊《新闻与大众传播季刊》（*Journalism & Mass Communication Quarterly*）主编 6 年、副主编 7 年，该期刊为新闻传播学领域历史最悠久的期刊，我还担任了《网络媒体与全球传播》（*Online Media and Global Communication*）创刊主编 3 年，兼任 8 本学术期刊编委。在我的学术生涯中，既收到多次的拒稿，也获得过许多录用发表。从拒稿中我学习到了很多，也非常高兴最终被录用发表。

    我曾用奥运会的比喻来描述在顶级期刊上发表论文的竞争性②③。学术出版竞争激烈，能在顶级期刊上发表论文就像能参加奥运会的决赛一样，是对学术水平的认可和验证。所有入选奥运会的运动员在其项目中都非常有能力和

---

① DEMETER M. Academic knowledge production and the global south questioning inequality and under-representation[M]. London：Palgrave Macmillan，2020.

② HA L. Olympic champions and successful scholars［J］. Journalism & mass communication quarterly，2016，93(4)：725-727.

③ HA L. Online media and global communication：a vision to be an innovative global academic publishing model and an olympic game of communication scholars[J]. Online media and global communication，2022，1(1)：1-5.

才华,但由于时间和环境的影响,他们有时能获得奖牌,有时则不能。能成为"最好"往往取决于时间、地点和运气。尤其是在体操和花样滑冰等观赏性运动中,裁判根据既定标准打分,决定谁是"最好"的。在某种程度上,学术出版也有类似的情况。你需要进行优秀的研究,并得出重要的发现,但这还不够。在同行评议的期刊中,研究还需得到审稿人和编辑的认可,这意味着研究必须呈现得当,遵循学术研究的规范。

不仅是全球南方学者和全球北方学者之间存在差异,经验丰富的研究者和新手研究者之间也存在差距。全球北方的学者大多为熟悉美国主导的学术期刊中的稿件发表要求,经验丰富的研究者也更熟悉稿件的发表要求,而新手研究者——例如青年学者或研究生——对这些要求则相对陌生。然而,年轻学者也有优势。他们年轻,不受现有范式的束缚,成长于科技飞速发展的时代,并能够更快地适应新方法和新技术,这使他们更有可能创造新的知识。许多优秀的研究都是由年轻学者完成的。不过,有些年轻学者比其他人更幸运,因为他们了解并遵循学术期刊的规则,找到了合适的期刊,并符合审稿人和期刊的要求,得以顺利发表。

在讨论学术期刊发表的规则以及如何满足审稿人和期刊的期望之前,我想先向中国内地(大陆)、香港和台湾的学者解释,为什么非英语母语的学者应该尝试在国际学术期刊上发表论文。用英语写作是否值得付出努力? 你可能会问:用中文写作要容易得多,我的大学领导只看中文,我发表的英文文章他们如何得知? 在此,我提出四个理由,说明为什么中国学者应该考虑在英文国际学术期刊上投稿和发表论文。

(1) **连接世界**——英语仍然是学术通用语言和最常见的第二语言①②。如果你的作品只用中文发表,那么你的影响力将仅限于华人学者。

(2) **确立学术领导地位**——你的研究应当启发本国以外的学者,让他们能够向你学习。作为学者,你的文章应为全世界的知识创造作出贡献,丰富学术界对某一主题的认知。如果不参与国际学术出版,不会阅读中文的人可能不知道你文章的存在,并可能会重复与你相似的研究。当他们在国际期刊上发表时,他们将被视为该领域的先锋,而不是你。

(3) **获得更快传播渠道推广研究成果获得全球同行认可**——通过在英文期刊上发表研究,一旦在线发布,全球数百万学者就能够立刻有机会理解并认可你的研究发现。你可能会认为,我的优秀中文研究最终会被翻译出来,然后

① LILLIS T, HEWINGS A, VLADIMIROU D, et al. The geolinguistics of English as an academic lingua franca: citation practices across English—medium national and English—medium international journals[J]. International journal of applied linguistics, 2010, 20(1): 111-135.

② 杨志华.关于学术期刊国际化的思考[J].中国科技期刊研究,2013,24(1):154-157.

被人们熟知。但这种情况需要满足三个前提：①有人欣赏你的研究，并且愿意花时间翻译并宣传它；②这种过程可能发生在你有生之年或作品发表后很长时间。我想你不希望自己的作品在去世后才被认可；③您可能认为在当今数字化时代，知识产量巨大，搜索引擎和互联网让人们可以轻松找到您的文章。我认为这些假设在当今学术环境下都过于天真。首先，如果比较从英文翻译成中文的作品和从中文翻译成英文的作品，你会发现巨大的差距。中文作品翻译成英文的文章少之又少，尤其是学术期刊文章①。信息流动并不对称，没有多少英语学者渴望翻译中文期刊文章。其次，别人多快能认识到你研究的实用性和重要性？你的研究在学术生涯中可能根本不会被其他国家的学者发现和欣赏，因而无法获得全球声誉。最后，现代学术研究的数量庞大，质量良莠不齐。我们优秀的研究很可能被大量平庸的文章淹没。

（4）获得所在机构的认可（提升机构的学术声誉排名）——当今的学术竞争不仅存在于学者个人之间，也体现在学术机构的声誉竞争上。随着越来越多的大学涌现，大学必须通过提升学术声誉获得政府、捐赠者以及学生们更多的支持。研究质量是学术声誉的常见评估标准之一。衡量研究质量的一种简单方式就是比较教师在高水平期刊上的发表数量。因此，能够在知名国际期刊上发表论文的学者将提高机构的学术声誉，并作为学术机构的明星受到奖励。

一、国际学术出版的要点

许多研究生和学者常问我如何在我们领域的顶级国际学术期刊上发表文章，一个简单的答案是：要写得好，选题好，研究严谨，提出创新理论和方法，能够极大推动学科进展，并且被众多学者关注。这个答案可能无法满足那些想要一份注意事项清单的人，他们希望通过遵循一些规则，最大限度提高文章被顶级期刊接收的概率。

所有顶级学术期刊都是经过同行评议的。这意味着论文必须符合审稿人和编辑的标准，并具备研究的严谨性。

关于西方学者对非西方研究的偏见和视角，人们一直有很多批评②。我在很大程度上也认同这些观点，但这不应成为我们不做扎实研究的借口。那么什么是国际期刊中的扎实研究呢？是否存在没有偏见的标准呢？我认为有一些

---

① LI M, YANG R. Enduring hardships in global knowledge asymmetries: a national scenario of China's English-language academic journals in the humanities and social sciences[J]. Higher education, 2020, 80(2): 237-254.

② 朱剑.学术评价、学术期刊与学术国际化——对人文社会科学国际化热潮的冷思考[J].清华大学学报(哲学社会科学版),2009,24(5):126-137+160.

普遍的标准，能够客观地展示学者为确保研究的有效性和质量所付出的努力，这些标准是所有学者都应追求的。

Ⅰ.通过引用文献建立研究基础，包括你所在国家和英文期刊的文献

我们注重学术知识积累。我们常说"站在巨人的肩膀上"，意味着我们基于前人的研究成果来构建我们的知识。我们需要向审稿人和编辑（他们是专家读者）展示我们对该领域的了解，并讨论过去研究的各种贡献和局限性。这应适用于所有学者，无论他们来自全球南方还是全球北方。然而，全球南方学者在文献综述方面存在劣势，因为他们可能无法像全球北方学者那样轻松访问研究数据库。尽管如此，许多新的工具可以帮助学者获取该主题的最新研究。

谷歌学者（Google Scholar）是社会科学研究中最大的免费数据库。虽然中国的学者需要使用 VPN 才能访问谷歌学术，但这并不是不可能，学者们可以跟上最新研究的知识。中国学者还可以考虑其他一些新的研究文献来源。

（1）研究共享平台，如 ResearchGate、ScholarWorks 和 Academia.edu。学者可以直接下载这些平台上公开发表的文章，也可以直接给作者写信请求一份文章的副本。但请注意，分享平台上文章的质量不一，因此你需要学会评估文章的质量。

（2）期刊网站的搜索引擎。大多数大型期刊出版商的网站（如 SAGE、Taylor and Francis、牛津大学出版社等）都有自己的搜索功能。如果使用适当的关键词，你可以在该期刊内或出版商的所有期刊中找到带有摘要的文章。如果你的大学图书馆没有订阅该期刊且不提供馆际互借服务，你可以直接写信给作者请求论文。尽管这些期刊搜索引擎的搜索结果质量参差不齐[①]，但它们是寻找其他学术期刊文章的良好起点，特别是在你的大学图书馆没有订阅许多期刊，或者你的图书馆订阅的数据库对最新的期刊文章有三年的禁售期时。

（3）研究数据库，如 EBSCO Communication and Mass Media Complete。

（4）确定专注于你感兴趣领域的期刊，如在线媒体，并寻找这些期刊。要找到这些期刊，你可以请教领域专家以获取推荐，查看文章的引用以了解期刊名称，或甚至使用大型出版商（如 Springer Link（https：//link.springer.com/journals）、Elsevier Journal Finder（https：//journalfinder.elsevier.com/）、Taylor & Francis journal suggestor（https：//authorservices.taylorandfrancis.com/publishing-your-research/choosing-a-journal/journal-suggester/）和 SAGE Journal Recommender（https：//journal-recommender.sagepub.com/））提供的期刊推荐网站。

[①] HA L，TOLOFARI A L，RAHUT D，et al. Optimal search strategy for research on misinformation and fake news：a comparison between search systems and keyword choices[J]. Journal of King Abdulaziz University：communication and media studies，2024，1（2）：183－200.

我和我的研究生一起编制了一份 SSCI 期刊出版指南，列出了 94 本传播学 SSCI 期刊和 72 本信息研究及跨学科 SSCI 期刊，这些期刊发表媒体与传播领域的研究。该指南包含以下 40 个期刊属性，以便直接比较：

a. 期刊标题及期刊网站链接

b. 已发表文章的语言

c. 简要期刊描述

d. 格式（印刷版、在线版或两者均有）

e. 作者指南链接

f. 主编姓名

g. 编辑部联系方式

h. 期刊的 ISSN 号

i. 期刊的 eISSN 号

j. SSCI 主题分类

k. 根据期刊影响因子报告的总引用次数

l. 2020 年期刊影响因子

m. JIF 四分位数

n. 2020 年 JCI

o. 期刊的 Google H5 指数

p. 期刊的 Scopus SCIMAGO SJR

q. 开放获取金色文章的百分比（根据 JCR）

r. 出版商名称

s. 学术协会隶属关系

t. 创刊年份

u. 出版频率

v. 是否有在线优先发表/早期引用文章

w. 是否有书评

x. 作者收费情况

y. 最近一年发表的文章总数

z. 最近一年已发表文章的研究方法细分

aa. 最近一年已发表文章中研究方法决定的期刊研究方向（60% 以上的定量方法文章视为定量期刊，60% 以上的定性方法文章视为定性期刊，定量与定性方法的比例相等的视为均衡导向期刊）

bb. 引用风格

cc. 初始提交时对不同引用风格的开放程度

dd. 字数限制

ee. 桌面拒稿率

ff. 摘要类型（结构化与非结构化）

gg. 其他语言的摘要

hh. 接受率

ii. 开放数据要求

jj. 关键词要求

kk. 提交平台

ll. 平均首次决策周转时间

mm. 在线补充发布

nn. 关于期刊的备注

网址：https://www.bgsu.edu/arts-and-sciences/media-and-communication/resources/ssci-communication-journal-publishing-guide.html

Ⅱ. 根据既定标准适当使用定量或定性方法

在我们领域内，有一种误解认为顶级国际期刊只发表定量研究。在我对94本SSCI期刊的研究中①，许多期刊发表了相同数量的定量和定性研究，而这些均衡导向的期刊甚至拥有比仅发表定量研究的期刊更高的影响因子。因此，定量和定性研究都可以发表在顶级学术期刊上。然而，作者需要找到合适的主题，并满足定性研究或定量研究或混合方法的研究严谨标准。我们如何知道研究是否符合这两种方法的研究严谨性？找到一些这两种研究方法的经典教材并不难，或者，您可以参考那些在顶级期刊上发表的研究，看看您研究中的样本和分析是否与那些已发表的研究同样全面。正如在体操和跳水中，难度水平和执行力会让您脱颖而出并给评审和编辑留下深刻印象，作者通过研究严谨性和创新性赢得评审的尊重。

Ⅲ. 遵守研究伦理（一些期刊将其作为要求）

在顶级国际期刊中，越来越多的期刊要求提交的研究论文必须经过人类受试者审查委员会或机构审查委员会的批准。评审者还会关注作者如何报告他们对研究对象隐私保护的处理，以及研究是否经过机构的人类受试者审查。对研究对象利益和无害的原则至关重要。研究人员在参与者参与研究之前，需获得参与者的知情同意，并明确条款和条件。因此，学者们需要确保他们的研究符合这些研究伦理。然而，这在没有这样的机构审查委员会的国家或大学可能会造成问题。虽然我希望中国越来越多的大学会有这样的机构审查，但在没有审查委员会的国家或机构工作的研究人员仍然可以遵循这些基本原则。有许

---

① HA L，MICHAEL O，ENAMUL K，FELICITY S D，AMIR K，SHEHBAZ K. Communication scholarship impact reality check：a comparison of SSCI journals' research orientations and citation metrics. [J]. Annals of the International Communication Association，2025，49(2)：108-121.

多在线免费参考资源可供使用，如世界卫生组织（WHO）提供的涉及人类参与者研究的伦理监督基准工具指南（https://www.who.int/publications/i/item/9789240076426）。还有一本名为《研究伦理》（*Research Ethics*）的期刊（https://journals.sagepub.com/home/REA），专门关注研究伦理，您可以将其作为参考。请注意，它也是一本 SSCI 期刊，您可以在与研究伦理相关的主题上向其提交论文。

二、不同职业阶段的不同出版规划

当您还是初级学者/研究生时，您的作品需要被验证，因为您没有建立的声誉来证明给您的管理层。因此，在某种程度上，您被接受的期刊声望是您研究质量的良好验证。但高质量期刊不一定有高影响因子，这取决于学科领域。年轻学者可以选择在某个子领域的更专业期刊上发表，尽管这些期刊的影响因子可能不高，或者尚未被 SSCI 索引，但在该领域受到广泛尊重。

有几种方法可以向您的管理层展示期刊的质量：①查看该期刊的作者组合。是否有该领域的顶尖学者在该期刊上发表过文章？②它是否属于任何声誉良好的学术协会？该期刊已出版多久？③更重要的是，谁引用了您发表的文章？如果您的文章被多次引用，即使它不在高影响因子期刊中，仍然是一个很好的验证工具。这些替代指标应该包含在您的终身教职和晋升材料中。您不能仅依赖期刊的声誉来验证您的作品。我总是告诉学生，他们应该在一个可以建立声誉和专业知识的期刊上发表文章。在一家有声誉的期刊上发表的文章总比没有发表的文章要好。当我年轻时，我在所有主要的广告期刊上发表了我的研究，以在广告领域建立我的声誉。那时这些期刊的影响因子并不高，但它们帮助我在广告领域建立了声誉。最终，我被引用最多的广告文章都是发表在那些期刊上的。一旦您获得终身教职，您就可以自由探索其他类型的期刊，包括跨学科期刊，甚至是您领域之外的期刊，或者等待顶级期刊发表您的研究。

关于学术出版中的英语使用，出版伦理委员会（Committee on Publication Ethics）提出了一条出版路径，您可以查看相关内容：https://publicationethics.org/news/can-we-make-english-language-publishing-more-accessible♯Responses，学者们也对此问题提供了他们的回应。

三、国际学术出版的注意事项

出版伦理是关于发布研究和审查研究过程的伦理问题。即使您以道德方式进行研究，您仍然必须遵守出版伦理，或同行评审研究出版的规则。我不打算重复出版伦理委员会的指南(请参见 https://publicationethics.org/），但我想强调出版伦理中最常见的问题：

1) 向多个期刊同时提交手稿

所有国际传播领域的同行评审期刊都要求作者一次只向一个期刊提交论文，并不允许同时提交，以避免审稿过程中重复。然而，作者们急于发表，往往很容易违反出版伦理。由于作者渴望出版，他们往往会提交给多个期刊，以查看哪个期刊首先接受他们的论文。不同的期刊对向多个期刊提交论文的人有不同的制裁政策，包括未来的提交禁令。

我的建议是，如果某个期刊的审稿时间超过正常时间(例如超过三个月)，您应该写信给期刊查询状态，如果审稿没有进展，您可以决定撤稿并投给其他期刊。

2) 数据伪造和引用操纵

使用虚构或操纵的数据威胁到研究的完整性，是一种严重的不当行为。这是一种严重的学术不端行为，将毁掉研究人员的职业生涯。在接受一篇文章后，一些作者会插入与其作品无关的作品，以提高自己引用次数。这也是一种学术不端行为，已被出版伦理委员会谴责。

3) 切片出版和重复出版

切片出版是将一项重要的研究项目拆分成多个小型研究以增加出版数量的做法。这些论文的假设或结果相似，但使用不同的文本，因此不能严格视为抄袭。重复出版是指在多个期刊上发表基本相同的研究，但使用不同的标题和文本与措辞的微小变化。这两种做法通过增加相同研究结果的出版数量来扭曲价值，但对该领域的知识没有额外贡献。

出版压力导致掠夺性期刊的崛起[1]。这些期刊向作者收取高额费用或隐性费用以发表学术文章，但几乎没有质量控制。我强烈建议作者不要在这些期刊上发表，因为在这些期刊上发表会损害您在该领域的声誉。学术界的同行知道哪些是掠夺性期刊(例如 Frontiers 系列等)，即使您在该期刊上发表了好的作品，与这类期刊的关联也会为您自己创造不好的学术声誉。

然而，我要强调的是，并非所有开放获取(open access)期刊都是掠夺性期刊，尽管所有掠夺性期刊都声称自己是开放获取期刊，以便收取文章处理费(APC)。许多开放获取期刊确实向作者收费，因此质量控制/审稿过程的差异决定了开放获取期刊是否属于掠夺性期刊。更安全的选择是发表在非营利的免费开放获取期刊上。这些期刊通常由大学或基金会支持，目的不是从出版中

---

[1] BEALL J. Criteria for determining predatory open-access publishers[OL]. Scholarly open access, 2015.

获利，因此它们是非掠夺性的，并真诚地致力于为学术界出版。此外，您还可以向顶级期刊提交稿件，选择支付开放获取选项（在接受后支付）。大多数顶级期刊都是黄金开放获取期刊（gold open access journals），并用您的研究经费支付。

上述讨论的这些问题或多或少都符合普遍标准。然而，主题的重要性可能受到意识形态、政治制度、文化、主题偏好和研究范式偏见的影响。这就是选择合适期刊的重要性。一般来说，我对全球南方学者的建议是，您应该强调自己对该领域知识（如广告、新闻、国际传播等）的贡献，而不仅仅是对您自己国家和政府的重要性。如果您的政府对您的研究感兴趣，那么您应该将其作为白皮书提交给政府，而不是将其作为学术期刊文章提交。如果您的研究仅对本国人感兴趣，那么您不应将其提交给国际学术期刊。通过不以国家或政府作为标准，我们可以减轻许多因地缘政治和政治信仰引起的偏见，例如不能说西方民主国家总是好的或威权政府总是坏的。但是，如果您的论文通过国家环境、理论或方法可以增加我们对该领域的知识，那么它超越了地理界限，对全球学者都具有兴趣。

此外，面向全球学术读者的写作需要一种新的思维方式。不要假设人们对您国家的背景和情境有很好的了解。通过解释背景，可以帮助评审和编辑更好地欣赏您的研究。想想艺术或博物馆展览的说明文本。如果没有这些文本，您可能会欣赏得少得多。因此，即使在美国，诸如堕胎权、枪支管控等具有强烈历史和文化背景的话题，也应向读者进行充分解释。各国的选举制度各不相同，一个国家的选举并不等同于其他国家的选举。一篇好的学术文章应该能与来自不同背景的观众产生共鸣，因为它增加了对话题的了解。如果来自特定国家的研究结果确认了先前的发现，这是否意味着概念或理论的普遍性？它们为什么应该是普遍的？我们应该将特定国家背景的抽象水平提高到政治制度、经济制度、新闻制度、文化价值观等。

通过跟随已发表的文章学习：另一个建议是从在良好期刊上发表的大陆中国作者的文章中学习，了解这些文章的优点和理论贡献，以及它们如何阐述中国和非美国的背景。理论、方法、对新知识的贡献。

最后，不要陷入"精致而平庸"的陷阱。这些作品有时可能会在顶级刊物发表，因为一些评审或编辑喜欢它们，但它们不会持久，因为它们没有学术价值。

学术生涯是终身的，因此为您的研究建立价值，使人们想要阅读您的文章并从中学习是很重要的。

总体而言，中国学者应通过高质量的国际学术出版获得认可和尊重。不道德的做法和研究不端行为应受到谴责，并通过一些高调的案例进行惩罚，以遏制这种行为。那些有不端行为证据并被知名国际期刊撤回文章的人,损害了良好和有道德的中国学者的声誉。从某种意义上说,在国际期刊上发表文章的中国学者是中国学术界的知识大使和代表。

问题是,如何让中国学者在国际期刊上发表的作品在中国被知晓和推广?我担任主编的英文学术期刊《网络媒体与全球传播》为我们所有的英文文章提供中文摘要,如果作者是华人,他们的中文姓名将列在摘要中,以便中国同行能够立即识别他们。如对中文期刊有兴趣,可以进行全文翻译。摘要是研究的重要样本和亮点。这是承认中国学者发表英文作品的一种解决方案。发表在英文期刊上并不意味着不可以在中文期刊上发表,它们服务于不同的目的和不同的受众。现在许多中国期刊也为其中文文章提供英文摘要。这是增加中国期刊能见度的良好方向。然而,大多数在中国以外的人不会中文,因此无法完全阅读中文文章,而英文文章则有中文摘要。事实上,一些在海外毕业的中国年轻作者更倾向于向英文出版物提交稿件,以便有更多的发表选择。

国际学术出版的主要目的是促进跨国知识的交流。中国学者可以写关于其他国家的主题,而其他国家的学者也可以从他们的视角写关于中国的文章。尽管中国学者撰写的大多数文章都是关于中国的传播,但他们并不局限于撰写关于中国的内容。我之前发表的文章发现①,中国学者与西方学者的合作能在顶级期刊上发表更多文章。我鼓励中国内地(大陆)学者与海外中国学者、中国香港和台湾学者合作,也要与其他国家及地区的学者合作,以拓宽研究网络和视角。我希望在不远的将来,中国会成为全球传播研究中数量和质量的中心之一。

作者介绍

哈筱盈(Louisa Ha)为美国博林格林州立大学(Bowling Green State University)杰出研究教授,《网络媒体与全球传播》(*Online Media and Global Communication*)的创刊主编,并曾担任新闻与大众传播领域历史最悠久学术期刊《新闻与大众传播季刊》的主编。她荣获美国新闻与大众传播教育协会颁发的 Elenor Blum 杰出研究服务奖。她已发表 84 篇经过同行评审的学术论文,并编辑了五本专著,其中包括《中美贸易战:数字时代的全球新闻框架与公众舆论》以及《YouTube 与在线视频的受众与商业模式》。

---

① HA L,PRATT C B. Chinese and non-Chinese scholars' contributions to communication research on greater China,1978 - 98[J]. Asian journal of communication,2000,10(1):95 - 114.

国际学术体系中非英语国家学者的
发表困境与突破路径

陈沛芹　贾　帅

　　随着全球学术体系的不断发展,学术生产与传播在地域和语言上表现出显著的不对称性。在国际学术界,长期以来英语占据了核心地位,为国际交流、知识传播和成果共享的主要语言。语言障碍、资源分配不均以及学术体系的不平等是非英语国家学者面临的重要问题。本研究通过对来自欧洲的匈牙利、西班牙以及南美的巴西等非英语国家在新闻传播学的国际发表中表现突出的六位资深学者的深度访谈,以他们的学术实践作为案例,探讨非英语国家学者如何克服母语以及文化障碍,在国际学术体系占有一席之地,并分析了母语为非英语国家的学者在国际发表中的主要挑战、应对策略以及推动学术多样性与公平的可能路径。

As the global academic system continues to evolve, academic production and dissemination exhibit significant asymmetries in terms of geography and language. In the international academic community, the English language has long held a dominant position, serving as the primary language for international communication, knowledge dissemination, and the sharing of research outcomes. Language barriers, unequal resource distribution, and systemic inequities within the academic world represent significant challenges for scholars from non-English-speaking countries. This study, through in-depth interviews with six senior scholars from non-English-speaking countries—Hungary and Spain in Europe, and Brazil in South America—who have made notable contributions in international publications in the field of journalism and communication, explores how these scholars navigate and overcome linguistic and cultural obstacles to carve out a space for themselves in the global academic system. The paper also examines the main challenges these scholars face in international publishing，their strategies for overcoming these obstacles and potential pathways to promote academic diversity and equity.

　　在国际学术界，全球学术生产与传播在地域和语言上表现出显著的不对称性。长期以来英语占据了核心地位。英语是国际交流、知识传播和成果共享的主要语言媒介。母语为非英语的广大学者，在全球化的学术交流中，面临着语言与文化的双重障碍。一方面，英语语言作为广泛使用的学术语言，为促进沟通提供了良好平台。另一方面，对于非英语母语国家的学者而言，在英语语言主导的国际学术发表中，突破障碍，找到发表路径却面临一系列的挑战。

　　本研究通过对来自欧洲的匈牙利、西班牙以及南美的巴西等非英语国家在新闻传播学的国际发表中表现突出的六位资深学者的深度访谈，以他们的学术实践为案例，探讨非英语国家学者如何克服母语以及文化障碍，在国际学术体系占据一席之地，分析母语为非英语国家的学者在国际发表中的主要挑战、应对策略以及推动学术多样性与公平的可能路径。

　　访谈由上海外国语大学新闻与传播学院的六位硕士研究生在 2024 年 6 月通过面对面的方式完成，访谈时间为 30 分钟，访谈部分视频发布在上海外国语大学《网络媒体与全球传播》国际期刊的网站上①。六位国际学者均为参与上海外国语大学形象研究与全球传播的资深国际学者，在具有影响力的传播学顶级期刊发表了较有影响力的高水平论文。他们发表的论文数量根据 Web of Science 数据库的统计，最多为 155 篇，最少为 4 篇，母语分别为匈牙利语、葡萄牙语和西班牙语。

　　访谈就非英语国家的学者如何克服障碍在国际期刊上用英语发表成果、如何在相关研究领域扩大影响力、如何平衡本国的学术发表与国际学术发表的关系以及如何促进与全球南方和北方学者开展更有效的学术对话等四个方面进行。

访谈对象以及国际发表情况列表

访谈对象	身份	SSCI 论文数
安娜·克里斯蒂娜·苏齐纳	英国拉夫堡大学讲师（原籍巴西）	4
阿方索·阿尔布克尔	巴西弗鲁米嫩塞联邦大学教授	16

---

① 《网络媒体与全球传播》期刊理事会成员访谈，OMGC Board Member Interview，https://omgc.shisu.edu.cn/，2024 年 7 月。

访谈对象	身份	SSCI 论文数
霍梅罗·希尔·德苏尼加	西班牙萨拉曼卡大学教授	155
马尔顿·德梅特尔	匈牙利国家公共服务大学教授	46
曼纽尔·戈亚内斯	西班牙马德里卡洛斯三世大学副教授	76
塔伊安妮·奥利维拉	巴西弗鲁米嫩塞联邦大学教授	12

一、非英语国家学者的发表困境

（一）语言障碍：从工具到思维模式的转变

语言是非英语国家学者迈入国际学术舞台的首要门槛。来自巴西的阿方索·阿尔布克尔教授说，他并没有正式接受过英语培训，是通过自学克服了语言障碍。他认为，语言问题不仅限于语法和词汇，更在于思维模式的调整。同样来自巴西的塔伊安妮·奥利维拉教授也认为，他们的母语葡萄牙语具有复杂句法结构，而在用英文写作时，英语表达较为简练，用英文写作感觉会有一种表达精细性流失的问题。

在突破语言的障碍后，英文发表的更大障碍还在于思维模式。英文期刊具有严格的语言审校，要求语言中性。非英语背景一般会被视为一种"不足"，这种偏见也会影响学术成果的接受度。母语为匈牙利语的马尔顿·德梅特尔教授以及母语为葡萄牙语的安娜·克里斯蒂娜·苏齐纳都认为，即使完成语言调整，文章中的"地方特色"依然会遭到审稿人的质疑。文章中所展现的"地方性特色"，在期刊同行评审中往往被要求剔除，以适应"标准化"的英语表达。

对话语的中性化要求，无形中削弱了地方文化与视角的多样性。语言风格的地方味道实际上是一种文化标签，但是作者则需在平衡"区域性表达"和"全球通用性"之间找到契合点。

（二）质量与原创性的双重挑战

除了语言问题，非英语学者经常面临高水平研究标准的要求。曼纽尔·戈亚内斯在访谈中说，顶级期刊的录取率通常在 5%～15%，非英语学者不仅要在语言上达到标准，更需在研究设计和理论贡献上与全球顶尖学者竞争。他特别强调，跨文化对话和学术培训是提升发表质量的有效途径。

霍梅罗·希尔·德苏尼加用他自己的经验显示，学术发表是一个渐进过程。他说他从第一篇论文的拒稿到逐渐熟悉学术规范，耐心、获得指导以及不断的实践是克服发表障碍的关键。

非英语国家学者要在国际期刊中立足，必须以原创性为基石，这也是应对学术审稿偏见的一种策略。阿方索·阿尔布克尔教授强调，成功发表的关键在于"差异化"，即通过强调研究的独特性吸引期刊编辑和评审者的注意。例如，他的研究着眼于巴西与西方新闻模式的对比，这种带有鲜明本地色彩的选题因为"个性化"和"差异性"赢得了国际同行关注。

在国际学术发表中，在学术内容中融入本地化视角，是强化学术原创性的重要途径。例如，通过强调拉丁美洲的特殊性及其文化背景，非英语母语的学者能够对全球学术界做出独特贡献。然而，这种做法同时也面临语言标准化和内容差异化的双重挑战。强调原创性的策略需要与区域性表达保持微妙平衡。过度迎合国际期刊的标准可能导致对本地视角的稀释，从而失去研究的社会意义。因此，在英国拉夫堡大学任教的安娜·克里斯蒂娜·苏齐纳认为，非英语学者可以选择同时在母语期刊和英语期刊发表文章，以此保留学术工作的多元性。

（三）应对策略：从翻译到协作

为应对语言障碍与质量要求，多位学者提出了一些切实可行的策略。例如，安娜·克里斯蒂娜·苏齐纳建议在发表前寻求英语母语者的语言校对，同时不断寻找更多元化的发表平台。阿方索·阿尔布克尔强调要保持原创性和坚持独特视角，即使面临多次拒绝，仍有可能获得突破性的学术影响力。优秀的学术训练应包括培养批判性思维和创新能力。这是因为学术发表的竞争不仅体现在语言层面，更在于内容的深度和方法的创新。他认为，学术能力的提升需要通过与资深学者的合作和导师指导来实现。

系统的学术培训对于非英语学者非常重要。马尔顿·德梅特教授认为，语言能力的提升和学术写作的规范化需要通过长期培训来实现。国际研讨会、工作坊和学术交流活动，不仅能够帮助学者熟悉国际期刊的规范，还能为学者们提供与顶尖学者直接交流的机会。

二、全球南北方学术交流中的挑战与机遇

（一）美国主导的全球学术体系的不平等现状

全球学术体系的权力结构长期由北半球的国家主导。阿方索·阿尔布克尔教授指出，美国期刊的规范、评审制度和影响力在很大程度上定义了全球学术的"标准"。这种权力结构并非单纯由学术质量决定，而是与历史、地缘政治和经济因素紧密相关。二战后，美国大学建立的评估系统至今仍然影响着全球学术界。这种规范使非英语国家的学者处于结构性的劣势，需要不断适应既定

的游戏规则。

马尔顿·德梅特尔认为北半球的学术中心倾向于排外,南方学者若想被听到,需首先通过发表高质量文章获得中心认可。这种中心—边缘结构不仅限制了知识流动的多样性,还强化了南方学者的边缘化地位。

安娜·克里斯蒂娜·苏齐纳指出这种不平等性不仅体现在发表资源的分配上,还包括知识的生产与流通模式。以拉丁美洲学者为例,他们的许多原创性研究需要通过欧美学者的再传播才能被国际学术界认可,这反映了学术知识生产中的结构性不平等。

(二) 南南合作的潜力

加强南南合作是打破这一不平等结构的关键路径。阿方索·阿尔布克尔提出通过创建跨文化合作平台(如"金砖国家合作网")来促进知识流通。这种平台不仅可以打破现有的权力结构,减少对北方资源的依赖,还能够提升南方学者的集体话语权,创造更平等的学术交流环境。马尔顿·德梅特尔指出,拉丁美洲的传播学通过区域内部合作显著提升了国际影响力,为其他南方地区提供了成功范例。塔伊安妮·奥利维拉教授也认为南南合作是全球知识体系多样化的关键。她建议,通过建立区域性学术期刊、举办本地化的国际会议等方式,为南方学者创造更多的发表机会。

(三) 构建网络与学术对话的必要性

国际会议以及学术网络的构建是打破这一不平等状况的重要路径。曼纽尔·戈亚内斯和霍梅罗·希尔·德苏尼加在访谈中特别提到,国际会议和学术网络是促进南北学术对话的重要媒介。通过国际会议,可以与北方学者建立联系,并以共同研究为桥梁推动合作。在学术文章中,通过引用北方学者发表的文章,主动实现与北方学者的沟通,南方学者可以更有效地进入国际学术对话。

三、语言、文化与知识生产的不对称性

(一) 语言与文化间的冲突

英语作为学术的主要语言,往往压制了地方语言和文化的表达空间。这种压制使得许多非英语学者在语言适配过程中失去了地方文化的独特性。安娜·克里斯蒂娜·苏齐纳在访谈中提到,语言不仅是沟通工具,更是知识生产的载体。英语的主导地位在很大程度上压制了地方语言和文化的表达空间。

塔伊安妮·奥利维拉和阿方索·阿尔布克尔认为,地方语言和英语之间的转换常伴随着思维框架的调整,而这种调整可能对地方知识的完整性构成威胁。他们呼吁在推广英语作为学术语言的同时,保留地方语言的表达和传播渠道。

母语出版可以帮助学者与本地社区建立更紧密的联系,尤其是在研究与社会实践结合的领域。这种做法不仅是一种学术责任,也增强了研究的社会价值。

(二) 基础设施与资源的不均衡

学术出版和传播的基础设施高度集中于北方国家,使得南方学者面临资源匮乏的困境。马尔顿·德梅特尔认为北方国家对于当前学术出版和传播的基础设施上的压倒性优势使得南方学者面临资源匮乏的困境。塔伊安妮·奥利维拉建议说,通过建立本地期刊和平台,非英语国家可以逐步削弱北方国家在学术资源上的垄断地位。

实现真正的学术多样性需要全方位的努力。安娜·克里斯蒂娜·苏齐纳建议,通过调整国际期刊的审稿标准和增加本地期刊的国际曝光率,推动更多南方学者的声音被听到。同时,她呼吁加强全球学术界对文化差异的尊重,促进跨文化理解。这种包容性的提升不仅对非英语学者有益,也将丰富全球知识生产。

四、推动学术多样性与主权的策略

(一) 创建自主平台

通过建立自主学术平台为南方国家的学者提供更多机会。阿方索·阿尔布克尔和塔伊安妮·奥利维拉提出,建立自主学术平台和奖学金项目,从而为南方国家的学者提供更多机会。例如,金砖国家合作平台的建立不仅有助于增强学术主权,也有助于创造一个更平等的知识生产环境。

数字化为非英语学者的知识传播开辟了新途径。可以利用数字技术打造一个专属于金砖国家的学术网络,促进南方学者之间的知识共享和文化交流。这种平台不仅是技术手段的突破,也是打破全球学术不平等的一种策略。未来,随着开放获取平台的普及和文化多样性的推广,全球学术界有望形成更为包容的生态系统。

(二) 推广开放获取模式

开放获取期刊模式可以成功提升区域内的学术影响力。马尔顿·德梅特尔和安娜·克里斯蒂娜·苏齐纳表示,拉丁美洲的开放获取期刊模式已经成功提升了区域内的学术影响力,这一模式值得其他地区借鉴。

开放获取数据库和在线出版平台为资源有限的学者提供了更多发表和阅读的机会,能够帮助学者更高效地进行语言调整和学术写作。

（三）多语种出版：地方与全球的双向互动的路径

多语言出版不仅是学术责任的体现，也是一种兼顾国际化与本地化的策略。霍梅罗·希尔·德苏尼加和曼纽尔·戈亚内斯提到，地方学者不仅需要关注国际对话，也需将地方研究成果回馈给母语社区。通过这种双向互动，学术生产可以更好地平衡全球化与本地化的需求。

多语言出版是兼顾国际化与本地化的一种有效策略，用母语撰写理论性文章，而将实证研究成果以英语发表在国际期刊上。理论文章用母语撰写，可以在本地有较好的交流。实证研究在国际期刊发表，既可以让研究成果服务于本地社区，也能很好地推广到国际学术界。而多语种出版，同样可以让研究成果既能服务于本地学术和社会，也能扩大其在国际上的传播范围。

五、对未来学者的建议与展望

（一）提升能力与寻求合作

对于非英语国家的学者而言，扎实的训练，通过参加国际学术会议、国际合作等拓展学术视野都是跻身国际学术界的有效路径。曼纽尔·戈亚内斯强调，学术研究的成功在于扎实的训练和有效的合作。他建议年轻学者通过参加国际研讨会、学习先进方法论，并主动与国际同行建立联系来拓展自己的学术视野。

（二）适应体系与批判思考

尽管当前的学术体系存在诸多不平等，安娜·克里斯蒂娜·苏齐纳提醒年轻学者，在适应体系规则的同时，不应忽视对其结构的批判性反思。她认为，年轻学者可以通过讨论和揭示体制性问题，逐步推动学术结构的变革。

塔伊安妮·奥利维拉教授认为，非英语学者应以批判态度看待现有学术体系，勇敢挑战不公平的权力关系。只有直面问题并积极推动变革，全球学术生态才能真正实现包容性发展。

（三）创新与坚持

创新是学术影响力的核心，兴趣是创新的重要来源，而坚持是成功的必要条件。霍梅罗·希尔·德苏尼加认为，学者要追求自己真正感兴趣的研究方向，因为这种内在动力是推动学术创新的关键。阿方索·阿尔布克尔教授强调创新是学术的核心所在。学者需要以开放的心态面对拒绝，在失败中不断调整策略，以实现更长远的学术目标。未来，全球学术界需要进一步推动多样性和包容性，以平衡知识生产的区域差异，构建更公平的学术生态。这不仅是非英语国家学者的诉求，更是全球学术界共同进步的必要条件。

六、结语

在全球化背景下，非英语国家学者通过不断适应与探索，逐步提升了自身的国际学术影响力。然而，语言障碍、资源分配不均以及学术体系的不平等依然是亟待解决的问题。通过加强南南合作、创建自主平台以及推动开放获取，非英语学者可以在全球学术体系中找到更具包容性的发展路径。如今，技术的发展，使得全球知识生产的路径产生变革。而随着生成式人工智能的发展，尤其是 ChatGPT，DeepSeek 等人工智能工具的使用，使得全球范围内学术文献的语言转换更加便利。然而，要改变当前全球学术生产与传播的不对称性，增强国际学术发表的多样性与公平性，还需要南方学者的更多努力与协作。

作者介绍

陈沛芹为上海外国语大学新闻传播学院教授、博导、上海外国语大学中国国际舆情研究中心执行主任、上海外国语大学学术委员会委员、英文国际期刊《网络媒体与全球传播》联合主编，主要从事国际新闻与传播、新闻传播理论、全球传播史等领域的研究。出版著作有《美国新闻业务导论》《上海文化活动国际影响力报告》等，在国内外期刊发表中英文论文 30 余篇，承担并完成了包括国家社科基金等多个省部级以上科研项目。

贾帅为上海外国语大学新闻传播学院全球传播专业博士研究生，主要研究方向为全球传播、社交媒体、广播电视等，发表过形象研究等方面的论文，目前正在从事社交媒体博主研究。

第三部分　国际学术发表和编辑实践：
案例分享

国际期刊作者与审稿人对谈概要

潘　霁

　　国际期刊作为学术知识生产的重要平台,在运行中存在哪些张力? 这些张力如何催生范式创新? 就此,本文对参与焦点小组访谈的国际期刊作者、审稿人和编辑展开深入的对话,系统分析对话录音文本,我们发现不同研究范式和方法论上有根本性的差异,语言及由语言差异体现的思维方式不同,抽象理论概念与本土场景具体经验间有不可缩减的错位,以及审稿人预期与作者修改投稿实践间的种种差异构成了国际期刊投稿沟通中最重要的张力来源。张力即动力。期刊平台和参与平台知识生产的编辑,作者和审稿人如何理解,怎样处理以上四组不同性质的差异,很大程度上决定了期刊知识创新活力和对多元文化的包容度。

International academic journals are key platforms for knowledge production. What tensions reside in their routine operations? How do they propel paradigm-shifts in the academia? This paper conducts in-depth focus group interviews with veteran authors, editors and reviewers for different international journals. Analyses of interview transcripts reveal that differences between schools of theoretical paradigms and methodologies; language differences and varied modes of thinking behind them; crossing between abstract conceptualization and the specificity of local contexts; expectation of reviewers versus authors' revision practice/strategies constitute key sources of tension arising from operations of international journals. Tensions beget innovations. Key actors in a journal's operations, including authors, editors and reviewers work together to achieve understandings of these four sets of tensions, which sets the parameters for a journals innovativeness and tolerance of cultural diversity.

期刊是特定领域学术知识创造的沟通平台。来自不同学科、不同文化和语言背景的作者,编辑与期刊审稿人之间在整个投稿发表过程中所有的沟通交流,成为基于期刊平台运作、进行知识建构创新的核心构成。深入理解投稿人与期刊编辑,与期刊审稿人,甚至与各类语言润色翻译机构在日常交流过程中产生的张力,有利于期刊更有效地设计对多元文化和不同学科友好包容、兼收并蓄、鼓励对话的交流平台。包容和碰撞能够让期刊系统地运作,更有效地推动学科知识不断地更新与创造。

本文的学术对谈发生在 2024 年上海外国语大学举办的"形象研究与全球传播学术论坛"。对谈主持人邀请 8 位参与焦点小组访谈的国际期刊作者、期刊审稿人和编辑在论坛会场围绕国际期刊学术发表组织了一场专题讨论。讨论持续了超过 2.5 小时,全过程进行了录音录像。通过对对话录音文本的系统分析,我们发现研究范式和方法论上根本性的差异、语言及由语言差异体现的思维方式不同、抽象理论概念与本土场景具体经验间不可缩减的错位以及审稿人预期与作者修改投稿实践之间的各种差异,构成了国际期刊投稿沟通中最为重要的张力来源。张力即动力。期刊平台和参与平台知识生产的编辑、作者和审稿人如何理解,怎样处理以上四组不同性质的差异,很大程度上决定了期刊知识创新的活力和对多元文化的包容度。

一、研究范式和方法论上的差异

信息科学、人文学科和社会科学不同学科在研究范式和方法论上的根本性差异是投稿人与期刊交流中最常被提到的沟通阻碍。

讨论中,大家多数都意识到量化经验主义范式下狭义的社会科学研究仍旧是多数国际期刊中主导的研究方法论和理论范式。具体而言,在期刊投稿沟通过程中,占据主导地位的研究范式常常有如下表现。不少期刊的征稿范围虽然声称接受不同方法(论)的投稿,但发表出来的稿件事实上仍然主要以社会科学范式下的量化经验分析为主。虽然近些年国际学界多少出现了"边缘(方法和范式)突破"的趋向,但在包括新闻传播等传统社会人文学科的国际期刊,发表出来的文章仍以社会科学范式的量化分析为主。已经发表的论文类型代表了研究问题和思路上较为明显的偏向。在"发表或出局"的压力之下,越来越多的青年学者在最初选择研究脉络和提出问题时就不得不考虑后续期刊发表的便利。主流的研究范式吸引了更多的学者采用主流的方法,提出传统研究方法能够解决的问题。旧有的范式常常"旧瓶装新酒",将新涌现的经验现象"阉割缩减"到传统的理论框架和视野内。于是,期刊研究总体上出现了越来越细节化、精准化,围绕既有经验模型修修补补,但对模型背后的预设反思能力不足等"缺钙症"。传播学研究也就大量聚集在环境传播、健康传播等本身与自然科学范式更为匹配的细分领域中，学科的理论想象力受到极大的抑制。但讨论中大家也意识到很多经验中涌现出来的问题，量化方法根本无法关照。形式上规范的量化研究，从创新性上已经渐渐"捉襟见肘"，面临越来越严重的危机和挑战。针对这样的状况，国际学术期刊在其征稿范围的表述上除了常规的内容话题聚焦外，尤其需要强调突出对不同学派、不同研究方法、不同理论范式的兼容并蓄，更为明确地包容鼓励各种不同的研究传统，研究范式和理论脉络之间围绕特定的经验问题指向展开频繁的跨学科对话。在期刊每一期封面论文或优秀论文的选择和推送强度上，需要有意识地倾斜支持符合学术标准，经验效度和逻辑效度过关，但范式和方法上较为另类的研究成果。每一年录用文章的研究类型，作者学科归属和来源等方面理应保持充分的多样性，并利用期刊作为学术沟通和知识生产平台，通过多样性之间的碰撞交融（例如不同作者之间的笔谈或工作坊）激发出新知识和新理论的创造能力。不同学者投稿之前大都会对期刊的审稿标准进行了解，并相应调整论文投稿渠道的选择。因此，需要在期刊的网站、公众号等多种途径，清楚地标明期刊审稿、录用的基本标准，话题选择倾向，并提供高引用率论文或典型的已发表论文。以此可以向潜在投稿人明确表达本期刊的标准、审稿周期、录用比率等。

与此相应，期刊审稿人和编辑在审稿和发表过程中也常出现研究范式与方法论上"张冠李戴""鸡同鸭讲"的尴尬状况。在投稿中，其他非量化的范式或方法常常会收到量化审稿人按照量化经验或分析思维提出的意见。不少审稿专家对于研究经验数据搜集分析流程的效度和信度高度重视，其提问和修改意见有不少会默认从社会科学的范式展开。在与作者和期刊人访谈中，不少作者表示遇到过审稿人按量化研究的评估标准或专用术语来给质化研究、历史分析、政策研究甚至是纯理论的反思性文章提出修改意见。沟通中类似这样的"张冠李戴"可能会让投稿作者感到"莫名其妙，无所适从，不知从何修改起"。量化研究的"常规"方法以及假设检验的逻辑本身对理论概念的创新造成了较大的局限性，遮蔽了历史分析、理论反思和质化思路本来应该能带来的知识创造潜力。如果我们用齐泽克的"事件"概念，将这种状况作为不同脉络学术对话的"契机"，或者打破期刊发表常规的微观"事件"，那么就有可能开辟出期刊知识创造新的空间和想象力。《网络媒体与全球传播》（OMGC）作为勾连全球不同学术传统的桥梁，需要积极捕捉这样的学术"事件"，由此组织学者、编辑与审稿人针对具体研究话题和发表互动过程展开对谈，通过比对和展示围绕同一经验场域多种方法论文本来促进不同方法论和理论范式之间的交融。

二、语言及由语言差异体现的思维方式差异

国际期刊中绝大多数以英语作为工作语言进行发表。对于大多数非英语国家的作者而言,如何用清晰、简明乃至优雅的英语,流畅地表达出复杂的理论建构或者存在细微差异的文化经验和日常实践,常常是影响发表的最主要的因素之一。但语言作为影响期刊学术沟通,改变全球知识生产的重要变量,包含了技能获取、思维转变和表达方式三方面的维度。

语言作为一种应用技能确实常会阻碍期刊投稿人、审稿人和编辑之间的有效沟通。编辑和审稿人遇到语言技能层面存在较大改进空间,但研究问题和方法尚有可取之处的文章时,往往会要求作者去购买专业的语言润色服务。讨论中大家表示目前市面上语言润色的服务机构,以及人工智能驱动的语言润色服务确实不少。但在整个审稿发表过程中,语言润色机构和非人的人工智能语言服务扮演什么角色,与原作者之间如何沟通才能保证发表出来的知识真实全面地向英语读者反映作者的知识创造,语言润色的分寸和尺度怎么把握,人工智能参与语言修改是否应该主动披露等,是所有国际期刊需要重视的问题。除此以外,为了增加期刊平台学术对话参与者的多样性,提升沟通过程的创造力,期刊还需努力帮助鼓励英语技能不够的非母语国家读者参与期刊的各种交流。OMGC 在这个方面就做出了大量有益的尝试。期刊将发表论文的摘要翻译成了多种非英语语言,并且在学术交流过程中有意识地吸纳来自非英国国家和文化区域的作者,为打破英语语言对学术界的垄断做出了贡献。

更重要的是语言并非仅仅是应用技能,更体现了一个文化群体的表达习惯、思维方式、存在状态和经验结构。正如海德格尔所言,语言是人类的"存在之所"。换而言之,在学术知识创新的沟通过程中,如果人工智能技术和商业语言服务机构已经使技能层面的问题能够比较容易地得到解决,那么思维习惯和本地经验在语言转换中的"减损"就被凸显为更根本性的问题。如何通过期刊作为学术平台的运作,在异质性的思维方式、经验形态和存在状态之间形成在理论和经验上双向的打通和贯穿,成为激发期刊学术知识创造力的关键。故此,本地经验本身在语言和表达方式上的转译和变形成为期刊日常运营在包括编辑、审稿人、作者、语言服务机构等几方不同传播主体彼此沟通联络中,需要细加分析的重点。围绕期刊论文翻译过程的研讨不应该仅仅停留在翻译团队的工作是否准确的技能层面,而是要从不同语言实践主体知识共创的角度,来更为深入地探讨学术论文希望解释的经验现象和理论话语怎样能更贴合不同文化的本地特征;转译过程中牵涉到哪些知识和经验假设之间的碰撞冲突;更重要的是如何在不同语言作者与期刊、审稿人乃至特定翻译机构和 AI 技术之

间,建立起稳定有效的沟通机制。对多种语言、思维方式的宽容成了 OMGC 期刊最为重要的优势之一。OMGC 通过对论文翻译过程的研讨,重视语言背后的隐含假设和生活经验。学刊力图促进不同思维方式、经验形态、语言文化之间的交流,在不减损具体经验独特性的前提下,展开抽象学术理论层面的交流。跨文化的学术交流只有通过多语种转译的方式在动态交流过程中达成。本地的国际期刊有责任让中国本土语言、本土理论建构和本土数字化生活经验在数字智能时代,通过期刊的学术沟通为世界范围的学术对话提供新的材料和新的刺激。学术平台亟须为人类文明提供来自亚太地区和中国的贡献。

三、西方理论和本土经验的不匹配

抽象理念和本地具体经验之间存在的"鸿沟"往往成为期刊学术交流中另一种有可能刺激创造的"摩擦力"。在焦点小组访谈的对话中,很多国际期刊投稿人都多少带有无奈情绪,表达有时候中国的本土经验很难用西方的学术概念来充分涵盖和有效解释。期刊学术沟通过程中由此产生的"不匹配",通常产生出以下几方面的张力,构成推进学术知识创造的基础驱动。

理论和经验之间的错位可以促使期刊沟通过程中各类行动者以更为审慎的态度使用西方概念来解释其他文化场景中出现的经验现象。有投稿人提出,投稿作者、审稿人和期刊编辑部都需要在评估投稿文本质量的时候,更仔细打量概念产生时更为具体的历史、经济、文化、政治场景乃至理论背后对经验的前提设定。而审稿人则表示在评估的论文中,有不少作者会抱着"实用主义"态度,完全罔顾理论本身针对的经验形态和问题意识,直接套用理论到本土的经验上。最具有欺骗性的就是这种"套用"往往能够形成看上去合情合理的研究发现:"旧瓶装新酒"不但能装上,而且因为旧瓶往往处于学者思考的"舒适区",所以装起来更为顺手。国际期刊的投稿中出现了大量不假思索,用旧理论解释新现象,用西方理论分析本土状况的文本。面对这种类型的投稿,在期刊平台沟通过程中需要更多使用评审意见交流、论文工作坊、研究投稿案例库建设等各种交流途径,在探索揭露理论和经验"裂缝"的过程中澄清理论的"适用范围"。在具体经验与抽象概念之间,本土实践与全球对话的断层张力中,蕴含着更有效地立足本地经验,推动理论建构的巨大潜能。

此外,讨论中还有作者提出很多时候不得不将一些外来的理论概念作为权宜之计和临时"脚手架"来处理本地经验材料的状况。研究者将西方概念框架作为权宜之计使用时,需要明确概念系统本身内在的局限性,或者在自己的理论叙事中对理论背后的假设清晰地表现出选择和有限的本土重构。研究中这样的姿态至少保持了对理论概念背后假设和具体经验土壤的警醒与反思,但在此过程中也产生出一系列值得进一步讨论的议题。譬如，临时"脚手架"在将经验的有些维度暴露到分析视野的同时，默认遮蔽了哪些本地经验"溢出"概念框架的部分？这样的溢出部分对于外来理论本身的本土建构和突破创新带来哪些契机？基于理论的经验研究应该如何从本土经验或本土理论现有积淀中完成概念抽象并实现与全球学术界的顺畅对话？从中国传统儒家文化中抽取出来的理论概念是否真的能够与西方社会科学理论体系之间，甚至与西方经典学的文本形成有创造力的碰撞？儒家文化的概念是否能够指向中国古人的日常生活经验？其问题意识提出的立足点和视角是什么？此外，理论研究如果是在经验与理论概念之间充满"摩擦"阻碍的往复穿梭，那么起源西方的社会科学理论，中国在现代化过程中引进并改造后的西方经验和理念，中国本土生活经验在当下的留存之间，如何通过学术研究发生有创造力的交互？这一系列的问题都产生于经验与理论的"交错"之中，值得包括 OMGC 在内的国际期刊在日常运作和学术活动中，结合具体的投稿交流经验进行研讨。

四、审稿人预期与作者修改投稿的差异

最后，审稿人和投稿人之间的交流效果成了讨论的热点话题。大家在与期刊发生各类交流中都遇到过沟通无效的情况。"无效沟通"产生于审稿人预期与作者修改投稿实践之间的差异，或者产生于作者意图与审稿人解读之间的不同。

一方面，不少投稿者在收到审稿人意见之后，往往只会从形式上一一对应地答复审稿人的意见。从表面上看，修改确实全部解答了审稿人列举出来的问题。但不少审稿人提出，审稿意见除了有针对细节问题，可以用"头痛医头，脚痛医脚"方式来解决的问题之外，往往更多需要作者从文本整体思路上进行调整。具体而言，审稿人意见通常包括几个不同的类别。不同类别的评审意见，审稿人预期的答复和修改方式各有不同。第一个类别确实就是细节上的修改，比如参考文献的格式或遗漏、语法语病的问题、事实性错误的修正，或者是数据分析和报告细节上的局部优化。这类问题审稿人一般的预期就是作者能更加认真仔细地改正细节上的具体问题。第二个类别是审稿人提出某个章节或者部分段落需要做出调整。但在这类问题的交流上，有些作者就会仅仅调整审稿人提出存在问题的章节或部分，而对其他部分的内容不做任何改动。第三个类别则是审稿人会对文本整体的思路上或者结构安排上，甚至是核心研究问题提出的理论和经验基础上提出意见。后面两类的审稿意见都需要投稿人对文本整体的结构、文字表述甚至思路逻辑做出仔细彻底的修改。即便审稿人表面上表述为对部分章节提出的意见，殊不知文章的写作思路常常牵一发而动全身，

任何局部变动必然引起整体上的调整。但实际上却会有不少投稿人用条条对应的方式，局部修饰改变文本以应对审稿人意见。单纯从形式上——答复审稿人意见，而不从实际文本整体上展开修改，常常被认为对学术缺少起码的诚恳。有一位审稿人表示："遇到投稿人这样的回复，我基本就会直接拒稿。"

另一个方面从投稿人的角度，有不少学者抱怨审稿人提出的意见与自己所希望表达的学术观点和经验假设没有直接的关系。作者们认为审稿人提出的意见需要更多地从作者自身的思路起点和问题领域出发。脱离作者原本思路，自说自话式的审稿意见常常会被作者认为是审稿人没有仔细阅读文本的表现，甚至是期刊系统没有称职地匹配找到具有合格智识准备的审稿人，从而降低对期刊平台的评价。这类状况被提及最多的是包含几个类别的场景：其一，审稿人从自身研究领域出发，要求或建议投稿人在原本的研究话题或问题领域之外，增加审稿人熟悉的问题。典型的表述包括"某某话题也十分关键，希望投稿人增加这个方面的研究内容"等。这种强加于人的评语常常不是在作者本人思路上的纵向延伸，而是横生旁支。其二，审稿人也有脱离投稿作者独特的研究问题，按自己熟悉的研究"套路"甚至个人价值提出问题的做法。譬如，熟悉政治经济学批判路数的审稿人会把自己的立场和分析视角直接用来评估作者的研究。这种情况下，作者与审稿人之间的有效对话就常常可能遇到障碍。审稿人能否在审稿沟通过程中恰当地暂时悬置自己的价值和立场，进入作者的思路，提出更有意义的问题和评语成了作者们对审稿人的期望。由此，为了增加审稿人与作者群体之间更为有效的沟通，增加对话的通畅和建设性，期刊平台需要基于对特定领域的了解，利用大数据的智能匹配，合理分配审稿任务。同时，期刊需要建立起更为稳定、更符合学术共同体特征的高质量审稿人团队。双方有效的沟通方式，也可以保留成为后续期刊展开投稿或审稿培训讲座的重要内容。

作者介绍

潘霁为复旦大学教授、教育部人文社科重点研究基地复旦大学信息与传播研究中心副主任。担任英文学刊《网络媒体与全球传播》（*Online Media and Global Communication*）的副主编，多份 SSCI 期刊编委和审稿专家。一直从事城市传播、数字媒介和全球传播研究，出版《跳动空间 抖音城市的生成与传播》《文化框架：美国主流媒体中的"中国制造"》《新媒体研究与应用》等著作，发表 50 多篇中英文论文，主持国家社科项目多项、教育部重点基地项目一项。

国际期刊合作发表的关键与学思

——基于《网络媒体与全球传播》发表论文的经验谈

陈思甜　　臧颖蕾

在国际期刊上发表论文所涉及的挑战包括语言表达、学术逻辑与合作分工等。本文基于作者在《网络媒体与全球传播》（*Online Media and Global Communication*）期刊上的发表经历，系统回顾论文从构思、写作、投稿、修改到最终发表的关键环节。在国际期刊评审机制中，"钉子""竿子"和"引子"三类意见各具作用：钉子修正基础性错误，竿子强调学术规范，引子则提供优化研究思路的启发。同时，它们可反映出高质量学术论文所涵盖的三大核心特质——规范性、逻辑性和创新性。三者相互勾连，层层递进。此外，在语言层面，作者可通过人工智能辅助、思维转换等方式提升表达水平。最后，本文结合跨学科合作经验，分析高效团队模式对优化文章内容的作用。

Publishing in international journals presents challenges in language proficiency，academic logic and collaboration. Based on the authors' experience of publishing in Online Media and Global Communication，this paper systematically reviews the key stages from conceptualization，writing，submission，revisions to final publication. Within the peer review process，three types of feedback—"nails，" "poles，" and "leads" play distinct roles：nails fix basic errors，poles emphasize adherence to academic standards，and leads provide insights for refining research perspectives. These categories also reflect three essential qualities of high-quality academic papers：standardization，logic and innovation，which are interconnected and progressively reinforce one another. Furthermore，at the linguistic level，researchers can enhance their expression through AI tools and cognitive shift. Finally，this paper examines how interdisciplinary collaboration and effective team structures contribute to optimizing research content.

如何成功地在国际期刊上发表学术论文？对于中国学者而言，其挑战无疑是多方面的：在浅层的语言上，难以达到母语者的表达水平，核心概念尚未凝炼或专业术语使用混乱，常常使审稿人感到莫名其妙、不知所云；在深层的论证上，并未做到环环相扣、紧密递进，认识论、方法论各程序上可能存在的诸多漏洞导致研究缺乏科学性，进而影响其理论和实践意义。在这一基础上，如果涉及一个合作的科研项目，那么成员们在操作研究以及写作的过程之间如何进行交流和配合更是一个难题。

本文正是要基于笔者在国际期刊《网络媒体与全球传播》上成功发表《多模态视域下跨国旅行 Vlog 中的城市形象传播研究——基于全球 20 座港口城市热门视频的分析》一文（下称《港口城市形象研究》）①的经历，结合主编与评审所提出的修改意见及作者对此的反馈，探讨文章如何能够顺利且高效地从最初形态逐步迈向成熟并得到发表。综合实践来看，就是要回答好"如何写好文章"和"如何改好文章"两个大的问题，而这两个问题则可进一步引申为以下四个要点。

一、流程：从投稿到对话

论文在形成初稿后，作者往往处在难以进一步提升和优化文章内容的瓶颈期，这是因为其自身视角有限，"身在此山中"而无法跳出来进行审视。通过积极参加学术会议的方式，听取相关领域富有经验的专家学者所提出的批评性意见/建议、了解文章在各层面仍存在的潜在缺陷与不足、修改后再进行投稿是"走好第一步"。这样的充分准备无疑能够极大地提高后续效率。就已发表的《港口城市形象研究》一文而言，通过参会，我们发现了读者/点评专家对文章部分内容的陈述存在诸多疑问，而这种疑问部分是由于语言表达所造成的。另一方面，因为国内外期刊的投稿至发表的中间流程存在差异，熟悉外文期刊系统中的关键节点也十分重要，如 revise with major/minor modifications（大/小改）和 conditionally accepted（有条件录用），这有利于缩减论文从投稿到发表的整体时长。在更为细节的层面，期刊的评审机制（如为双盲/单盲还是混合制）、刊文格式（引用文献、是否为结构化摘要）等都应当是投稿者提前了解的知识。

主编及评审专家所提出的疑问与建议是推动论文不断优化的核心。应系统性地对其进行归类和总结，对应文章出处，以明晰哪些要点是多位学者共同

---

① CHEN S，ZANG Y，YANG P. City images in transnational travel vlogs from a multimodal perspective：an investigation of 20 port cities worldwide［J］. Online media and global communication，2024，3(1)：82 - 107.

指出的,而后分列出其他问题,通过清单形式一一解决,同时便于针对性地做出"点对点"回应(point to point reply)或者是辩驳(rebuttal)。这一流程对于面临大改的论文来说十分重要,以免作者在面对长达数页的修改意见时迷失方向、无从下手。

简单而言,评审的意见常具有以下三类作用,即"钉子""竿子"与"引子"。"钉子"指的是一些基础性的错误,常常是由于语言表达/描述不清而导致的,因此需要作者进一步仔细订正,如我们的论文在文献综述部分谈到,以往研究中只聚焦于一个城市,而缺乏不同城市之间的对比研究,因此使用了 single-oriented(单一导向)一词,但更确切的表达应该是 single city-oriented(单一城市导向),以免产生歧义或误解。"竿子"在"钉子"的基础上进一步提升,也是下一部分中即将谈到的规范性问题,它是学术论文的基石之一。所谓"竿子",正是以笔直的标准来要求论文的各个构成部分,不能脱离既定的区域,如我们投稿杂志的主编指出,多模态只是用来分析已收集数据的框架/路径,而非方法论,方法是指获取、处理以及处理数据的一系列操作。最后,"引子"是评审针对部分问题所提出的方向性和启发性指引,要求作者能够独立自主地完成对于文章内容的优化甚至是重构。因为"引子"自身的开放性,这类修改难度通常也最大,需要作者结合更多的相关文献以更宽阔的视野审视当前的论证,如两位评审都在最初的评语中指出,我们的论文缺乏清晰且坚实的理论基础,符号学中的物源符号与语言学中的评价系统之间并无内在关联,显得过于随意,应以更为宏观的领导性框架加以串联。正是评审的这一建议,才促使我们真正对Vlog 的多模态性构建出了能够合理分析其画面、事物、人物动作、语言以及背景音乐的创新性融合路径。

不容置疑的是,尽管以邮件沟通的方式进行的信息传递并非即时,但评审与作者之间的确存在对话。首先,这体现在,只有通过评审所提供的"钉子""竿子"及"引子",稿件质量的实际提升才能够真正导向后续的再修订、录用与发表。其次,修订并返回编辑部的优化稿件同样也反映了作者对于评审意见的消化程度,将有助于评审进一步循循善诱,提供精细化的帮助。如果无法深入理解评审的意图,那么就应当及时通过系统邮件表达自身的困惑,以便真正解决存在的问题。

二、机制:规范、逻辑与创新

从上文评审意见的三种类型——"钉子""竿子"与"引子"不难得出,一篇优秀、有资格发表在国际期刊上的学术论文应具备三种特质:格式工整、内容贯通、环环相扣,并且提供新思路、产出新观点。简而言之,三者涉及论文的规范性、逻辑性与创新性问题。从本次论文发表的经历来看，我们对于"规范"的主要体验在于，中文论文与英文论文存在着意会与外显的显著差异。英文论文的每一章节基本都有其固定的对应板块，从引言开始，进而通过文献综述、数据获取与分析、结果与探讨一直导向最终的结论，极为清晰明了，毫不拖泥带水。外显性则关系到论文细节的处理。如同评审所指出的那样，此篇论文最初在分析Vlog视频的内容时并未标明视频的确切来源（精确到附录中的网址），且并未在段落间附上能够印证材料的视频画面截图，这都会导致文章的说服力和论证力降低。

逻辑性在规范性与创新性之间承上启下。因为如果缺乏规范性，例如对于用于分析的数据选取标准含糊不清，可能就会使得之后的研究结论受限或视角偏移。主编对于我们研究中所提取的 20 座港口城市的 Vlog 样本作了更有深度的剖析，提出了两个关键性问题：①选取的 Vlog 均为油管的英文视频，创作者的国籍、身份背景如何？②在分析视频内容共性的同时，是否注意到了视频之间的差异，而差异又反映/导向什么？通过解决这两个问题我们才发现，对于样本细节观察的缺失的确导致了最终的结论过于流于表面，而未深入跨国旅行Vlog 所内嵌的社会文化背景，因此需要重构研究问题以贯通内在逻辑。由此看来，逻辑性主要蕴藏于研究设计（尤其是研究问题之间的关联性与研究方法的配适性）当中，仔细打磨方能定好全文的基调。

当一篇论文的规范性和逻辑性达到一定水平时，创新性就会显得"水到渠成"。对于作者而言，把握和吃透核心文献是对论文已实现的突破进行阐释的必经之路。创新绝不是"空中楼阁"。在港口城市形象这一研究中，我们正是受到一位评委所提供"引子"的深刻启发，即高德纳（Gartner）于 1994 年所发表的关于城市（旅游目的地）形象生成的多维度分析一文[1]，才逐步勾勒和描绘出了后续的城市形象生成机制，并且成功跳出了最初局限于视频内容的视角，将这种形象如何从最初的物质存在传递到视频消费者的整体过程都囊括在内，这也成为该文章的主要贡献之一。由此可见，重视评审所推荐查看和阅读的相关文献极为重要。当然，创新性也在很大程度上来源于跨学科合作（涉猎）。尤其是在当下，这已成为一种显著趋势。例如在港口城市形象研究当中，多模态分析框架所依靠的不同理论就需要传播学、语言学不同领域的学者通力合作。

三、语言：精细打磨

在本文中，我们所总结出的撰写学术论文的主要建议为：既简洁又具体，思

---

[1]　GARTNER W C. Image formation process[J]. Journal of travel & tourism marketing，1994，2(2 - 3)：191 - 216.

维转换,以及正确使用 AI。

(一)简洁与具体的平衡

撰写文章时需要做到简洁,即避免重复论述同样的观点。论文的篇幅一般是有限的,这就要求作者"惜字如金",通过规定的字数清楚地解释研究问题、研究思路以及研究结论。如果一句话不包含新的内容,再重复就会造成冗余。同时,一篇合格的学术论文的语言要具体。评审多次指出我们论文中某些句子的含义不够清晰,尤其是对某些概念的解释不充分,导致逻辑性欠缺,影响读者理解。逻辑性问题某种程度上是语言的不精确造成的。例如,如果我们的初稿中使用了"普通人模式"这个词语来表达"草根/平民榜样"这个概念,从而证明这些活跃在油管上面的旅游博主具有很大的影响力。由于缺乏相关的文化背景,一位评审不理解这个概念,他在评论中指出"请向国际观众明确定义这些术语"。这表明,撰写国际论文时,作者应假定潜在读者缺乏与自己相同的社会文化知识。因此,语言应尽可能具体,以确保读者能正确理解。

(二)思维转换

在写作时进行思维转化是一个被经常提到的注意点。一般而言,大家理解的局限在使用英语的常用句法,例如英语中被动式比较常见等。例如"智能媒体正开始实现区域化传播,并以全新方式塑造城市形象(smart media are beginning to communicate regionally and shaping the image of cities in new ways)"这句话被评审指出媒介不能自主沟通。但是思维转换还有更多的层面,因为我们一直以来受到的学术训练是中式的,写作的语言或多或少被规训了。例如,我们在研究综述中写到了这样一句话"该研究弥补了现有文献在国际视野方面的不足,这一论断颇具分量(it fills the research gap in the existing literature for lack of international perspective. This is a big statement)"。如果把它翻译成中文"该研究填补了当前领域的研究空缺",很多中文读者对此都不陌生,因为我们习惯使用一些相对较为宏大的概念和描述。但是如果作者没有对国内以及国外的研究进行过非常详细的分析(当然这需要研究者花费相当多的时间和精力),那么这些听起来让人"叹为观止"的句子就不太适合出现在论文之中。

(三)正确使用 AI

现在人工智能对研究者来说已经不是什么新鲜事物了,很多人或多或少都在科研中使用过人工智能。虽然目前很多人对人工智能在高校或者学术界带来的负面影响表示担忧,但是它们并非洪水猛兽,重要的是人如何使用它们。首先,我们并不建议使用人工智能将中文的论文初稿直接翻译成英文。目前翻译软件虽然能够将文章的意思表达清楚,但是上面提到的思维转换问题是人工智能无法顾及的。即使作者的英文水平还不足以直接用英语进行写作,而不得不使用翻译软件,我们建议作者一定要仔细通读译稿,然后自己修改或者请求语言精通者进行修改。其次,我们推荐的人工智能介入阶段是文章的润色环节。一位阅稿人也给出了这样的意见,经过 AI 修改的文章基本没有语法错误,虽然它不是完美无瑕的辅助工具,但是能够减轻我们的一些负担。

四、协作:如何事半功倍

在确定研究问题时,我们决定采取跨学科的视角。首先,语言是旅游视频传播的主要手段,因此语言学的相关知识帮助我们超越浅层次的描述,系统且学理性地挖掘语言背后的逻辑。其次,旅游视频作为一种传播和消费的产品,其运作机制和传播效果(例如对城市形象的塑造)需要传播学的分析。我们认为,跨学科的视角在一定程度上是论文创新性的重要来源。

当然,以跨学科视角作为研究的出发点似乎带有某种"投机主义"的色彩,但我们认为,如果研究对象正处于不同学科的交会点,那么这种"投机主义"是值得尝试的。前提是,研究者必须有充分的理由证明,跨学科的视角能够引领他们得出有价值的结论,哪怕这种理由仅是最初的直觉。基于这一共识,我们从一开始就明确了各自的分工:第一作者负责搭建文章的宏观结构(文献梳理、研究方向及意义的阐述等),第二作者则确定视频编码标准及内容分析,第三作者主要把控文章的规范性和学术性。

在数据搜集和文献搜索结束后,我们召开了会议,讨论每个人的初步研究成果。会议的主要目的是确保所有作者都对论文的研究思路、理论框架以及方法论有清晰的理解和把握。为此,每位"专家"需要将自己的专业知识向"非专家"清晰地阐述并说服他们。这一过程虽然费时且充满挑战,我们却一致认为这是合作中最具价值和创造力的阶段。它不仅是对个人研究能力的检验,更是对个人研究能力的提升。在此过程中,我们常常会对自己的论点产生疑问,但在进一步学习与讨论后,这些论点逐渐变得坚定和清晰。

完成这一阶段后,我们分配了具体的写作任务,每位作者根据自己的学术专长负责相应的段落。尽管在工作量上可能存在差异,但我们的合作模式更倾向于专家型协作,强调角色的专业性而非重要性。这样的模式使得我们能够最大程度上发挥各自的优势,同时在互相反馈的过程中不断优化文章。在撰写过程中,我们保持了及时的沟通,不仅更新各自的进度,还定期分享学术文章和观点。我们建立了一个共享的文献文件夹,方便团队成员共同参考。在初稿完成后,我们交换了各自撰写的部分,进行交叉审阅和修改。由于需要注意用词的统一性和文分的大致吻合,我们推荐在写作的过程中不断保持沟通和交流。

评审审核完论文以后,面对待修改的巨大工作量,我们曾一度感到泄气。因此,为了提高后续效率,我们进行了长时间的小组讨论。事先各自仔细阅读了阅稿人质疑以及意见后,笔者一起在会上整合归纳了必须改进以及不能改动的方面。针对前者,我们提出了解决方案;针对后者,必须写邮件回复阅稿人并且阐述理由。修改稿子的期限为一个月,但是由于我们每个人主动承担责任,按时完成自己的任务,因此最终得到了主编的积极回复。

五、结语

凡事预则立,不预则废。从整体视角来看,国际期刊论文的合作发表建立在思维转换这一重要前提之上,要在"写"的过程中以"规范性""逻辑性"促"创新性",注重团队分工与配合;在"改"的过程中熟悉评语中的"钉子""竿子"与"引子",并与编辑、评审等搭建对话空间,不断促进文章内容优化。本文基于合作发表国际期刊论文的经历,希望能以些许拙见为投稿者提供实质性帮助,哪怕仅仅只是上述所提及的一个小点或细节,同时为其他学者就此话题开展探讨、分享心得做启发性铺垫。

作者介绍

陈思甜为上海外国语大学新闻传播学院全球传播专业博士研究生、上海外国语大学全球治理与区域国别研究院"全球欧洲"专项博士生、德国传媒应用科学大学访问学者。主要的研究方向为国际传播、中德跨文化交际,发表中英文论文 10 余篇。

臧颖蕾为德国杜伊斯堡埃森大学德语语言学专业博士研究生、杜伊斯堡埃森大学跨学科教育研究中心成员、德国杜塞尔多夫孔子学院海外志愿者。主要的研究方向为应用语言学、会话分析、中德跨文化交际,发表中英文论文 10 篇。

论德国学术圈与国际发表

胡　丹

本文旨在初步探寻德国学术圈对待国际发表的态度转变,从德语高校排行榜、德国"双一流"大学建设、德国大学校长联席会议等角度论述德国学术圈对待国际发表的看法。其基本结论是:德国大学对于教育咨询公司所做的排行榜起先并不感冒,但随着"双一流"高校建设的持续推进,大学校长们也无法不正视此类排行榜对于大学招生所产生的影响。但此类影响仅限于教学方面。一旦涉及科研方面,由于教授委员会才是科研决策的最高机构,大学校长们无能为力。而由于《德国基本法》的限制,联邦教研部的手脚更是被捆得死死的。

This paper seeks to explore the evolving attitudes of the German academic community toward international publishing, focusing on perspectives shaped by German university rankings, the development of Germany's "Double First-Class" initiative, and the German Rectors' Conference. The study concludes that while German universities initially showed little interest in rankings produced by educational consulting firms, the ongoing push for "Double First-Class" university construction has compelled university presidents to acknowledge the influence of such rankings on student recruitment. However, this influence is largely confined to the domain of teaching. In the realm of research, decision-making authority lies with the professors' councils, which are the highest governing bodies for research, leaving university presidents with limited influence. Furthermore, restrictions imposed by Germany's Basic Law tightly constrain the Federal Ministry of Education and Research, further limiting its ability to intervene.

一、引言

德国的学术圈指的其实就是大学圈。两百多年前洪堡那场著名的教育改革让德国大学而不是德国的研究所成为科研的重镇。虽然德国的四大研究所（马克思·普朗克协会、莱布尼茨协会、弗劳恩霍夫协会、亥姆霍兹联合会）在全球范围内也享有盛誉，但就学术圈的事情发声的，则只能找到大学教授的论著。

德国大学界对于国际发表是非常后知后觉的。直到今天，要重视国际发表也未成为德国大学界的一种普遍看法。其对待国际发表的态度始终附着和从属于其对于大学或高等院校国际声誉的看法。而随着时间的推移，大学的国际声誉逐渐等同于量化的大学排行榜。由于各种大学排行榜都为国际发表这个指标留出了一席之地，所以才导致德国大学里也开始有人发出重视国际发表的呼声。其具体标志就是 2019 年 11 月 25 日和 26 日召开的德国大学校长联席会议。

二、高校排行榜

就排行榜而言，贝塔斯曼集团旗下的德国高校发展中心自 1998 年开始发布德语区各大学专业排行榜，比软科世界大学学术排名、泰晤士高等教育世界大学排名、QS 世界大学排名都要早[①]。但德国高校发展中心的排名只涉及德语区的大学，不包括全球大学，而且它只对专业进行排名，不对大学进行排名。排名一共包括 35 个专业，每个专业使用不同的标准。例如：对于化学专业来说，实验室建设是重要指标；对于体育来说，训练设施是重要指标。

德国高校发展中心一共列出了八项指标：劳动力市场和职业相关性、硬件设备、科研、国际化程度、毕业难易度、高校选址与后勤保障、大学生数据（数量、生师比、性别比、每年招生数等）、往届生评价[②]。科研这个指标下面又列出了 21 项指标，其中与发表有关的指标是 6 项：教授平均发表量（以 3 年为周期）、经济信息学教授平均发表量（以 10 年为周期）、微观经济学教授平均发表量（以 10 年为周期）、宏观经济学教授平均发表量（以 10 年为周期）、科研岗人员平均

---

① Centrum für Hochschulentwicklung. Wie entsteht eigentlich das CHE Hochschulranking? ［EB/OL］. ［2024 - 10 - 06］. https://www.che.de/2024/wie-entsteht-eigentlich-das-che-hochschulranking/.

② Centrum für Hochschulentwicklung. Indikatoren｜CHE Ranking-Methodik［EB/OL］. ［2024 - 10 - 06］. https://methodik.che-ranking.de/indikatoren/.

发表量（以 3 年为周期）、被引率（以 3 年为周期）①。

对于这 6 项指标，由于要使用文献计量学的方法来计算大学教师在专业期刊上的发表，而德国高校发展中心又没有能力分析所有专业期刊的数据，所以，它将这项工作外包给一个研究机构尤利西研究中心。至于它为什么认定这个研究机构有能力完成此项数据分析，则没有交代。

网站对于统计权重和计算方法有一个说明：国际专业期刊中发表的文章权重最大。根据不同的学科，论文集、专著和电子媒体有着不一样的地位，但都次于国际专业期刊。专业不同，则发表与引用的方式便会有不同，所以没有一个一刀切的计算方法。出于方法论上的考虑，只统计大学里九个专业的国际发表情况②。

无论是尤利西研究中心的网站，还是德国高校发展中心的网站，都没有对国际发表的算法以及它在最终排行榜中的权重给出具体的说明，其所搜集到的一手数据也是秘而不宣。由于该排行榜主要是为了指导学生填报志愿，会在每年五月更新三分之一的排行榜，三年完成一轮更新，所以其早期排行榜是没有国际发表这一指标的。从目前所搜集到的资料来看，德国人对于这种数量加赋予权重的排名方式并不是特别买账。因为从下文的叙述中可以知道，此类网站的数据统计结果是很成问题的，因为就连德国大学的校长都不掌握自己大学教授的成果发表情况。

三、德国的一流大学建设：从三一流到双一流

那么，德国大学对于这一指标有着怎样的反应呢？

2005 年 7 月 18 日，联邦教研部和各州文教部共同推进德国大学进行三一流建设：一流博士点、一流学科、一流大学。这一举措的目标很明确：强化科研。用协议的原文说就是："持续强化德国的科研地位、改善其国际竞争力并提高顶尖大学和尖端科研的国际知名度"。这里强调研究必须是面向国际的而不是立足本地的，是以提高大学科研的国际知名度为目标的，也就是提升基础研究的国际水平③。而联邦教研部还有一项"创新高校"资助倡议，其目的就是资助立

① Centrum für Hochschulentwicklung. Baustein Forschung-CHE Ranking-Methodik[EB/OL]. [2024 – 10 – 06]. https://methodik.che-ranking.de/indikatoren/baustein-forschung/.

② Centrum für Hochschulentwicklung. Publikationsanalyse-CHE Ranking-Methodik[EB/OL]. [2024 – 10 – 06]. https://methodik.che-ranking.de/datenerhebung/publikationsanalyse/.

③ Gemeinsame Wissenschaftskonferenz. Bund-Länder-Vereinbarung gemäß Artikel 91 b des Grundgesetzes（Forschungsförderung）über die Exzellenzinitiative des Bundes und der Länder zur Förderung von Wissenschaft und Forschung an deutschen Hochschulen[EB/OL]. [2024 – 10 – 06]. http://www.gwk-bonn.de/fileadmin/Papers/exzellenzvereinbarung.pdf.

足本地、扎根本地、重视科研成果转化率的科研项目。一流大学建设的申报主体是大学(有博士点),"创新高校"资助倡议的申报主体是应用技术大学(没有博士点,以前的中文文献曾把这类大学翻译成大专)①。

2005 年出台的一流大学建设是分两个阶段来实施的,每个阶段五年。第一阶段完成后,重新申报,进行动态调整。两个阶段十年之后委托第三方国际专家委员会对项目的整体实施情况进行评估。2016 年 1 月 29 日,国际专家委员会在历经约一年半的调查与研究之后发布了第三方最终报告。2016 年 6 月 16 日,德国决定继续推进一流大学建设,但是砍掉了一流博士点这个项目,也就从三一流建设变成了双一流建设。建设以七年为一个轮回,所以现在德国大学已经进入了第二轮双一流建设②。

2016 年的第三方最终报告在摘要中提到了发表物数量的增长:"文献计量学的研究表明,获得一流学科的资助会使得出版物出现量的飞跃。"③而报告正文对于国际发表只有一小段文字:"对化学和物理两个专业进行文献计量学研究,结果表明一流大学的国际发表数量显著增长,超过其他德国大学,也超过其他科研强国。但也有专家指出,投入更多的研究资金必然导致发表物数量的增加,但这并不表明发表物的质量有所提高。于是,专家研究了科学网(Web of Science)上的前 10%高被引论文。进一步的分析表明,进入一流建设的大学发表顶级文章的占比高于平均水平,但最多也只能算是略有增加而已。相关的文献计量学数据令人印象深刻:2008 年至 2011 年一流学科的发表物中有 25.9%的发表物进入了 10%高被引文献。这一数据甚至超过马普所(22.6%)的占比。但是,从这些数据中完全看不出来,其中有多大比例应当归功于一流大学建设或归因于其整合了现有研究能力。"④

这一结论差不多完全否定了高被引论文这一指标的总体评价作用。而且,这里只考察了物理和化学两个专业,范围太过狭窄。使用前 10%被引率这一指标给笔者的感觉是在应付差事,因为实在也是没有其他手段可以给出整体评

① Gemeinsame Wissenschaftskonferenz. Verwaltungsvereinbarung:Innovative Hochschule[EB/OL]. [2024 - 10 - 06]. http://www.gwk-bonn.de/fileadmin/Papers/Verwaltungsvereinbarung-innovative-Hochschule-2016.pdf.

② Gemeinsame Wissenschaftskonferenz. Exzellenzstrategie / Exzellenzinitiative[EB/OL]. [2024 - 10 - 06]. https://www.gwk-bonn.de/themen/foerderung-von-hochschulen/exzellenzstrategie-exzellenzinitiative.

③ Gemeinsame Wissenschaftskonferenz. Internationale Expertenkommission zur Evaluation der Exzellenzinitiative[R/OL]. 2016:2. [2024 - 10 - 06]. https://www.gwk-bonn.de/fileadmin/Redaktion/Dokumente/Papers/Imboden-Bericht-2016.pdf.

④ Gemeinsame Wissenschaftskonferenz. Internationale Expertenkommission zur Evaluation der Exzellenzinitiative[R/OL]. 2016:18. [2024 - 10 - 06]. https://www.gwk-bonn.de/fileadmin/Redaktion/Dokumente/Papers/Imboden-Bericht-2016.pdf.

价了。

四、德国大学校长联席会议

但随着时间的推移以及双一流大学的建设，各位大学校长提高德国大学国际知名度的愿望越来越迫切。2019 年 11 月 25 日至 26 日，由德累斯顿理工大学承办，全德大学校长举行了一次会议，介绍了一个"排名计划"。这个计划分为两个部分：计划一是"改善德国大学的国际排名"。从 2019 年 2 月 1 日启动，为期五年。计划二是"增加国际排名结果透明度"。两年前（2017 年 11 月 15 日）在德累斯顿理工大学举办的工作坊做出决议，决定推出计划二[①]。

2019 年会议中有一场报告的题目是《论德国大学在文献数据库中的知名度》[②]，专门讨论了国际发表和被引数对于德国大学知名度的影响。德累斯顿是萨克森州州府。报告人来自萨克森州立图书馆兼国家与大学图书馆，所以里面的建议纯粹是从图书馆学的角度出发给出的。报告从众多世界大学排名中选取了六个排名（软科、CWUR 世界大学排名、CWTS 莱顿大学排名、QS 世界大学排名、泰晤士高等教育世界大学排名、多维度全球大学排名），逐一分析了发表物数量和被引数在各个排名中的权重，并指出这些排名所搜集的发表物有两个问题：一是其虽然能够涵盖专著与德语期刊，但可以通过要求提供咨询服务来更改数据；二是无法准确将作者归入相应的工作单位之下。这主要有两个方面的原因：一是有些作者在好几所大学兼职；二是通讯地址的填写有误。这可能是将主通讯单位拼写错了，也可能是由于根本就没有注明主通讯单位。而且，此处也可以通过要求提供咨询服务或使用技术手段来更改数据。作者得出的结论是："无论是在国内还是国际比较中，外行经常根据大学以及研究者名下的发表物来衡量大学及其研究者的水平，也经常以此为基础来发放科研资金。"但是，正确评价大学科研水平的前提条件是必须能够将研究者正确地归入其工作的大学名下。为了矫正在归类时出现的错误，就需要大学图书馆做出相应的努力，建立起自己的数据库并对其进行矫正。

---

① Hochschulrektorenkonferenz. Dokumentation der Netzwerkveranstaltung 2019[EB/OL]. (2019) [2024 - 10 - 06]. https://www.hrk.de/themen/internationales/strategische-internationalisierung/ internationale-hochschulrankings/netzwerkveranstaltungen/dokumentation-der-netzwerkveranstaltung-2019/.

② WOHLGEMUTH M, ADAM M. Zur Sichtbarkeit von deutschen Universitäten in bibliometrischen Datenbanken[R/OL]. (2019 - 11 - 26) [2024 - 10-06]. https://www.hrk.de/ fileadmin/redaktion/hrk/02-Dokumente/02 - 05-Forschung/Netzwerkveranstaltung _ des _ HRK-Serviceprojekts__Internationale_Hochschulrankings_/2019-11-26_HRK_Rankings_Vortrag_M. Wohlgemuth_M.Adam.pdf.下文根据此文内容写成的部分不再出注释。

以科学网核心合集为例,矫正的步骤是:

(1) 在搜索框中输入大学所在地区名称在各种语言中的各种形式。例如,德累斯顿就得输入十种不同的名称:dresden、drezden、dresde、dresda、drezno、drazdany、dreden、dresdent、dreseden、dresded。这里,还要注意一点:西班牙有一处地点叫 dresde,所以碰到 dresde 要注意甄别一下是德国的德累斯顿还是西班牙地名。由于德累斯顿理工大学下附设有德累斯顿—罗森多夫亥姆霍兹中心,所以还要输入该机构的缩写 HZDR 以及罗森多夫(Rossendorf)的十三种不同名称:rossendorf、rossendorl、rossendmf、rossendorfe、rossendotf、rossendorvf、rossenclorf、rossendoif、rossendolf、rossendrof、rossenorf、rosssendorf、rossendor。德累斯顿理工大学其他附属科研子机构均仿此办理,不再举例。

(2) 将搜索得出的发表物中的通讯地址与通讯作者的姓名切割开,并从中提取出通讯地址。

(3) 将提取出的通讯地址与学校以及各个子单位的通讯地址进行比较。

(4) 清理掉混杂进来的多余的地址。

经过这四个步骤以后,就可以得出德累斯顿理工大学发表物的核心数据库。然后,再将这些发表物分别归入大学的各个子单位之下。

德累斯顿理工大学图书馆经过这一番操作之后发现,2014—2019 年,科学网核心合集所统计的德累斯顿理工大学发表物与大学图书馆自己根据科学网所做出的统计有出入。科学网少算了发表物的数量。具体数据如表 1 所示。

表 1　德累斯顿理工大学图书馆统计的发表物

年份	2014	2015	2016	2017	2018	2019
应增加的发表物数量(种)	21	34	41	45	55	34

再考察跨校兼职人员,则科学网少算的发表物数量如表 2 所示。

表 2　德累斯顿理工大学图书馆统计的发表物(含兼职人员)

年份	2014	2015	2016	2017	2018	2019
应增加的发表物数量(种)	26	43	53	50	60	34

经过这一番操作之后,研究人员得出的结论是:①这样一通操作实在是太费时费力了。如果只是为了得出准确数据,那就太不值了,除非能够为矫正后的数据找到其他用途。②急需覆盖面广的科研信息体制,以消除商业公司统计

的不准确性。研究还发现有一些无法统计的灰色地带：大学下属的某些研究中心是与其他办学主体合办的，它在投稿的时候有可能冠的是其他大学的名字。这类稿件的规模和数量无法确定。

为了提高大学的国际知名度，首先要做的是确定大学的发表物。研究者提出了两项建议：①应当出台措施，促使出版者为发表物编制索引，而不是依靠商业咨询公司。②转向开放存取平台，因为可以提高被引率。

根据开放存取平台的一篇研究论文，开放存取可以扩大读者范围，节省时间，发表物的质量有保障。而最重要的一点是：绿色开放存取可以提高大学的国际知名度。有 27 项研究表明，开放存取有助于提高被引率。只有 4 项研究认为，开放存取无法提高被引率。

论文最后提出的改进意见为：①要贯彻发表即王道的理念，提高国际发表的数量。②建立健全覆盖面广的科研信息体制。③大学内部要建立出版监督机制，报告成果的归属问题。④提倡向开放存取杂志投稿，持续提高被引率。⑤审慎使用著作权法，避免妨碍科研交流。⑥大学图书馆应当积极改善与发布大学排行榜的机构之间的关系。⑦在实施开放存取政策时要时刻关注排名。⑧要为校内科研人员提供配套咨询服务。

五、德国高校的历史发展与立法

读完上面这篇论文最让人感到惊讶的地方在于：德国大学竟然没有校内科研成果登记和考核制度，竟然需要图书馆的工作人员自行去科学网上核对本校的科研成果。根据中国的普遍经验，建立一个科研登记平台，以教师自行登记的科研成果对之进行考核，就不可能有遗漏，只可能多报。有了这样的平台，就解决了第二条和第三条建议，第八条建议也就变成了多余。要考核，不要咨询。可惜的是，这件事恰恰是德国大学校长办不到的。

要了解德国高校为什么迄今为止没有这样一个科研成果登记和考核制度，就得先说说德国高校的历史发展。

在 20 世纪七八十年代，英美高校曾经兴起过一波以新公共管理理论为基础的高校改革，但这场改革的春风并没有吹到德国大学。到了 90 年代中后期，一些大学校长开始痛心疾首地检讨德国大学错过这场改革给德国大学所带来的毁灭性打击，出版了不少著作。有些专著的标题看着都很惊悚，如《烂到根上》《德国大学还有救吗?》，等等。有德国学者将新公共管理的理念与德国大学的传统模式加以对比,做出了一份如表3的表格(《高等学校》第140页)①。

表3 德国高校改革的两种模式比较

指标	新公共管理模式	传统德国模式
国家指导	弱	强
外部引导	强	弱
内部等级	强	弱
学术自治	弱	强
竞争	强	弱

乍一看上去,传统德国高校简直就是新公共管理理论最好的反面典型,是"旧公共管理"最顽固的堡垒,真的是烂到根上了。德国大学校长心怀德国高校教育事业,决定联合起来振臂一呼,唤醒在铁屋子里面昏昏睡去的高等教育从业人员,迎来德国高等教育的春天。

但实际情况并非如此。这个表格里面的第一项国家指导强是指教授都是州公务员,第二项外部引导弱是指不能设置跨专业的量化指标,通过绩效管理来推动科研产出。这可以认为是和第三项内部等级弱互为因果。新公共管理模式要强化内部等级,而传统德国模式内部等级很弱。这其实指的是德国大学呈现出校长弱、院长较弱、教授强的格局。一名教授就是一方诸侯。德国也有学阀的说法,但却不是一个贬义词。大学内部其实是一种诸侯林立、藩镇割据的状态。德国大学校长们指挥不动自己手下的那帮正教授们,20世纪90年代末的那场大批判其实是校长们的夺权运动。校长们想要削藩,或者用今天的话来说就是:校长们试图对教授队伍进行规范化管理,出版那些著作是为革命做舆论准备。

前文说"教授是校长的手下"其实是一种中文式的表述。因为实际情况恰恰相反,在涉及科研问题的时候,校长是教授们的手下。在20世纪90年代末,当校长们想要借新公共管理之名强化自己的领导地位时,他们其实已经忘记了德国大学的教授们在20世纪70年代之前究竟有多霸道。德国大学虽然没有赶上新公共管理的改革浪潮,却在差不多同时代掀起了一股民主化浪潮。这股浪潮大大削弱了教授们的权力。在此之前,大学的最高和唯一决策机构是教授委员会,也就是所谓的"教授治校"。校长不过就是给教授们看门的。但是,到

---

① HÜTHER O, KRÜCKEN G. Hochschulen: Fragestellungen, Ergebnisse und Perspektiven der sozialwissenschaftlichen Hochschulforschung[M]. Wiesbaden: Springer-Verlag, 2015:140.

了 1968 年发生学潮之后,教授治校被指斥为教授独裁、教授专政(专学生的政、专科研助理人员的政)、一家通吃,各高校的学生和科研助理人员联合起来抗议这种独裁制度。在 6 个全国性的大学生团体以及德国助教的抗议下,经过八年的议会斗争,1976 年,联邦政府出台了《高等学校总纲法》,教授的权力被削弱了。其核心思想就是:在教学方面,教授单方面说了不算。凡是涉及教学的事务,必须由教授、行政人员和学生代表组成三方会议。决议必须经过学生代表同意。但在科研方面,仍然是教授说了算。这一法律一直沿用至今。虽然中间经过多次修改,但这一基本精神没有更改。所以,在科研方面,教授委员会是各个高校的最高决策机构,也就不难理解为什么德国校长无法要求教授们登记科研成果并对其进行考核了,因为他压根就没有这样的权限,这样做还违法[1]。

进入 21 世纪以后,教授们的权力进一步受到削弱。联邦改革了教授的薪酬体系,使得新晋教授的起薪降低,且其他待遇也有所降低。例如:以前的讲席教授每人都配有专职秘书,现在的教授则必须数人共用一名秘书。以前讲席教授的带薪博士岗位数量高于现在教授的带薪博士岗位数量,所以,现在教授能够带的带薪博士生数量锐减,许多人无法从学校领取薪水,不得不自费读博士。但几乎与此同时推出的建设一流大学计划让教授们找到了弥补基本薪酬下降的渠道——申请科研经费。

一流大学建设给德国大学带来的不是对国际发表的重视,而是对科研经费的追逐。科研经费的申请是分专业进行的。这一点中德都一样。在中国,国际发表和科研经费的申请是挂钩的。在中国,文献计量学上表现好的国际发表既是标书中最亮眼的前期成果,也是最理想的结项成果。但德国人并不这么看。更何况,高被引论文数据涉嫌造假的新闻已经出现在德国的媒体里面了[2]。

与文献计量学数据不同的是,科研经费是真金白银。申请科研经费是大学科研与行政人员联合起来的一场合谋。在这一点上,中德之间有一处非常重要的差别。在中国,如果某位科研人员申请到国自然或国社科的一笔科研经费,行政人员会很高兴,因为他们可以从经费中截留一笔管理费。截留的比例各个大学不一样。而在德国,如果某位科研人员申请到德国研究联合会的一笔科研经费,则这笔科研经费全额归他支配。然而,德国大学的行政人员依然会很高兴,因为德国研究联合会将按照统一的比例再额外配发一笔管理费给大学。

---

① HÜTHER O, KRÜCKEN G. Hochschulen: Fragestellungen, Ergebnisse und Perspektiven der sozialwissenschaftlichen Hochschulforschung[M]. Wiesbaden: Springer-Verlag, 2015: 35 - 45.

② DER SPIEGEL. Bislang unveröffentlichte Studie: »Zitierkartelle« verschaffen manchem Mathematiker mehr Renommee [EB/OL]. [2024 - 10 - 06]. https://www.spiegel.de/wissenschaft/mensch/wissenschaft-zitierkartelle-verschaffen-manchem-mathematiker-mehr-renommee-a-84b952f0-b895-428d-8176-5f9172ee1723.

由于财政公开的法律规定,德国大学必须披露每年的财政状况。这些在网上都可以查到。科研经费也是各所大学可以统计的指标。德国高校发展中心的统计指标里面有教授人均科研经费这个指标。而联邦统计局的统计指标里面也有这样一项指标。围绕着科研经费的申请已经衍生出一种新的文体——填表体。施普林格出版社甚至还出版有德语学术专著《如何填表》。随着"双一流"大学建设的展开,德国大学也出现了年底突击花钱这一现象。德国大学校长和教授在开会的时候还会彼此交流如何有效突击花钱的心得体会。

六、结语

迄今为止,德国高校发展中心都只为德语区大学的各个专业进行排名。虽然其所发布的各专业排名也参考了文献计量学的结果,但只涉及 35 个专业中的 9 个,且所搜集的数据和算法秘而不宣,违背了科学研究数据和结果都必须公开以供他人进行检验的原则。这种指标首先是为了商业变现和行政管理方便。它对于学术评价能起多大的参考作用,依然是个谜。德国学术界没有为各专业设置统一外部量化指标的传统,因为教授们不想作茧自缚。在科研管理上,德国大学比之中国大学要差上太多,因为德国的大学校长权力有限。德国大学的校长虽然想借助新公共管理的理论扩大自己的权力,但只要法律上规定教授在科研事务上拥有决策权,他就无法有所作为。

作者介绍

胡丹为上海外国语大学德语系副教授,长期从事德语文学汉译史以及德国教育政策方面的研究。出版有专著《获诺贝尔文学奖德语作家汉译研究》,在国内外专业期刊和报纸上发表相关论文十余篇。在德语教学与测试方面,长期参加德语专业四级考试命题与评卷工作,参与编写中学德语教材。

意大利传播学学科的知识生产评述

——基于 2014—2023 年 WoS 数据库的文献计量分析

瞿姗姗

为探究意大利传播学研究近十年的文献特征与发表趋势,本文运用科学计量学的研究方法,基于 Web of Science 数据库(2014—2023 年)收录的发表机构所在地为意大利的传播学领域文献数据,应用 CiteSpace 软件,就学者社会关系网络和主题词进行分析。结果表明,意大利传播学领域国际发表量呈增长趋势,呈现国内合作团体分散、国际合作逐步增加的特点;博洛尼亚大学和米兰大学是近十年来意大利传播学领域最重要的研究分支;社交媒体和媒体在民主过程中的作用及其对政治参与的影响是该领域的研究热点,而前沿研究方向则呈现出包括身份认同的动态构建、民粹主义的传播策略、错误信息的扩散模式、社交媒体与阴谋论信念之间的关系、数字技术对青少年心理与行为的影响等多重焦点。

To explore the characteristics and publication trends of communication studies research in Italy over the past decade，this paper employs bibliometric methods. Using data from the Web of Science database（2014—2023）on publications in the field of communication with Italian affiliations，CiteSpace software was applied to analyze scholar social networks and keywords. The findings indicate a growing trend in international publications in the Italian communication studies field，characterized by fragmented domestic collaboration groups and increasing international cooperation. The University of Bologna and the University of Milan have emerged as the most significant research hubs in this domain over the past decade. Research hotspots include the role of social media and media in democratic processes and their impact on political participation. Emerging research directions focus on diverse topics，including the dynamic construction of identity，populist communication strategies，the diffusion patterns of misinformation，the relationship between social media and conspiracy beliefs，and the effects of digital technology on adolescents' psychology and behavior.

一、问题的提出

传播学作为一门研究信息传递过程及其社会、文化、政治影响的学科，其核心内容在于探讨人类如何通过语言、符号、媒介和技术进行沟通①。其研究对象涵盖从个体、群体、组织到社会和全球范围内的沟通行为及其媒介环境，旨在理解信息的生产、传播和接收过程，并考察这些过程对认知、态度、行为及社会互动的影响。传播学不仅研究信息通过各种渠道（如大众媒体、数字媒体、社交媒体）传播的方式，还分析这些传播行为在特定社会、文化和历史背景下的意义及其影响②。这一领域涉及多个子领域，如人际传播、媒体研究、政治传播、组织传播和数字传播，每个子领域分别探讨信息传递过程的不同维度。传播学的独特性在于其对技术性（传播的"如何"）和象征性、文化性、社会性（传播的"为什么"）的双重关注，这使得传播学能够全方位审视传播系统的功能及其对文化、身份认同、权力关系和社会参与的影响③。

近年来，国内学者对传播学研究进展进行了多方面探讨。例如，王海涛与周甜甜考察了 1993 至 2020 年间中国舞蹈传播学的研究现状与前沿问题④；周岩从教材出版的角度分析了中国传播学的学科化进程⑤；潘佳宝等人则构建了 1986 至 2015 年间中国舆论研究的知识图谱⑥。此外，赵曙光等人通过对百年来传播学跨学科属性的研究，揭示了该学科的演进过程⑦。国际方面，许多研

① LITTLEJOHN S W，FOSS K A. Theories of human communication[M]. Long Grove：Waveland Press，2010.
② MCQUAIL D. McQuail's mass communication theory[M]. California：Sage Publications，2010.
③ LITTLEJOHN S W，FOSS K A. Theories of human communication[M]. Long Grove：Waveland Press，2010.
④ 王海涛，周甜甜.中国舞蹈传播学研究现状与趋势综论——基于 1993—2020 年舞蹈传播（学）文献计量分析研究[J].北京舞蹈学院学报，2022(6)：101 - 107.
⑤ 周岩.从 40 年教材出版看中国传播学知识地图衍变——基于文献计量的视角[J].传媒观察，2021(3)：78 - 88.
⑥ 潘佳宝，喻国明.新闻传播学视域下中国舆论研究的知识图谱(1986—2015)——基于文献计量学的研究[J].现代传播(中国传媒大学学报)，2017,39(9)：1 - 11.
⑦ 赵曙光，刘沂铭.开放性、多样性与独立性：传播学跨学科属性的世纪嬗变——基于 1928—2018 年的 SSCI 文献计量分析[J].新闻与传播研究，2021,28(1)：26 - 37,126 - 127.

究也采用文献计量法梳理特定领域的知识生产,例如,张卓等人基于国外六大传播学期刊,分析了 2007 至 2016 年间媒介效果研究的知识图谱①;周昱瑾通过 Web of Science 大数据分析,探讨了人工智能与大数据在传播学中的前沿议题②;王凤仙基于 ISI 引文索引数据库研究了国外网络舆论的现状③。这些研究从多角度展示了国内外传播学领域的发展趋势及热点议题,为全球传播学知识体系的构建提供了丰富的资料和参考。

然而,国内研究较少涉及对欧美特定国家在全球传播学知识生产中的地位与角色的深入探讨。本文旨在填补这一空白,重点研究意大利学者在传播学领域中的全球知识贡献。首先,本文将分析意大利在传播学领域的文章产量与发表期刊的变化趋势,评估哪些学者与机构活跃于该领域,并探讨其发表与合作模式的演变。其次,本文将分析意大利学者在传播学领域的主要研究议题,从意大利的视角为传播学全球知识生产提供新的视野和洞见。

二、研究方法与数据来源

本研究采用基于 CiteSpace 的文献计量分析方法,旨在通过对学术文献的可视化分析,揭示传播学领域的知识结构、研究前沿和发展趋势④。CiteSpace 软件通过处理文献中的共被引信息、关键词共现及时间切片等数据,构建引文网络和关键词共现网络,以识别重要文献节点、突现词和知识演进路径⑤。这一方法尤其适合大规模文献的计量分析,能够直观展示研究热点和主题演化,其广泛应用于科学计量学和情报学等领域的知识图谱构建⑥。本研究综合采用社会网络分析法和主题词共现分析法,对相关研究者网络和主题内容进行划分和总结。

社会网络分析法认为,社会结构由个体(或节点)之间的关系和互动组成网

---

① 张卓,王竞,刘婷.西方媒介效果研究的新动向——基于 2007—2016 年欧美传播学期刊的文献计量分析[J].新闻与传播评论,2019,72(1):110-122.

② 周昱瑾.传播学领域中人工智能与大数据研究前沿及重要议题——基于 WoS 数据库的文献计量分析[J].新媒体研究,2022,8(15):15-20.

③ 王凤仙.国外传播学领域网络舆论研究现状——基于 ISI 三大引文索引数据库的文献计量分析[J].暨南学报(哲学社会科学版),2015,37(2):15-23+163.

④ CHEN C. CiteSpace:a practical guide for mapping scientific literature[M]. Hauppauge,NY,USA:Nova Science Publishers,2016.

⑤ CHEN C. The citespace manual[J]. College of computing and informatics,2014,1(1):1-84.

⑥ CHEN C,IBEKWE-SANJUAN F,HOU J. The structure and dynamics of cocitation clusters:a multiple-perspective cocitation analysis[J]. Journal of the American society for information science and technology,2010,61(7):1386-1409.

络,分析这些关系有助于揭示社会系统中的模式与结构①,不仅关注个体之间的直接联系,还探讨通过其他个体间接联系的相互影响。该方法强调社会关系网络的结构特征,如节点的中心性、网络密度以及群体分割,帮助揭示权力分布、资源流动和信息传播等现象②。因此,SNA 是一种有效连接"微观"个体行为与"宏观"社会结构的工具,广泛应用于社会学、传播学和组织研究中,用以分析复杂社会系统中的网络结构及其作用机制③。

主题词共现分析法通过分析文献中的关键词或主题词共现网络,揭示不同主题之间的关联与结构,从而勾勒出某一学科领域的知识图谱与研究热点④。该方法通过分析高共现频率的关键词组合,识别出领域内核心研究主题、前沿趋势及其演化路径,其广泛应用于文献计量学和情报学研究中。主题词共现分析不仅有助于研究者把握领域的整体发展态势,还能揭示学术研究中的知识结构与发展动态⑤。

本文以 Web of Science 核心合集作为数据来源,检索学科限定为"传播学",国家和地区限定为"意大利",时间跨度为 2014 年 1 月 1 日至 2023 年 12 月 31 日,期刊来源类别为"SSCI"和"A & HCI",文献类型为"期刊论文"。最终共获得 705 篇文献,更新时间为 2024 年 10 月 8 日。经过导入 CiteSpace 6.3. R1 Basic 版软件,并通过软件去重与人工去重后,筛选出 672 篇文献作为分析数据集。CiteSpace 的设置参数为:①时间分区为 2014 至 2023 年,分析时间切割点为 1 年;②节点类型分别选择作者、机构、关键词;其余参数选择默认值,最终生成共现图谱并进行可视化分析。

三、意大利传播学文献特征分析

(一)发文量和发文期刊分析

通过对 2014 至 2023 年间意大利机构在传播学领域的发文量及变化趋势进行整理,绘制了图 1。从图 1 中可以看出,自 2013 年以来,意大利机构在该

① WASSERMAN S,FAUST K. Social network analysis:methods and applications[M]. New York:Cambridge University Press,1994.

② SCOTT J. Social network analysis:a handbook[M]. London:Sage Publishing,1991.

③ BORGATTI S P,MEHRA A,BRASS D J,et al. Network analysis in the social sciences[J]. Science,2009,323(5916):892 - 895.

④ CALLON M,COURTIAL J P,TURNER W A,et al. From translations to problematic networks:an introduction to co-word analysis[J]. Social science information,1983,22(2):191 - 235.

⑤ CHEN C. CiteSpace:a practical guide for mapping scientific literature[M]. Hauppauge,NY,USA:Nova Science Publishers,2016.

领域的发文量总体呈现上升趋势,至 2023 年发文量为 2014 年的 2.4 倍。意大利学者的研究成果共发表在 81 种学术期刊上,其中发文量最大的期刊为《信息、传播与社会》,共刊发 45 篇署名意大利科研机构的论文。该期刊聚焦于信息与通信技术(ICT)对社会的深远影响,尤其是互联网和数字媒体如何改变社会结构、权力关系及文化表达,其主要研究领域涵盖数字社会学、网络文化、社交媒体和数字政治等方向。该期刊影响因子较高,JCR 分区为 Q1,2023 年影响因子为 4.2,年发文量约为 180 篇。

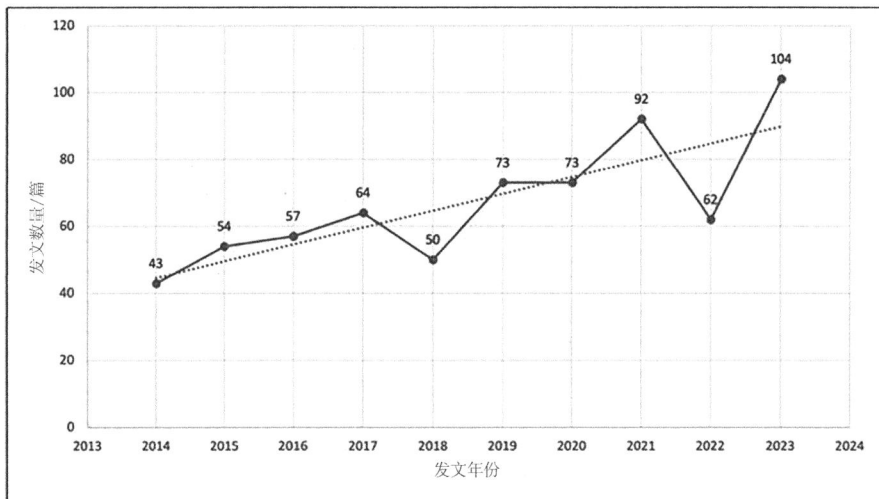

图 1　2014—2023 年意大利机构在传播学领域 SSCI 和 AHCI 期刊发文量及趋势

紧随其后的是《电信政策》,发表了 39 篇意大利学者的论文。作为一份跨学科期刊,《电信政策》主要探讨数字化对经济和社会的影响,涵盖大数据、人工智能及数据科学等领域的政策、规制与管理。该期刊具有较高的政策影响力和学术影响力,2023 年影响因子为 5.9。此外,在 2014 至 2023 年间,意大利学者在传播学领域发文超过 30 篇的期刊还包括《国际传播杂志》(影响因子 1.85)、《新媒体与社会》(影响因子 4.5)和《社交媒体＋社会》(影响因子 5.5)。

表 1 列出了 2014 至 2023 年意大利学者在传播学领域发文量排名前十的期刊。从这些期刊的研究重点来看,发文量较高的期刊主要集中于数字传播、新媒体与社会及社交媒体领域,反映了意大利学者对数字技术如何影响社会、政治与文化的强烈兴趣。此外,一些不属于传播学单一学科的期刊也进入了前十名,例如《语言和社会心理学杂志》和《健康传播》,这表明意大利学者在跨学科领域,尤其是语言学、社会心理学和健康传播领域,展现了浓厚的研究兴趣,结合了社会科学与传播学的多重视角。

表 1　2014—2023 年意大利学者在传播学领域 SSCI 和 AHCI 期刊发表的主要期刊统计（前 10 位）

期刊名称	发文量（篇）
Information，Communication & Society（《信息、传播与社会》）	45
Telecommunications Policy（《电信政策》）	39
International Journal of Communication（《国际传播杂志》）	37
New Media & Society（《新媒体与社会》）	35
Social Media ＋ Society（《社交媒体＋社会》）	33
Journal of Language and Social Psychology（《语言和社会心理学杂志》）	29
Journal of Social and Personal Relationships（《社会与人际关系杂志》）	25
Health Communication（《健康传播》）	20
Interaction Studies（《互动研究》）	18
International Journal of Press Politics（《新闻政治国际杂志》）	17
Text Talk（《文本言语》）	17

（二）学者社会网络分析

本研究基于学者合作网络进行分析，将学者视为节点，学者间的合作连线作为边。在数据整理后，共识别出 266 个节点与 324 条边，表明共有 266 位学者存在合作关系。网络密度是衡量节点间连接程度的指标，密度越高表示节点之间的联系越多，信息流通与合作越频繁。本研究的学者网络密度为 0.0092，表明学者间的合作网络较为松散，合作关系并不紧密。

中介中心性衡量一个节点作为"中介"或"桥梁"的能力，反映其在连接其他节点间所扮演的角色。中介中心性越高，节点在信息流动与资源分配中控制力越强[1]。在本研究中，仅有托丽尔·奥尔伯格(Toril Aalberg)的中介中心性为 0.03，其余 265 个节点的中心性均为 0.00。这意味着，尽管托丽尔·奥尔伯格在该网络中具有一定的桥梁作用，但她隶属的挪威科学技术大学，并非意大利科研机构，因此可以推断意大利传播学领域缺乏在国际学术合作中发挥显著桥梁作用的学者。

点度中心性则用于衡量节点在网络中的活跃度，反映了一个节点与其他节点直接相连的数量，表明其在网络中的直接影响力[2]。点度中心性高的学者通

① FREEMAN L C. A set of measures of centrality based on betweenness[J]. Sociometry, 1977, 40(1)：35-41.
② FREEMAN，L. C. Centrality in social networks：conceptual clarification[J]. Social networks, 1979, 1(3)：215-239.

常在信息传播中发挥更大作用。点度中心性可以应用于人际传播、组织网络和社交媒体分析等多个领域，用以评估个体在群体中的互动程度和信息获取能力①。在对合作发文量排名前五的学者进行可视化分析后（见图 2），图中右半部分以挪威学者托丽尔·奥尔伯格为中心，显示她曾与 34 位来自不同国家的学者合作，包括意大利点度中心性最高的塞尔吉奥·斯普伦多雷（Sergio Splendore）（13），表明其合作网络的国际化程度较高。相比之下，其他学者的团队规模较小，合作时间相对较为久远。

图 2 展示了 2014 年至 2023 年间在传播学领域中高频被引学者之间的合作与共引关系。图中节点代表各学者，节点大小与该学者的被引次数或其网络中心性相关，节点越大表明该学者在学术界的影响力越大。

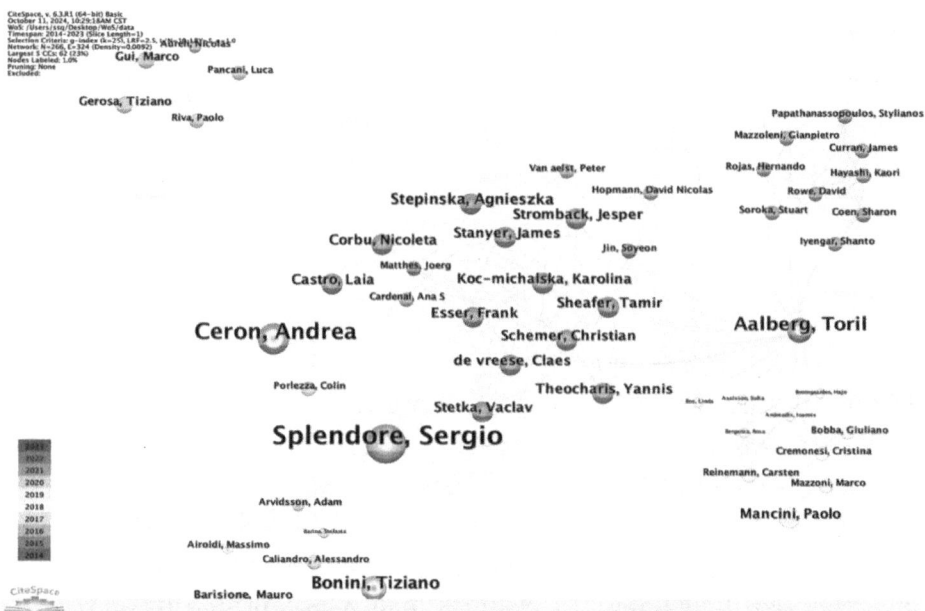

图 2 2014—2023 年意大利传播学领域作者社会网络图（部分）

从图中可见，塞尔吉奥·斯普伦多雷位于网络中心，且其节点较大，与多个作者有紧密联系，表明他在传播学领域具有较高的学术影响力，并形成了较为活跃的合作网络。与他紧密相关的学者包括安德莉亚·切隆（Andrea Ceron）、阿格涅什卡·斯捷平斯卡（Agnieszka Stepinska）、弗兰克·埃瑟

① WASSERMAN S，FAUST K. Social network analysis：methods and applications[M]. New York：Cambridge University Press，1994.

(Frank Esser)等,他们之间的合作与共引关系频繁。另一个显著的节点是托丽尔·奥尔伯格,她位于图右上角,与尚托·艾扬格(Shanto Iyengar)、斯蒂利亚诺斯·帕帕萨纳索普洛斯(Stylianos Papathanassopoulos)、埃尔南多·罗哈斯(Hernando Rojas)等学者有较紧密的联系。托丽尔·奥尔伯格及其相关作者群体的研究可能集中于政治传播或社交媒体的影响力,契合这些领域的热门议题。

此外,保罗·曼奇尼(Paolo Mancini)位于网络右下角,尽管其节点较大,表明他在该领域的学术影响力显著,但其与其他学者的联系较少,显示出一定的学术独立性。这可能意味着他在传播学的某一特定子领域内有独立的研究方向或较少的合作网络。

总体来看,网络中心性较高的学者,如塞尔吉奥·斯普伦多雷(Sergio Splendore)、托丽尔·奥尔伯格和安德莉亚·切隆等,形成了核心群体,显示他们在传播学领域的引领作用。与此同时,网络中较为边缘的节点,如马尔科·圭(Marco Gui)和蒂齐亚诺·杰罗萨(Tiziano Gerosa),虽然学术影响力较小,但在某一特定子领域中具备较高的独立性,显示出较小规模的学术影响力。

科研机构和高等院校的发文量是衡量其在传播学领域科研实力的重要指标。根据文献计量分析结果,表 2 展示了 2014—2023 年间传播学领域发文量排名前 15 的科研机构及其对应的发文量和中介中心性数值。为了更直观地展示这些机构的合作关系,我们选取了发文量超过 20 篇的机构并绘制合作网络结构图(见图 3)。

表 2　2014—2023 年中传播学领域意大利机构发文量与中介中心性数据

排序	大学和研究机构	发文量(篇)	中介中心性
1	博洛尼亚大学	79	0.29
2	米兰大学	64	0.19
3	罗马大学	44	0.14
4	圣心天主教大学	43	0.12
5	都灵大学	36	0.03
6	帕多瓦大学	29	0.11
7	欧洲大学学院	27	0.07
8	米兰比科卡大学	24	0.19
9	佩鲁贾大学	24	0.06

（续表）

排序	大学和研究机构	发文量（篇）	中介中心性
10	特伦托大学	24	0.16
11	乌迪内大学	21	0.01
12	比萨高等师范大学	19	0.06
13	乌尔比诺大学	18	0.03
14	国家研究理事会	17	0.13
15	佛罗伦萨大学	16	0.00

图3　2014—2023年意大利大学和科研机构发文超过20篇的合作网络图

与图2中展示的以学者为单位的小团体合作、低中介中心性的网络结构不同，意大利传播学领域的机构合作网络呈现出多个具有较高中介中心性的节点。这些节点包括博洛尼亚大学、米兰大学、罗马大学、帕多瓦大学、米兰比科卡大学、特伦托大学和圣心天主教大学等。尤其是米兰大学和博洛尼亚大学，它们在图3中表现为最显著的节点，处于网络的核心位置。其较高的中介中心性和广泛的合作关系表明，这两所大学是意大利传播学领域的主要研究中心，不仅拥有较高的发文量，还与其他科研机构保持着密切的合作。

这些机构在网络中的核心位置反映了它们在传播学研究中的重要性，推动了该领域的知识生产与传播。同时，较高的中介中心性也表明这些机构在信息流动和资源共享中起到了"桥梁"作用,进一步强化了它们在传播学领域的影响力。

结合意大利传播学领域的发文机构与作者团队数据,可以更清晰地勾勒出2014—2023 年间意大利主要科研团队的构成及其合作特点。

博洛尼亚大学政治和社会科学系是该领域的重要研究中心之一,代表人物为奥古斯托·瓦莱里亚尼(Augusto Valeriani)教授。瓦莱里亚尼教授的研究聚焦于数字媒体与政治参与、新闻文化转型以及国际政治的媒体表现。他是意大利政治传播协会董事会成员,并担任《政治传播》杂志主编,学术影响力较大。尽管瓦莱里亚尼教授与意大利国内多所高校(如米兰大学和罗马大学)有较为频繁的合作,但其与国外学者的合作较为有限,主要集中在意大利本土。

另一个重要团队来自米兰大学社会与政治科学系,由塞尔吉奥·斯普伦多雷教授领衔。斯普伦多雷教授的研究方向主要包括新媒体的可信度、新闻生产中的政治极化及媒体娱乐的政治特征。在 2018 至 2019 年间,他与同系的安德莉亚·切隆教授密切合作,二人共同发表了 3 篇文章。切隆教授的研究主要涵盖政党竞争、政治信任、社交媒体等,因而两人在社交媒体文本分析和情感分析方面的合作尤为突出。该团队的其他核心成员还包括卢吉·库里尼(Luigi Curini)和毛罗·巴里西奥内(Mauro Barisione)。近年来,斯普伦多雷教授参与了多个跨国研究项目,特别是与欧洲 17 国的学者合作研究新冠疫情对媒体使用习惯的影响,以及欧洲 6 国的媒体教育比较研究。这表明,米兰大学的国际合作网络在这三年中得到了显著扩展,从最初与西班牙、英国高校合作为主,逐渐转向更广泛的欧洲学术网络。

罗马大学传播与社会研究系也是意大利传播学领域的重要研究中心,领衔学者是萨拉·本蒂韦尼亚(Sara Bentivegna)教授。本蒂韦尼亚教授专注于传统与数字传播及其对当代社会与政治参与过程的多维影响。她的研究团队包括安娜·斯坦齐亚诺(Anna Stanziano)和罗塞拉·雷格(Rossella Rega),他们主要从事数字传播在社会和政治语境中的作用分析研究。

此外,米兰圣心天主教大学传播学系由乔瓦娜·马舍罗尼(Giovanna Mascheroni)教授领衔,她的研究方向集中在互联网和移动媒体对儿童及青少年的社会塑造、网络风险与机遇,以及数字公民身份等领域。马舍罗尼教授不仅在校内与教育学系的皮耶马尔科·阿罗尔迪(Piermarco Aroldi)和政治与社会科学系的福斯托·科伦坡(Fausto Colombo)、西蒙·托索尼(Simone Tosoni)等学者保持紧密合作,校外则与韩国、澳大利亚、美国等 17 个国家的学者有着广泛的国际合作,显示出她的研究团队在全球学术网络中的高合作度。

总体来看,这些科研团队在意大利传播学研究领域具有核心影响力,并且在各自的研究领域内展开了深度合作。尤其是米兰大学和博洛尼亚大学的团队,不仅在国内拥有较强的学术协同效应,还逐渐扩展到欧洲和国际合作平台。

四、研究热点分析

(一) 关键词共现分析

通过 CiteSpace 的关键词共现分析,我们可以更清晰地了解意大利传播学研究的热点和发展趋势(见图4)。关键词共现分析揭示了 2014—2023 年间意大利学术界在传播学领域的高频关键词及其相互关联,反映了主要的研究主题和理论方向。

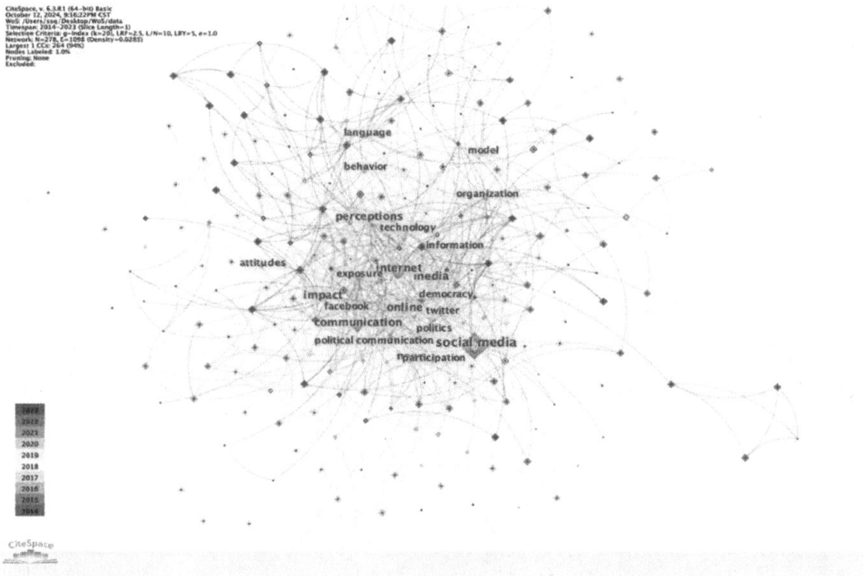

图4 关键词共现网络图(20 频次以上)

从图4可知,社交媒体在图中占据了核心位置,这表明社交媒体在传播学领域中具有重要的研究地位。社交媒体不仅是研究的焦点,而且与诸多重要的传播学概念相关联,如"传播""政治传播"和"参与"。这些关键词的出现反映了意大利学者对社交媒体在政治传播和社会参与中的作用的广泛探讨,尤其是在分析公民如何通过数字媒体参与民主进程时,这一趋势尤为明显。其次,"internet"和"媒体"也是关键词共现图中的重要节点。这些关键词与社交媒体紧密相关,反映了学者们对互联网及其对信息传播、公众态度和行为的影响的关注。相关的高频关键词如"感知""态度"和"行为"则进一步强调了研究者们如何通过研究新媒体来分析公众对社会和政治议题的态度与行为模式。另外,关键词如"民主""政治""接触"和"影响"的频繁出现,揭示了传播学领域对民主进程中媒体角色的持续关注。意大利传播学者探讨了媒体如何通过政治信息的传播影响公众对民主的认知,以及这种影响如何塑造政治参与。

值得注意的是,随着时间的推移,关键词的演变趋势也提供了对新兴研究领域的洞察。例如,较新颖的关键词如"模型"和"组织"在 2022 年成为热点词汇,提示传播学研究开始更多地关注新的理论框架和组织传播。这些新出现的关键词可能反映了学者们对新媒体环境下传统传播理论的重新审视,以及对如何运用这些理论解释复杂的现代传播生态的兴趣。

总的来说,关键词共现分析揭示了意大利传播学领域内的三大主流研究方向:社交媒体与政治传播、公众态度与行为分析以及媒体对民主进程的影响。

(二) 关键词聚类分析

本研究共得到 8 个关键词聚类,分别是"西方民主""生活满意度""媒体覆盖""知识鸿沟""话语建构""托斯卡纳高中""数字行动主义""语言评估""青少年"(见图 5)。"西方民主"是最大的关键词聚类,研究主题集中在社交媒体和在线政治对西方民主体系的影响。尤其是在 2014—2017 年期间,社交媒体平台如脸书和推特逐渐成为政治沟通的重要工具。与该聚类相关的关键词包括"政治传播""在线参与""推特政治"和"社交媒体",这些词汇突出讨论了社交媒体在政治极化、虚假信息传播和公众舆论操控方面的作用。研究强调了社交媒体对传统民主制度的挑战,尤其是如何通过社交媒体平台塑造选民的意见,甚至影响选举结果,如 2016 年美国总统大选中的表现[1][2]。近年来,学者们探讨了社交媒体对西方民主价值观和政治过程的冲击,涉及新兴技术带来的民主困境。

排名第二的聚类关键词反映了传播学领域对社会心理和个体幸福感的研究。这一聚类中的关键词历时变化显著,从 2014—2017 年的"社交媒体""信息"和"脸书",逐渐演变为 2019 年的"COVID-19"和 2023 年的"民粹主义""人民"。这种变化表明,随着重大社会现象的出现,尤其是疫情和政治民粹主义的抬头,传播学的研究重点也相应调整。例如,贝尔加莫大学的玛丽亚·弗朗切斯卡·穆鲁(Maria Francesca Murru)和谢菲尔德大学的斯特凡尼亚·维卡里(Stefania Vicari)在疫情封锁期间研究了意大利的社交媒体话语,发现初期的

---

① CERON A, SPLENDORE S. From contents to comments: social TV and perceived pluralism in political talk shows[J]. New media & society, 2018, 20(2): 659 – 675.
② CERON A, SPLENDORE S, HANITZSCH T, et al. Journalists and editors: political proximity as determinant of career and autonomy[J]. The international journal of press/politics, 2019, 24(4): 487 – 507.

推特话语表现出明显的民粹主义特征①。此外，斯普伦多雷等人通过对 17 个欧洲国家新闻消费习惯的调查发现，在危机时期，公众更倾向于依赖易于获取并提供直接报道的新闻来源②。这一聚类反映了传播学界对重大社会事件及其对个体心理、社会态度和政治观点影响的敏感性。

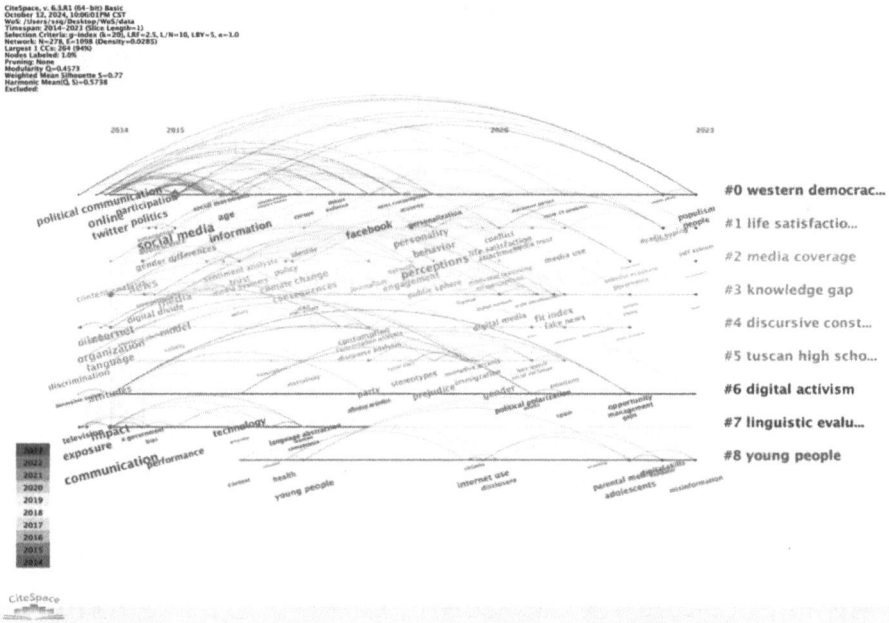

图 5　关键词聚类时间线图

（三）研究前沿方向分析

通过分析最近出现的关键词可以大致推断意大利传播学领域的研究前沿方向。将 2023 年第一次出现的关键词及其出现频次整理得到表 3。

---

① MURRU M F, VICARI S. Memetising the pandemic：memes，Covid-19 mundanity and political cultures[J/OL]. Information，communication & society，2021，24(16)：1 - 20.
② THEOCHARIS Y, CARDENAL A, JIN S, et al. Does the platform matter? Social media and COVID‐19 conspiracy theory beliefs in 17 countries[J]. New media & society，2023，25(12)：3412 - 3437.

表 3 2023 年第一次出现的关键词列表

关键词	频次
identification（身份认同）	4
misinformation（错误信息）	3
people（人民）	3
populism（民粹主义）	3
self esteem（自尊）	3
actor-partner interdependence（行为者—伙伴互相依赖）	2
addiction（沉溺）	2
associations（社团）	2
computer（计算机）	2
conspiracy theories（阴谋论）	2
determinants（决定因素）	2
digital skills（数字能力）	2
dyadic coping（共同应对）	2
esteem（尊重）	2
issue（话题）	2
knowledge（知识）	2
loneliness（孤独）	2
mobile phone（移动电话）	2
models（模式）	2
motivation（动机）	2

关键词"身份认同"表明学者们越来越关注个体和群体在社交媒体上如何建构和表达自我。帕多瓦大学的塞缪尔·斯图拉罗（Samuel Sturaro）等人的研究发现，性少数群体在社交媒体上对身份标签的容忍度较高，尤其是在面对带有贬损性的标签时，显示了社交平台上身份认同的复杂性和包容性①。罗马大学的弗拉维亚·阿尔巴雷洛（Flavia Albarello）等人调查了青少年如何在语

---

① STURARO S，SUITNER C，FASOLI F. When is self-labeling seen as reclaiming? The role of user and observer's sexual orientation in processing homophobic and category labels' use[J]. Journal of language and social psychology，2023，42（4）：464－475.

言上描绘移民，讨论了通过语言以多种复杂方式定义自我和外群体的含义①。类似的研究揭示了社交媒体在自我表达和群体归属中的重要作用，特别是对边缘化群体而言的重要作用。

关键词如"民粹主义""人民"则显示了民粹主义在当代传播学研究中的重要性。安德莉亚·切隆（Andrea Ceron）等人分析了 2019 年欧洲大选期间意大利主要政党发布的 4 586 篇 脸书帖子，评估了来自敌对或友好媒体的反态度和支持态度的内容对读者参与度的影响，认为各方巧妙地利用友好和敌对的消息来源来吸引或激怒他们的追随者②。此外，佩鲁贾大学的乔瓦尼·丹尼尔·斯塔里塔（Giovanni Daniele Starita）等人分析了意大利政党领导人在照片墙（Instagram）上的自我展示，揭示了民粹主义领导人如何通过社交媒体塑造他们作为"普通超级领袖"的形象③。特伦托大学的卡洛·贝尔蒂（Carlo Berti）和恩佐·洛纳（Enzo Loner）以意大利政治家马泰奥·萨尔维尼（Matteo Salvini）的案例研究为例，将"人物暗杀"（旨在损害个人声誉的人身攻击，用作攻击"人民公敌"的政治手段）概念化为社交媒体上的一种民粹主义传播策略④。这些研究显示了民粹主义者如何利用数字平台传播信息、激发情绪并巩固支持者的忠诚。

关键词"错误信息"体现了后疫情时代的传播学研究高度关注虚假信息对公众认知的冲击。米兰大学的塞尔吉奥·斯普伦多雷（Sergio Splendore）等人研究了社交平台使用与新冠疫情阴谋论信念之间的关系，表明虚假信息在危急时刻如何通过社交媒体迅速扩散并影响公众的信任体系⑤。比萨高等师范大学的汉斯-约尔格·特伦茨（Hans-Jorg Trenz）等人探讨了欧盟记者在后疫情

① ALBARELLO F, CROCETTI E, GOLFIERI F, et al. The language of adolescents in depicting migrants[J]. Journal of language and social psychology, 2023, 42(2)：183 - 202.

② CERON A, PAGANO G, BORDIGNON M. Facebook as a media digest：user engagement and party references to hostile and friendly media during an election campaign [J]. Journal of information technology & politics, 2023, 20(4)：454 - 468.

③ TOMMASO TRILLÒ, GIOVANNI DANIELE STARITA. The Middle Region Populism of Giorgia Meloni and Matteo Renzi on Instagram [J/OL]. The international journal of press/politics, 2023.

④ BERTI C, LONE E. Character assassination as a right-wing populist communication tactic on social media：the case of Matteo Salvini in Italy[J]. New media & society, 2023, 25(11)：2939 - 2960.

⑤ THEOCHARIS Y, CARDENAL A, JIN S, et al. Does the platform matter? Social media and COVID - 19 conspiracy theory beliefs in 17 countries[J]. New media & society, 2023, 25(12)：3412 - 3437.

时代以错误信息的主流化和欧盟监管转向为标志的媒体环境中的角色①。研究提示,数字平台在虚假信息传播中的作用仍然是一个重要议题,尤其是在如何应对这类信息方面,监管和教育措施将变得越来越关键。

关键词如"自尊""青少年"反映了数字技术对青少年心理与行为影响的深入探讨。米兰比科卡大学的克里斯蒂娜·佐格迈斯特(Cristina Zogmaister)等人研究了青少年的自我概念清晰度和社交媒体使用问题,揭示了社交媒体如何影响青少年的自尊和自我认同②。这类研究指出,数字媒体不仅影响个体的心理健康,也塑造了青少年的社会互动和身份构建。

总体来看,意大利传播学的最新研究趋势呈现出多重焦点,特别是在数字化时代背景下的复杂社会现象上。一是身份认同的动态构建,通过社交媒体平台展示个体与群体的自我意识;二是探讨民粹主义的传播策略,揭示政治领袖如何巧妙利用数字工具塑造个人形象并激发公众情绪;三是分析错误信息的扩散模式,考察其在后疫情时代对公众认知与信任体系的冲击;四是社交媒体与阴谋论信念之间的关系,追踪虚假信息如何通过平台放大并影响社会共识;五是数字技术对青少年心理与行为的影响,揭示社交平台使用与青少年自尊、自我认同的互动作用。

五、结论

2014—2023 年,意大利传播学领域国际发表量呈增长趋势,呈现国内合作团体分散、国际合作逐步增加的特点。学者合作网络呈现出以小团体合作为主要特点的低中介中心性网络,研究机构合作网络则呈现出多个具有高中介中心性的机构节点,其中以博洛尼亚大学和米兰大学最为突出。从研究热点来看,社交媒体和媒体在民主过程中的作用及其对政治参与的影响是该领域的研究热点,这也与传播学领域领衔学者的主要学术兴趣相吻合。前沿研究方向则呈现出包括身份认同的动态构建、民粹主义的传播策略、错误信息的扩散模式、社交媒体与阴谋论信念之间的关系、数字技术对青少年心理与行为的影响等多重焦点。

从历史角度来看,意大利传播学的研究热点从早期的在线媒体和社交媒体

---

① MICHAILIDOU A, TRENZ H J. Mimicry, fragmentation, or decoupling? Three scenarios for the control function of EU correspondents[J]. The international journal of press/politics, 2023, 28(3): 671-690.

② MARICUTOIU L, ZOGMAISTER C. The role of preference for online interactions in the relationship between self-concept variables and problematic use of social networks [J]. Cyberpsychology: journal of psychosocial research on cyberspace, 2023, 17(4).

使用模式和影响，逐渐转向更复杂的社会、政治和心理层面的探讨。同时，我们也看到了跨学科研究的趋势，如政治学与传播学、心理学与社交媒体研究的交叉，这种演变反映了学术界对数字时代带来的复杂社会变革的持续关注和深入理解。这些前沿研究方向不仅反映出意大利学者对全球化时代数字传播挑战的关切，也展示了他们在探索数字时代社会、政治、心理问题方面的创新思路与多学科交叉的研究方法。

作者介绍

瞿姗姗为上海外国语大学意大利语专业讲师，主要研究方向为中意文化交流与意大利对外关系。出版译著《卫匡国全集·中国历史：从上古至公元元年》《卫匡国全集·中国新地图集》《意大利基础教育研究》《意大利教育制度研究》等多部，编写教材 2 部，词典 1 部。2023 年开始主持国家社科基金"中华学术外译"项目"《中国古代机械文明史》意大利文版"。

重建巴别塔:AI 学术翻译的机遇与挑战

马景秀

国际学术发表倚重英语的行业惯例,使许多母语为非英语的学者在投稿前不得不使用语言翻译服务。AI 翻译工具显著降低了学术翻译和校对成本,提高了母语为非英语的学者在主流国际学术期刊发表论文的概率,促进知识跨越语言障碍在全球范围内传播。然而,AI 翻译的准确性、译文的知识产权归属、译者的学术诚信与伦理、语言的固有偏见等因素,为学术翻译和国际学术出版带来专业性质疑、伦理纷争甚至潜在的法律风险。本文提出的人机协作的混合翻译模式可以有效规避上述劣势,确保准确规范的学术翻译产出。AI 推动的学术翻译变革势必改变当下的知识生产过程,深刻影响人类的创造性和人类智识的发展方向。

International academic publication relies heavily on English as the working language, which forces many scholars whose native language is other than English to utilize translation services before submitting their papers. AI translation tools have significantly reduced the costs of academic translation and proofreading, thereby increasing these scholars' probability of publishing in mainstream international academic journals, and facilitating the global dissemination of knowledge across language barriers. However, factors such as the accuracy of AI translation, the intellectual property rights of translated works, the academic integrity and ethics of translators, and inherent bias in languages have aroused professional skepticism, ethical disputes, and even potential legal risks to academic translation and international academic publishing. This paper proposes that a hybrid translation model of human-machine collaboration can effectively mitigate the above disadvantages, and ensure accurate and standardized academic translation outputs. The AI-driven transformation of academic translation is bound to change the current process of knowledge production, profoundly influence human creativity and the direction of human intellectual development.

一、外语门槛带来学术劣势

在国际学术界,英语是无可争议的通用语言。大多数高水平学术活动、国际学术期刊和索引期刊都使用英语作为工作语言,98%的同行评审学术出版物都使用英语撰写[1][2]。使用英语为工作语言保障了学术的有序生产与沟通,但长期以来学术界对英语能力的倚重成为无形的行业门槛,影响来自非英语国家的学者在全球范围内深度参与学术研究。对于不精通英语的研究者来说,全球范围内学术知识主要通过英语传播的行业惯例使他们长期以来不得不遭受诸多不便与劣势。

首先,在认知层面,母语为非英语的研究者往往难以迅速掌握最新的学术进展。在国际学术圈中,英语水平很大程度上决定了谁能构建知识、谁能迅捷地检索知识、谁能准确地向公众传播学术知识。将全球学术讨论限制在单一的英语语言中,意味着许多研究者必须花费巨大的时间和精力来学习英语这门外语。但是,即便付出诸多努力来学习英语,母语为非英语的研究者的英语水平一般明显低于英语国家研究者的英语水平。当英语成为国际学术研究的单一工作语言,将不可避免地减少学术成果向非英语机构和社区的传播,阻碍非英语社区的学者及时获取新近的知识发现,造成英语国家和非英语国家之间的学术水平差异。

其次,在学术生涯发展层面,母语为非英语的研究者往往难以获得国际学术界的接受和认可。语言承载了其所属文化体系的思维方式和文化传统,成为该文化体系观察世界的出发点与视角。当研究者必须用英语为工作语言进行学术写作时,英语语言所固有的思想文化内涵难免会限制他们描述学术思想的

---

[1] AMMON U. Linguistic inequality and its effects on participation in scientific discourse and on global knowledge accumulation: with a closer look at the problems of the second-rank language communities [J]. Applied linguistics review, 2012(3): 333 - 355.

[2] LIU W. The changing role of non—English papers in scholarly communication: evidence from Web of Science's three journal citation indexes[J]. Learned publishing, 2017, 30(2): 115 - 123.

方式,并导致一种认识论的单一文化①②③④。但长期以来,英语在学术发表中的显著性迫使非英语母语者的研究者不得不用英语发表文章,以便传播其研究发现、追求其研究生涯的发展。然而不管这些研究者如何勤奋,当他们使用英语作为外语来进行学术写作时,其论文写作水准难以比肩以英语作为母语的研究者的写作水平。因此,在英语成为全球通用学术发表语言的行业惯例影响下,同行评审可能对英语作为外语的论文作出偏低的评价。这种母语对外语的偏见会限制母语为非英语的研究者,使他们的成果难以为优质的主流国际期刊录用,只能发表于知名度较低的期刊或以其他语言发表的地区性期刊,以致他们的研究成果难以被主流学术圈发现和认可。国际学术圈的发表压力加剧了许多非英语母语科学家对英语水平较高的科学家的依赖⑤⑥,甚至阻碍母语为非英语的研究者在国际知名研究机构获得工作机会、终身教职或晋升的机会⑦⑧。

为了克服以上劣势,母语为非英语的研究者们不得不使用语言翻译服务以发展其学术生涯。长期以来,语言翻译是国际学术和科学出版行业的重要组成部分。在机器翻译(MT)和人工智能(AI)翻译工具出现之前,学术翻译必须由专业的翻译人员承担,消耗了巨大的人力、时间和经济资源。当母语为非英语的研究者无法支付高昂的人工翻译费用和时间成本,他们不仅无法及时掌握国际社区的学术发展动态,也不能在优质英语期刊上发表自己的研究成果。

---

① MARTIN P. 'They have lost their identity but not gained a British one': non-traditional multilingual students in higher education in the United Kingdom[J]. Language and education, 2009,24(1): 9 - 20.

② BENNETT K. English as a lingua franca in academia: combating epistemicide through translator training[EB/OL]. The interpreter and translator trainer, 2013,7 (2): 169 - 193.

③ GIL Y E A. Ää: manifiestos sobre la diversidad lingüística[M]. Almadía Ediciones, 2020.

④ STEIGERWALD E, RAMIREZ-CASTANEDA V, BRANDT D Y C, et al. Overcoming language barriers in academia: machine translation tools and a vision for a multilingual future [J]. BioScience, 2022,72(10): 988 - 998.

⑤ ORDONEZ-MATAMOROS G, COZZENS S E, GARCIA-LUQUE M. North-South and South-South research collaboration: what differences does it make for developing countries? -the case of Colombia[C]//2011 Atlanta conference on science and innovation policy. IEEE, 2011: 1 - 10.

⑥ STEIGERWALD E, RAMIREZ-CASTANEDA V, BRANDT D Y C, et al. Overcoming language barriers in academia: machine translation tools and a vision for a multilingual future[J]. BioScience, 2022, 72(10): 988 - 998.

⑦ MORENO A I. Researching into English for research publication purposes from an applied intercultural perspective[M]//English for professional and academic purposes. Brill, 2010: 59 - 73.

⑧ STEIGERWALD E, RAMIREZ-CASTANEDA V, BRANDT D Y C, et al. Overcoming language barriers in academia: machine translation tools and a vision for a multilingual future [J]. BioScience, 2022, 72(10): 988 - 998.

二、AI 助力学术翻译

使用 MT 或 AI 翻译作为学术写作的辅助工具，可以大大帮助母语为非英语的研究者克服语言劣势。计算机科技于 20 世纪 50 年代至 60 年代开始辅助翻译活动；在 20 世纪 80 年代后，计算机辅助翻译的做法开始被商业化，陆续出现了许多收费的学术翻译服务机构；近年来生成式人工智能的突飞猛进推动翻译科技取得突破性发展，经过大语言模型训练的 AI 翻译器可以胜任绝大多数的翻译工作。例如，谷歌翻译在 2006 年被开发推出时，只是一个功能有限的翻译器，如今已经演变成一个能够服务于不同翻译类型的"便携式口译员"，功能齐全，翻译质量也显著提高。穆罕默德（Mohamed）等探讨了人工智能驱动的翻译领域，分析了人工智能所引发的各种翻译方法、挑战、发展趋势等。在考察了机器学习、深度学习、统计机器翻译、自然语言处理、神经机器翻译、模糊算法、特征提取和评估指标等关键概念后，穆罕默德认为上述 AI 技能的整合已经改变了翻译过程的本质。通过人工智能与人类知识的协作整合，机器翻译能更准确地理解上下文、细微差别和习语表达，因此翻译的准确性及效能得到了显著提升[①]。穆赫辛（Mohsen）等评估了传统翻译工具和先进人工智能翻译工具在处理文学研究学术摘要翻译中的熟练程度。穆赫辛使用 GT（谷歌翻译）、ChatGPT 3.5 和 ChatGPT 4 这三种 AI 翻译工具，对学术摘要进行"英语—阿拉伯语"互译，研究结果显示作为传统翻译工具代表的谷歌翻译存在缺陷，一个显著缺点是它无法准确识别和翻译目标语言中的许多词汇，通常只能进行简单的音译。此外，谷歌翻译经常无法把握上下文的蕴含意义，因此翻译输出通常不够准确，也降低了译文的可读性。相比之下，大型语言模型工具在翻译输出方面表现出色，这可以归因于大型语言模型的训练帮助 AI 理解源语言文本中上下文的细微差别，并有效地将意义从源语言文本传达给目标语言文本。因此，AI 翻译不仅能够生成连贯的句子，还能准确地保留源语言的意图，确保译入目标语言之后译文的可读性[②]。

通过应用 AI 来翻译学术论文，母语为非英语的研究者一方面可以便捷地学习主流国际期刊的新进学术成果，另一方面可以提高他们在主流国际学术期刊发表论文的概率，将他们的读者群从特定语言社区扩大到全球范围内，促使知识跨越语言障碍，在全球范围内传播。具体说来，AI 翻译不仅可以帮助研究

---

① MOHAMED Y A，KHANAN A，BASHIR M，et al. The impact of artificial intelligence on language translation：a review[J]. Ieee access，2024(12)：25553 - 25579.

② MOHSEN M. A. Artificial intelligence in academic translation：a comparative study of large language models and google translate [J]. Psycholinguistics，2024，35(2)：134 - 156.

者将其用母语写作的论文翻译成清晰、连贯的英文,还能确保译文符合特定学术期刊的要求和指南,因而大大提升了母语为非英语的研究者发表论文的机会。相比较于消耗大量人力和时间的传统人工学术翻译,AI 翻译可以在很大程度上替代人工译者,减少对专业翻译人员的需求,从而显著降低学术翻译和校对成本,使得宝贵的时间、经济和脑力资源可以被投入到学术研究中。

首先,母语为非英语的研究者能使用 AI 翻译工具,帮助自己便捷地理解最新的国际学术成果。在 AI 翻译之前,英语水平一般的研究者不得不花费大量的时间和精力来研读英语学术论文,为了克服语言障碍不得不消耗巨大的脑力能量。当 AI 翻译消除了学术阅读的语言障碍,母语为非英语的研究者只需专注于理解论文的概念和逻辑,节省出宝贵的时间和精力来思考和消化英文论文的研究立意和发现。不仅如此,AI 翻译的拓展工具还可以帮助母语为非英语的研究者用自己的母语对论文的思想和概念进行学术提问,AI 翻译拓展工具则使用研究者的母语作出回答。当下,AI 技术已经被广泛应用于学术翻译,以实惠的价格为学者提供便捷的语言服务和出版支持。有了 AI 翻译的助力,学术研究将不再被限制在英语语言的单一结构和词汇中。一旦摆脱了英语语言的限制,来自"低资源"语言国家的研究者可以显著提升自己的学术能力,积极有效地参与到全球学术探讨过程中,在全球范围内展示多样化的学术观察视角,促进不同语言体系之间学者的讨论与合作,推动国际学术知识的创新与交流。

其次,AI 翻译工具可以帮助研究者克服不得不用英语写作论文的劣势。英语作为外语的学者可以利用在线机器翻译引擎和 AI 翻译来辅助英语论文写作,达到用英语发表文章的目的。事实上,人工智能科技公司已经开发出多款在线 AI 翻译工具,不仅易于使用,而且在基础翻译阶段不收取费用,因此受到越来越多研究者的青睐。例如,DeepL, Google Translate, DeepSeek, Immersive 等 AI 翻译工具可以快速将学术论文、研究报告等从一种语言翻译成另一种语言,帮助母语为非英语的研究者快速融入以英语为工作语言的国际学术圈。研究者可以用他们得心应手的母语进行学术写作,然后使用 MT 基础服务生成英语版的论文。尽管现阶段的 AI 翻译并不完美,但支持 AI 翻译的神经机器翻译系统相比于依赖语言学或统计方法的旧机器翻译系统,已经显现出长足的优势。随着大语言模型不断接受深度训练,我们可以预见未来的 AI 翻译译文将更臻完善。相较于完全依靠人力来进行翻译和校对的人工翻译时代,AI 翻译工具可以大幅降低母语为非英语的研究者写作英语论文的难度和成本。经过 AI 翻译系统处理的英文论文稿不仅可以用于初级知识检索,还能为研究者生成可以进一步改进的初稿。在此基础上,研究者可以以合理的价格购买高阶的精细人工翻译服务,对基础版 AI 翻译所形成的英文译稿进行校对和润色。在相关专业领域的大语言模型训练下,一些 AI 高阶精译服务还掌握了相关专业领域的术语储备,不仅可以对学术论文进行校对,还可以对论文提出具有高度专业素质的修改建议。

最后,AI 翻译工具的即时性使学术研究成果被迅捷地传播和分享。AI 翻译工具能在短时间内将学术论文、研究报告等从一种语言翻译成另一种语言,大大缩短了翻译时间。例如,一篇长达 50 页的学术论文,传统人工翻译可能需要数周时间,而 AI 翻译工具可以在几小时甚至更短的时间内完成。降低翻译的时间成本使得更多的学术资源被投入到核心研究问题中,提高了学术生产的整体效率和产出。因为 AI 翻译工具能够迅捷处理多种语言,今后的国际学术交流将不再受限于语言障碍,不同语言的研究成果能够在全球范围内更广泛地传播。得益于 AI 翻译工具,新的学术成果可以迅捷地在全球范围内被检索和查阅,全球知识生产、传播与共享将进入前所未有的新阶段。尤其在一些突发或紧急情况下,AI 翻译工具将帮助不同语言的学者便捷地进行交流和合作,共同推进国际学术合作的发展。例如,在涉及疫情报告或突发事件的全球合作中,不同国家可以借助 AI 翻译交流其研究报告,使不同国家的学者实现即时、准确的沟通,形成共同服务于人类社会福祉的合力。诚然,在使用 AI 翻译工具后,来自母语为非英语的研究者会增强自己在国际期刊发表论文的能力,他们的投稿势必会竞争现有的期刊论文发表的有限版面。但是,这种竞争总体而言是良性的、有益的,因为多样化的视角有助于构建强大和创新的科学知识[1][2][3][4],来自母语为非英语的学者的研究视角必然会拓宽现有英语主导的学术界的认知。因此,得益于 AI 翻译的不仅是母语为非英语的研究者,英语国家的研究者也能全面了解多元的研究视角和发现。可见,使用 AI 翻译工具辅助学术研究,将会提升全球范围内的研究水平与效率,全球学术界的合作与交流因此更为便捷频繁,知识生产的迭代与更新会加快加深。

随着人工智能的引入,当下学术翻译的格局已经发生变化。AI 辅助的学术翻译服务已形成了常见的商业模式。在许多国际学术期刊中,人工智能技术

① BENNETT K. English as a lingua franca in academia: combating epistemicide through translator training[EB/OL]. The interpreter and translator trainer,2013,7(2):169-193.

② ALSHEBLI B K,RAHWAN T,WOON W L. The preeminence of ethnic diversity in scientific collaboration[J]. Nature communications,2018,9(1):5163.

③ HOFSTRA B,KULKARNI V V,MUNOZ-NAJAR GALVEZ S,et al. The diversity-innovation paradox in science[J]. Proceedings of the National Academy of Sciences,2020,117(17):9284-9291.

④ STEIGERWALD E,RAMIREZ-CASTANEDA V,BRANDT D Y C,et al. Overcoming language barriers in academia:machine translation tools and a vision for a multilingual future[J]. BioScience,2022,72(10):988-998.

已经融入编辑工作流程中。目前,在学术生产的各个环节——处理投稿、同行评审、修正以及期刊文章出版过程等,许多期刊都纳入了 AI 技术应用。例如,许多学者已经在使用 GPT – 4 等技术来双重检查翻译的质量,并使用 Grammarly3 和 Paperpal4 等应用程序来检查语法的准确与否。使用 AI 翻译可以帮助学术期刊编辑部减少对专业翻译人员的需求,从而降低翻译成本。在过去,一个学术期刊可能需要雇用多名翻译人员来处理不同语言的投稿,而使用 AI 翻译工具可以显著减少这部分开支。通过 AI 翻译,非英语国家的学术研究成果可以通过 AI 翻译工具被全球学者所了解和引用,更多的学术成果可以被全球范围内的学者和公众访问。可见,AI 翻译工具推动了全球范围内学术成果的开放获取,使得更多的学术资源能够免费或低成本地被公众使用,促进知识的全球传播与共享。

三、AI 学术翻译的局限

尽管 AI 翻译对学术生产有诸多裨益,但新的技术往往也会带来新的挑战与问题。具体而言,应用 AI 的学术翻译的常见问题体现在以下四个方面:AI 翻译的准确性、译文的知识产权归属、译者的学术诚信与伦理、语言的固有偏见等。

首先,AI 翻译的准确性并没有必然的保障。其一是 AI 翻译对专业研究术语的处理可能不够准确。尽管 AI 翻译技术不断进步,但在处理复杂的学术术语和专业内容时,仍可能出现翻译不准确或不恰当的情况。例如,某些特定的学科术语在不同语言中有不同的表达方式,AI 翻译工具可能无法准确捕捉这些细微差别。如果研究者过度依赖 AI 翻译工具,可能会导致他们不能准确地理解某些关键概念与研究内容。其二是 AI 翻译对论文的上下文理解可能会产生偏差。在处理长篇学术文本时,AI 翻译工具可能难以完全理解上下文,导致翻译结果偏离原文的本来意义。例如,在一篇关于量子力学的论文中,某些句子在不同上下文中具有不同的含义,但 AI 翻译工具却无法准确把握这种意义的细微变化,也就无法为研究者呈现准确无误的译文。其三则是 AI 翻译工具往往不能理解学术语言所携带的文化含义。社科类的学术内容往往涉及特定的文化背景和专业知识,但 AI 翻译难以完全理解和传达这些细微差别。例如,某些文化特有的表达方式或隐喻在翻译过程中可能丢失或被误解,导致译文在文化上无法准确再现原文的意义。

其次,我们还需要审慎对待 AI 翻译所生产的译文的知识产权归属。一方面,我们要考虑在使用 AI 翻译处理论文之前,是否获得了原文作者的授权或允许。例如,在当下,如果使用 Immersive 等 AI 翻译工具,研究者可以在几分钟内将一本论著翻译成几十种文字的译文，但在翻译之前研究者往往不会通知论著的作者，因为目前尚未出台明确的法律规定来约束非营利目的的翻译行为。如果研究者仅仅为了个人能更好地理解原著——而不是出于其他商业目的，是否一定要先征得原著作者的首肯才能翻译原著？对此，当下并没有明确的法律规定和约束。当研究者在未经原作者同意的情况下翻译和传播论文或著作，还会涉及原著的版权问题，甚至会引发法律纠纷。例如，某些学术期刊可能不允许未经授权的翻译和传播，如果研究者不了解这些禁令，而是自行使用AI翻译工具来翻译这些期刊论文，就会在不知情的情况下违反这些规定。AI作为一个翻译工具，不可能为论文翻译行为是否违规违法而负责，毕竟AI只是服从研究者的指令而作出的无差别翻译行为。此外，我们还需要考虑AI翻译工具生成的学术论文翻译文本是否需要明确其版权归属。当AI翻译广泛应用于学术研究和发表，译文的版权归属不可避免地成为一个衍生的新问题。如果我们未能明确AI译文的版权归属，很可能会导致进一步的法律争议。

再次，AI翻译工具应用于学术研究，还可能在伦理层面引发译者的学术诚信问题。在当下人工智能监管不成熟的大环境下，某些学者可能会使用AI翻译工具将他人的研究成果翻译成自己的语言，然后作为自己的研究成果在不同的期刊上发表。这样一来，AI翻译工具就会被用于不当目的，导致学术抄袭或剽窃的行径发生，引发学术生产中的伦理忧虑。孙毓智等探讨了英语作为外语（EFL）学习者在学术摘要写作中使用机器翻译的过程和策略，认为机器翻译从根本上改变了英语学术写作的过程。他们的研究显示，调查参与者对在机器翻译辅助下撰写的摘要质量感到满意，但同时也表达出对在学术写作中使用机器翻译时的伦理忧虑[①]。事实上，强大的AI工具不仅能够翻译论文，还能够协助研究者撰写研究论文、总结数据，甚至生成假设。可以说，AI不仅仅是一个辅助翻译工具，而且正在成为内容生产的主要引擎。随着大语言模型训练的不断发展迭代，预计AI生成内容的数量将呈指数级增长，这不可避免会引发人们对AI生成内容的原创性和有效性的质疑。在缺乏监管的情况下，我们很难辨别学术创新的真实性和版权归属。面对AI引发的变革，研究者最好对人工智能发展持谨慎的批判态度。对于上述AI翻译所引发的问题，学术界目前尚未确立相应的学术道德规范来妥善应对。因此，当AI翻译进一步引发学术生产变革，国际学术圈有必要加强监管，确保AI翻译工具不被用于不正当的学术行为。目前，各个学术期刊对作者在写作和编辑过程中使用AI翻译及其他拓展工具的应对措施不尽相同。一些科技公司研发了专门的软件或应用程序，来

---

① SUN Y C，YANG F Y. Exploring the process and strategies of Chinese-English abstract writing using machine translation tools[J]. Journal of scholarly publishing，2023，54(2)：260-289.

检测投稿论文中有无 AI 翻译或 AI 代写的痕迹。但是,现有的 AI 检测器并不一定完全可靠,因此大多数学术期刊仍然会要求作者提交声明,说明在论文写作中具体使用了何种 AI 工具。随着 AI 翻译工具在学术编辑中的进一步普及,学术杂志编辑部势必需要判断投稿论文包含多少独立于 AI 的原创性学术观点和表述,以及如何平衡 AI 翻译和原创表述之间的比例。

最后,AI 在学术翻译中会受到语言偏见的影响。理想的大语言模型会平等呈现所有语言,维护全球语言多样性。然而现实的数字空间却未能公平对待所有的语言,而是在重视某些语言的同时轻视其他语言的存在。学术界将英语作为通用语言的优先地位,可以溯源到漫长的殖民历史。许多"低资源"语言,例如孟加拉语、斯瓦希里语、科萨语、提格里尼亚语、泰米尔语或阿姆哈拉语,都来自具有殖民和压迫历史的发展中国家。这些国家往往不够发达、与互联网不够紧密联系,因此其人口群体所使用的语言可能在大语言模型开发中没有获得充分的关注,因而这些语言的微妙上下文和丰富内涵往往未能在 AI 工具中得到体现。戈登(Gordon)的研究表明,AI 神经机器翻译(NMT)和其他大型语言模型中固有的语言偏见存在显著的不平衡[1]。目前,ChatGPT 等先进大语言模型主要被设计为应用英语来工作,它们能够将许多语言翻译成英语,而且在处理"高资源"语言(如英语、西班牙语、中文和法语)时表现良好。但当 ChatGPT 尝试将英语翻译成其他语言,尤其是那些使用非拉丁字母的语言(如韩语)时,就会遇到诸多与准确性相关的问题。这种不平衡意味着非英语文本及其翻译可能会缺少准确性或文化相关性。

戈什(Ghosh)和卡利什坎(Caliskan)的研究显示,ChatGPT 在英孟翻译中存在性别偏见。相比于英语,孟加拉语是一种较少被研究的"低资源"语言,它使用性别中性代词。作者在 ChatGPT 中发出职业和行为的提示,发现 ChatGPT 的反馈表现出强烈的隐性性别偏见。例如在职业上,倾向于将医生与"他"关联,将护士与"她"关联;在行为上,倾向于将烹饪等行为与"她"关联。即使作者在提示中明确提供性别信息,ChatGPT 的反馈依然反映以上性别偏见。除了孟加拉语,其他五种性别中性语言在被翻译成英语时,依然出现了性别偏见问题。作者认为,这些偏见源于 ChatGPT 的训练数据和社会因素,可能助长有害的性别刻板印象、抹杀非二元性别身份[2]。

胡沙法(Khoshafah)关注 ChatGPT 从阿拉伯语到英语的翻译输出,并将

① GORDON S F. Artificial intelligence and language translation in scientific publishing[J]. Science editor,2024,47(1):8-9.
② GHOSH S,CALISKAN A. Chatgpt perpetuates gender bias in machine translation and ignores non-gendered pronouns: findings across bengali and five other low-resource languages[C]// Proceedings of the 2023 AAAI/ACM Conference on AI,Ethics,and Society,2023:901-912.

其与专业人工翻译进行比较。在各种文本类型（如历史、文学、媒体、法律和科学）中的翻译比较结果显示，ChatGPT可以为简单的内容提供准确的翻译，但当文本涉及复杂的专业知识或细微的文化差别时，例如在法律文件、医学报告、科学研究和文学作品方面，ChatGPT的翻译缺乏人工翻译的精确性和敏感度。作者据此提出：在使用ChatGPT作为翻译工具时，我们需要在处理专业技术性、文化语境或高度敏感的内容时保持谨慎，必要时需要结合专业的人工翻译/校对服务来确保译文的精准①。

以上研究显示，虽然AI翻译技术能帮助人们翻译西方世界的主导语言或"高资源"语言，如英语、西班牙语和法语，但同样的大语言模型在翻译非主导语言或"低资源"语言时往往表现欠佳。目前，尽管已有研究人员在积极开发"低资源"语言的机器翻译模型，但上述源于殖民历史的语言偏见仍然存在，并难以在短时间内被消除。众所周知，偏见会减损客观性，而客观性在学术出版中至关重要。因此，学术出版界有责任意识到这些潜在的偏见，并采取有效措施来提高AI翻译大语言模型的包容性和可及性。同时，研究者有必要审视他们在工作中使用的AI工具，并批判性地反思与之相关的潜在风险。

综上所述，AI翻译工具犹如一把双刃剑，一方面可以显著地帮助研究者提高学术生产效率、降低时间和经济成本、促进知识传播，另一方面在译文的准确性、知识产权归属、文化差异的表述、不同语言的公平对待等方面还亟待改进。如何善用AI翻译工具，既享受人工智能带来的高科技红利，又保持学术的自主性、独立性、原创性，是学术界面临的一个共同问题。随着人工智能的不断发展，研究者、作者和出版商应考虑AI翻译涉及的潜在偏见的伦理问题，权衡各种利弊，并在翻译过程中保持谨慎，确保人的参与不可或缺。

四、出路：人机协作的混合学术翻译

我们需要将AI翻译与人工翻译结合应用于学术翻译。人类语言复杂而丰富，受到文本类型、上下文蕴意以及说话者或作者意图等众多因素的影响，而这些因素也成为大语言模型难以攻克的挑战。为了在学术翻译中消除歧义、解释专业术语、确保文化敏感性，人类译者的干预变得不可或缺。不可否认，AI翻译虽然便捷，但仍然逊色于最优秀的人类翻译者。在传统的翻译实践中，翻译是一项艺术，卓越的翻译者可以被冠以"翻译家"的美誉，他们的译作可以达到与原作的艺术价值相媲美的美学高度，如傅雷译《巴尔扎克》、严复译《天演

---

① KHOSHAFAH F. ChatGPT for Arabic-English translation：evaluating the accuracy[J]. Research square，2023(4)．

论》、王佐良译《论读书》、朱生豪译莎士比亚戏剧等,所生产的中文版本已经成为经典译作。目前,虽然 AI 翻译生成的译文已经大量存在,但还没有任何一本能够获得与卓越的人类翻译家相仿的艺术成就。同样在学术界,尽管研究者在学术研读和论文发表中会使用 AI 翻译工具,但 AI 软件并不能替代学者的角色。鉴于当下无论是 MT 翻译还是 AI 翻译,都不能超越优秀的人类翻译者,因此人机协作将会成为确保高质量学术翻译的最佳解决方案。人类审阅者在 AI 时代的学术生产中仍然发挥关键作用,人类的批判性思维和严格审查仍然是学术创新的基石。因此,不管是学术刊物编辑部还是研究者个人,都应该在使用 AI 翻译工具时结合人工校对和专业审查。戈登认为大语言模型中潜藏着错误和偏见,因此人工智能技术应被用于协助学术翻译人员的工作,而不是替代人工翻译。虽然高级人工翻译往往价格昂贵,但它能更准确地传达意义,在翻译工作中出错的风险远低于 AI 技术。戈登预测未来的翻译工作模式是一个结合了 AI 与人工审查的混合模型。一方面,提供 AI 翻译的商业机构需要将人工智能技术与人工审查相结合;另一方面,研究者、语言学家和人工智能专家之间需要保持合作,以推出更复杂的大语言模型,捕捉到不同语言之间的精准概念蕴含与细微文化差别①。

　　人机协作的混合翻译模式可以确保更准确的学术翻译。众所周知,学术论文关乎特定领域中的知识创造和生产,要求高度的专业性,因此学术翻译的容错率极低,基本上是一种不容许错误的翻译类型。如果研究者希望在国际期刊发表研究论文,相关翻译工作就必须非常谨慎、力求准确。截至目前,AI 技术尚无法进行原创性思考或批判性思考,因此在关键的翻译文本定夺中还必须由人类审阅者来进行思考、权衡与判断。此外,在以创新为关键的学术生产领域,研究者的最新知识生产往往还未进入 AI 翻译软件训练的大语言模型中。因此,缺乏最新学术语料训练的 AI 软件在翻译相关论文时,往往容易出错。由此可见,鉴于 AI 翻译技术无法完全掌握的复杂而细微的语义差别,即便 AI 可以协助完成学术翻译的初始工作,人类语言专家在学术编辑和审查过程仍然发挥关键作用。因此我们有必要设计一种混合翻译模型,既能迅速完成翻译任务,又能确保译文的准确性。

　　面对 AI 带来的巨大变革,AI 翻译软件也在更新迭代。学术界别无选择,只能与时俱进,积极应对 AI 引发的各种变化,尝试用不断迭代的 AI 翻译技术来服务于学术研究和知识传播。在可预见的未来,随着 AI 技术的不断进步,AI 翻译在学术生产中的应用将越来越广泛,通过深度学习和自然语言处理技

---

① GORDON S F. Artificial intelligence and language translation in scientific publishing[J]. Science editor,2024,47(1):8-9.

术的进一步发展，AI 翻译软件将会被训练用更复杂的神经网络模型来处理高难度的概念术语和上下文关系，由此我们可以预见 AI 翻译的准确性、专业性和丰富性将会不断得到提高。人工智能开发者将为特定学科和领域开发出专业定制的 AI 翻译工具，例如，为医学、法律、工程等特定学科开发专门的 AI 翻译工具。经过专业的论文语料的不断训练，这些 AI 翻译工具有望进一步提高学术翻译的准确性和专业性。

五、AI 学术翻译推动巴别塔的重建

AI 推动的学术翻译变革到底会激发人类知识生产的创造性，还是会使我们逐步丧失这种创造性？在翻译环节，AI 大大降低语言技能所制造的门槛，减少翻译者的时间与精力投入。然而，我们需要警惕 AI 翻译提供的便利会使人产生依赖与惰性。语言学的发现显示，语言与思想、观念、价值、伦理等不可分割，当人们掌握了某种语言，就可以获得一个洞悉该文化体系认知和价值的重要视角。当 AI 翻译可以便捷地帮助人们实现语际转换，人们大概率会削减学习外语的时间和精力投入，这样人们的外语知识和应用能力可能会降低，对外语所在文化体系的认知也会降低。如此一来，AI 翻译势必导致研究者忽视自身的外语学习和跨语际学术交流能力的培养，从而剥夺人们进行跨语言对比和思考能力。我们可以用一个类比来说明这一困境：当农民深耕田地并积肥，在这块土地上后期将会有丰硕的农业产出；当我们付出心力和时间学习并掌握一门或几门外语，我们不仅获得对该文化体系的洞见，还可以在母语与外语的对比中得到有意义的跨文化发现和新的研究创意。反之，如果农民不再深耕田地并积肥，来年就不会有好的收成；当我们不再学习外语，我们不仅不再能深刻理解异域文化体系，也失去从对比中思考和得出有价值研究思路的机会。

当 AI 翻译在智识生产领域消解了语言的藩篱，语言不再成为阻碍知识交流和生产的边界，人类社会将如何发展？穆罕默德（Mohamed）等对人工智能驱动翻译的探索揭示了一条充满可能性和前景的发展路径。他们认为人类创造力与人工智能准确性的融合正在开启一个无限的沟通领域，有助于发展一个能够帮助人类克服语言障碍的全球社会，促成"全球大脑"的产生[①]。学术以知识创造为追求，学者们对未知充满好奇与探索，渴望获得突破性的洞见，期望获得通天的智慧。在这种情境下，我们有必要思考 AI 翻译是否会帮助人类重建巴别塔。《圣经·创世纪》中记载的巴别塔（又译通天塔）已成为翻译研究中一

---

① MOHAMED Y A，KHANAN A，BASHIR M，et al. The impact of artificial intelligence on language translation：a review[J]. Ieee access，2024(12)：25553 - 25579.

个经典比喻。故事讲述了人们希望建造一座通天塔来获得接近上帝的能力与智慧，但上帝却使人类语言发生变乱，引发他们相互间的理解偏差与沟通困难，因此通天塔的建造以失败告终。翻译研究者从圣经故事中获得灵感，将翻译这种在源语和目的语之间的语码转换活动比喻为对巴别塔的重建，目的是使人类突破语言的壁垒、达成理解与沟通。AI 翻译的问世和广泛应用，不由得使研究者们重新燃起了借助 AI 来建造一座通天塔的热情。当语言之间的障碍被 AI 翻译技术拆除后，学术翻译与交流会达到前所未有的迅捷，学术思想的流动与创新会催生新的发现与洞见。当下，人类正在借助 AI 翻译突破圣经中上帝所设计的语言变乱，集思广益，建造一座数字通天塔，获得前所未有的智慧和力量。掌握了前所未有的智慧与力量的人类，将会把人类文明引向何方？这个问题值得我们仔细思量。

作者介绍

马景秀为上海外国语大学副教授、外国语言学与应用语言学方向博士、英语语言学硕士生导师，研究兴趣为新闻话语分析、西方修辞学。自 2001 年 3 月至今任教于上海外国语大学新闻与传播学院，主持并完成校级项目两项，参与并完成国家民委课题一项，出版专著《英语新闻与修辞》，在语言类、新闻传播类 CSSCI 检索学术期刊上发表多篇论文。

AI 时代学术翻译的再语境化策略研究

李　美

　　本文探讨了在人工智能快速发展的背景下，学术翻译如何通过再语境化策略有效应对文化差异、读者接受度以及文化保留等挑战。本文首先分析了当前学术翻译面临的主要问题，包括文化过滤、语境意识缺失和东西方文化融合等难题。随后，从包含术语在内的学术词汇及句子层面两个角度，提出了一系列再语境化的策略，以优化译文质量。通过对具体案例的分析，本文展示了这些策略在实际中的应用效果，并对其有效性进行了评估。最后，本文总结了再语境化策略的重要性，并对未来学术翻译的发展提出了展望。

This paper delves into the challenges faced by academic translation in the rapidly advancing era of artificial intelligence, focusing on how contextualization strategies can effectively address issues such as cultural differences, reader acceptance, and cultural preservation. Initially, the paper analyzes the primary problems confronting current academic translation, including cultural filtering, lack of contextual awareness, and the integration of Eastern and Western cultures. Subsequently, from the perspectives of academic vocabulary (including terminology) and sentence structure, a series of contextualization strategies are proposed to enhance the quality of translations. Through the analysis of specific cases, this paper demonstrates the practical application and effectiveness of these strategies. Finally, the paper summarizes the significance of contextualization strategies and offers prospects for the future development of academic translation.

再语境化是翻译研究领域中的一个重要概念①,具体而言,是指将特定的文本从其最初产生并赋予其特定意义的原始语境中抽离出来,随后将其重新安置于一个全新的语境之中。这一独特的操作过程并非简单的文本迁移,而是需要充分考虑到不同文化、社会以及语言环境之间的差异与联系,从而使文本能够在新的语境中以恰当地呈现和理解。

再语境化这一过程对于翻译的质量和效果而言,具有不可忽视的重要影响。在翻译实践中,仅仅对原文本进行字面上的转换是远远不够的,还需要通过再语境化的操作,确保译文能够在目标语言的文化、社会和语言环境中准确传达原文的含义和意图,使译文读者能够获得与原文读者相近的阅读体验②。同时,再语境化在跨文化交流中也扮演着至关重要的角色。它犹如一座桥梁,连接着不同文化背景下的人们,促进了信息的有效传递和文化的交流互鉴③。

近年来,随着全球化进程的不断加速以及信息技术的迅猛发展,再语境化的应用范围得到了前所未有的拓展④。它不再局限于某一特定的领域或文本类型,而是广泛地涵盖了从源远流长的古典文学到日新月异的现代科技语,从具有权威性和规范性的政策文件到充满互动性和即时性的社交媒体内容等多个领域⑤。这种广泛的应用表明,再语境化已经成为适应时代发展需求、促进多元文化交流的重要手段和工具。

一、AI 时代学术翻译面临的挑战

学术翻译作为促进国际知识共享与文化交流的关键媒介,在当今时代背景下显得尤为重要。随着全球化进程加速及科学技术不断进步,高质量学术翻译的需求持续增长,其覆盖的主题也变得更加多样化。无论是自然科学还是人文社会科学,抑或是教育或医学领域内的研究资料⑥,都需要通过精确而流畅的翻译来跨越语言障碍,实现信息的无障碍传播。然而,与此同时,学术翻译也面临着一系列复杂的问题和挑战,这些问题不仅涉及语言层面的转换,还包括文

---

① 苗兴伟,钟敏君.再语境化理论:进展与前沿[J].天津外国语大学学报,2023,30(5):69-76+112.
② 韩松,吴通通.再语境化下外交例行记者会中国特色文化词句英译研究[J].沈阳建筑大学学报(社会科学版),2022,24(6):610-614+636.
③ 田丽媛.弗莱原型理论的再语境化——浦安迪《红楼梦》研究的方法论省思[J].曹雪芹研究,2023(2):172-185.
④ 李坤航,刘瑜.以柳树图案为例浅谈框架的再语境化[J].艺术与设计(理论),2022,2(12):136-139.
⑤ 李梦.用典翻译的"再语境化"可行性研究——以《习近平用典》为例[J].安阳师范学院学报,2021(3):119-122.
⑥ 高芸,张李赢,戴乐.中医术语翻译语境研究的现状与展望[J].中华中医药杂志,2024,39(4):1893-1896.

化、语境、专业知识等多个维度的考量，如：

（1）语言与文化转换的挑战：

• 双语差异——不同语言之间存在语法结构、词汇使用、表达习惯等方面的差异，译者需要熟练掌握两种语言并进行有效转换。

• 文化过滤——译者需要处理双语之间的文化差异，包括对特定文化背景下的概念、价值观、习俗等的理解与传达，确保原文的意图和含义得到准确传递。文化过滤可能导致某些信息在翻译过程中被误解或丢失①。

• 东西方文化融合——要求译者在保持原文文化特色的基础上，巧妙调整使其契合目标语言的文化语境与表达习惯，这是一个需要高度技巧和敏感性的过程。

（2）语境与专业知识的理解：

• 语境意识——对学术文本的理解依赖于特定的语境，要求译者对双语的学术环境有深入了解，以便更好地把握文本含义②。

• 相关专业知识——学术翻译要求译者不仅要精通语言，还要对翻译的学科领域有一定的了解，这样才能准确理解和翻译专业性强的内容。

（3）术语一致性问题：学术翻译中经常会出现专业术语的使用不一致，这不仅会造成读者的困惑，还可能影响学术研究的准确性。译者需要建立和维护一个专业术语库，确保在整个翻译过程中术语的一致性和准确性③。

（4）辅助工具的合理运用：译者需要合理运用各种辅助工具，如在线词典、术语数据库、翻译记忆软件等，提高翻译效率和质量，同时处理机器翻译无法解决的问题。

总之，学术翻译是一项复杂且艰巨的任务，它要求译者具备高水平的语言技能、深厚的文化素养、专业的知识背景以及灵活运用各种翻译工具的能力。只有克服了上述挑战，才能确保学术翻译的质量和效果④。

值得注意的是，近年来机器翻译技术取得了显著进展，为解决上述难题提供了新的思路。一方面，机器翻译凭借其强大的计算能力和海量的数据资源，借助于先进的算法模型，能够在极短的时间内快速处理大量的文本信息，提高翻译效率。无论是长篇的学术论文、海量的文献资料，还是实时的在线交流信息，机器翻译都可以迅速给出翻译结果，这在信息爆炸的时代尤为重要。另一方面，机器翻译具有强大的一致性。由于其基于预设的算法和规则进行翻译，

---

① 李细.全球化语境下少数民族文学翻译中的文化过滤研究[J].山海经：教育前沿，2021(4)：0151.
② 单嘉伟，楼捷.语境在英语翻译中的作用探析[J].海外英语，2023(19)：25－27.
③ 何甘琳.国际语言服务背景下学术话语翻译能力提升研究[J].现代语言学，2023，11(12)：5755－5759.
④ 张泽芳.学术译著翻译的基本原则和规范[J].文教资料，2023(22)：8－12.

对于相同的词汇和句式结构,每次翻译的结果基本保持一致,不会出现因人为因素导致的翻译差异。这对于一些需要统一术语和规范表达的领域,如法律、科技等,非常有帮助。此外,随着技术的不断发展,一些先进的机器翻译系统已经具备了一定的语义理解和语言生成能力,能够在一定程度上模拟人类的语言表达方式,生成较为流畅自然的译文。例如,在处理一些常见的句式结构和专业术语时,机器翻译能够给出相对准确的结果,减轻了译者的负担。

然而,我们也必须清醒地认识到,机器翻译目前仍然存在诸多局限性。尽管它在语言处理方面取得了很大进步,但对于复杂的语言现象、文化内涵和专业知识的理解仍然有限,其自动生成的内容尚不能完全达到人工译者所能提供的质量标准①。最值得注意的是,机器翻译往往难以准确把握语境信息,容易出现语义歧义和文化误解。因此,在 AI 时代的学术翻译领域,机器翻译不能完全替代人工翻译,但两者结合使用已成为一种可行且有效的解决方案②。因此,探索如何充分利用 AI 带来的优势同时保留人类智慧的独特价值,即在保证信息准确无误的基础上更好地传递源文化的精髓,成为当前学术界关注的热点话题之一。这不仅要求我们重新审视传统翻译方法论,还需要开发更加智能化的支持系统以优化整个工作流程,从而推动整个行业向着更高层次发展。

据此,将语境化策略置于 AI 时代背景下的学术翻译研究,具有特别重要的意义。这是因为,虽然 AI 翻译技术取得了显著进展,但机器翻译仍然存在诸多局限性,如无法完全理解上下文、难以处理复杂的文化元素等,而再语境化策略的研究有助于弥补这些不足,通过人工干预和优化翻译流程,大幅度提高机器翻译的准确性和可读性。其一,再语境化策略能够帮助译者更好地理解和传达源文本中的文化内涵,减少因文化差异导致的误解,从而促进不同文化之间的相互理解和尊重;其二,再语境化策略强调根据目标语言和文化的特点对原文进行适当调整,使译文更加符合目标读者的阅读习惯和认知模式,从而提高学术翻译的质量;其三,再语境化策略的研究不仅能够丰富现有的翻译理论体系,还能为实际的翻译工作提供指导和支持。通过对再语境化过程的深入探讨,可以发现新的翻译方法和技巧,推动翻译实践的创新和发展。

本研究旨在探讨在 AI 时代背景下,如何通过再语境化策略提升学术翻译的质量与效率,以期为未来的学术研究和实践提供有益的参考和借鉴。

---

① MIRZAEIAN V R. The effect of editing techniques on machine translation-informed academic foreing language writing[J]. The Eurocall review, 2021, 29(2): 33-43.

② AYOUB K, PAYNE K. Strategy in the age of artificial intelligence[J]. Journal of strategic studies, 2016, 39(5-6): 793-819.

二、学术翻译中词汇层面的再语境化

在学术翻译领域,词汇层面的再语境化是确保语意传达的关键步骤。此过程不仅涉及对源语词汇的深入理解、精准转换以及在目标语语境中的恰当重构,更涉及深层文化和认识论层面的适应与调整,旨在确保学术信息的准确传递和有效交流。某些特定词汇如专业术语作为特定学科内的核心元素,还承载着丰富的理论负载和语境依赖性,其翻译需在忠实原意与适应受体文化间找到平衡点。

首要的是,学术词汇的再语境化要求译者进行深入的源语与目标语之间的概念对等搜索。这不仅要求译者具备双语能力,还需对相关学科有透彻的理解,以便准确捕捉该词在源语中的精确含义及其在学术脉络中的位置。例如,"theoretical framework"一词直译为"理论框架",但在某些学术传统中可能更倾向于使用"理论架构"或"理论模型",以更好地符合中文学术写作的习惯和精确度。

与此同时,不同语言有着各自独特的表达方式、文化背景和情感色彩,不同文化背景下,同一词汇可能引发不同的情感反应或联想,译者需敏锐察觉这些差异,考虑该词汇在目标语文化中的接受度和理解难度,并通过恰当的翻译策略进行调整。大多数情况下,直译可能难以被读者理解和接受,因此,词汇层面的再语境化能够帮助译者将源语中的词汇以一种符合目标语文化和习惯的方式呈现出来,如选择中性词汇、增加解释性注释或调整语气,以确保该词在目标文化中的恰当呈现,从而使读者更容易理解和接受。例如,中文中常用"望闻问切"来描述中医诊断病情的方法,而英文中可能用"four diagnostic methods"(四诊法)而不是"inspection, auscultation and olfaction, interrogation, and palpation"来表达,这样的转换更符合英语的表达习惯。

在选择词汇时,译者必须深入剖析原文,精确界定原文词语的内涵与外延,结合上下文细致入微地揣摩词语的确切含义,确保对其意义有全面而准确的把握,避免因片面理解、过度解读或理解不足而导致语意的扭曲或失真,随后再在译文中挑选与之对应的恰当词语。这一过程中不仅要考虑词语的基本意义,还要考虑其在具体语境中的微妙差异及情感色彩。值得注意的是,英汉两种语言均展现出一词多类、一词多义的特性,这使得词汇的理解与翻译更加复杂。所以,译者不仅要依据词性来初步判断其可能的意义范围,更要紧密结合词语所处的上下文环境,通过逻辑推理、语义分析等方法,精准定位其在特定语境中的含义——这也是词汇再语境化策略的核心所在①。

以"arrangements"一词为例,其在不同语境中的含义可能千差万别。在某些情况下,它可能指的是"安排"或"布置",如会议安排(meeting arrangements);而在其他场合,它又可能表示"筹备"或"筹划",如婚礼筹备(wedding arrangements)。因此,在翻译过程中,译者必须根据具体语境来准确判断其含义,并选择相应的中文表达方式,以确保译文的准确性和流畅性。例如:

例 1. **原文**:Do **arrangements** for intellectual property protection balance the interests of copyright holders and information users in ways that promote innovation and creativity?

机器翻译:知识产权保护的**安排**是否以促进创新和创造力的方式平衡了版权持有人和信息用户的利益?

人工改译:知识产权保护的**规定**是否平衡了版权所有者与信息使用者间的利益,从而促进创新?

例 2. **原文**:Data protection **arrangements** are important in ensuring that open data sets do not undermine individual privacy.

机器翻译:数据保护**安排**对于确保开放数据集不破坏个人隐私至关重要。

人工改译:数据保护**制度**对确保个人隐私免受公开数据损害至关重要。

例 3. **原文**:Legal framework concerning access to publicly-held data sets,including **arrangements** for anonymisation,and evidence of implementation by government and other competent authorities...

机器翻译:关于获取公共持有数据集的法律框架,包括匿名化**安排**,以及政府和其他主管部门实施的证据⋯⋯

人工改译:关于公共数据获取的法律框架,包括匿名化**处理**规定,以及政府和其他主管部门实施法律框架的证据⋯⋯

以上三组举例出自同一本探讨人工智能与先进信息传播技术的学术著作,原文中的 arrangements 都不应如机器翻译那样,想当然地译作"安排",而是应

---

① ALTAHMAZI T H M. Creating realities across languages and modalities:multimodal recontextualization in the translation of online news reports[J]. Discourse,context & media,2020 (35):100390.

该根据上下文语境，进行再语境化处理，分别用"规定""制度""处理"等来再现其在原文中的语意。

除此之外，在学术著作中，如若涉及专业术语，其再语境化策略还须关注译文表达的一致性及标准化问题①。为提升学术交流的顺畅性和有效性，学术界普遍推崇术语的一致性使用，以减少误解并促进学术交流②。基于此，译者在进行学术翻译时，需要广泛参考权威词典、专业的数据库以及已有的学术翻译实践，以确保术语翻译的准确性和规范性。其一，权威词典通常汇聚了各领域专家的智慧和研究成果，对专业术语的定义和解释具有较高的权威性和可信度；其二，专业的数据库则提供了丰富的学术资源，其中包含了大量经过同行评审的学术论文、研究报告等，这些文献中的术语使用往往遵循一定的学术规范和标准，译者可以从中学习和借鉴；此外，已有的学术翻译实践也是译者的重要参考依据，前人在翻译过程中积累的经验和方法是宝贵的财富，可以帮助译者更好地理解和处理专业术语的翻译问题③。

最后，需要补充说明的是，随着科学技术的飞速发展和社会的不断进步，新兴术语如雨后春笋般不断涌现，多义术语的使用也日益频繁。在这种情况下，译者不能简单地按照常规方法进行翻译，而是需要深入分析上下文，仔细甄别术语在特定语境中的含义。必要时，译者还可以根据专业知识及目标语读者的理解能力创造新词来准确表达术语的含义④。这需要译者具备扎实的语言功底和深厚的专业知识，能够在遵循语言规律和学术规范的前提下，创造出既能够准确传达术语内涵又符合目标语表达习惯的新术语。另外，采用注释的方式提供额外信息也是一种行之有效的方法。注释可以对术语的背景知识、特定含义或者相关的限制条件等进行进一步说明，帮助读者更好地理解术语的含义和使用场景。例如，在翻译一些涉及前沿科技的专业术语时，译者可以在译文中添加注释，解释该术语的基本原理、发展现状以及在相关领域的应用情况等，从而为读者提供更全面、准确的信息。总之，术语翻译再语境化的动态性不容忽视。随着学术研究的进展、跨文化交流的加深和文化的变迁，一些术语的含义和用法可能会发生变化。译者应持续跟踪学术前沿，更新自己的知识体系，积极参与到术语的讨论和审定中，以促进术语翻译的规范化和标准化，确保翻译

---

① 蒋继彪.中医药术语翻译规范化再思考[J].中国中医基础医学杂志,2023,29(6):1004-1007.

② 许宗瑞.外来译学术语的翻译与统一——以勒菲弗尔"Universe of Discourse"的翻译为例[J].上海翻译,2022(5):38-43+95.

③ 刘性峰,魏向清.交际术语学视阈下中国古代科技术语的语境化翻译策略[J].上海翻译,2021(5):50-55.

④ 高芸.国际语境下中医术语翻译的标准化与多样性[J].中国科技术语,2023,25(3):53-58.

的时效性和准确性①。

要而言之,学术翻译中词汇层面的再语境化是一个高度复杂且精细的过程,它要求译者具备高度的语言敏感性、深厚的专业知识以及对两种文化的深刻理解,在进行语言转换的同时,深入挖掘术语背后的文化、认知和情感层面,通过创造性的翻译策略,实现词汇在新的学术语境中的有效再生与传播。

三、学术翻译中句子层面的再语境化

句子层面的再语境化是指在学术翻译过程中,译者不仅仅关注单个句子内部词汇的转换,还需要从整体篇章、目标语言的文化背景、学术规范以及目标受众的认知角度出发,对整个句子的结构、语义和交际功能进行重新调整和构建。这意味着译者要根据目标语言的特点和要求,灵活改变句子的形式,使其在新的语言环境中能够最有效地传达与原文等同或相近的意义。

与学术词汇及专业术语相比,句子作为语言表达的基本结构单位,其承载的信息和意义更为复杂。首先,不同语言的句法结构各不相同,学术英语多长难句,常使用从句嵌套来表达复杂的逻辑关系,而汉语则更倾向于使用短句,通过流水句或并列句来阐述观点②。在翻译过程中,译者需要根据目标语言的句法特点对句子进行调整,使译文更符合目标语读者的阅读习惯。其次,文化因素在句子层面的再语境化中也起着关键作用。一些句子所蕴含的文化意象、典故或隐喻可能在不同文化中有完全不同的含义或理解方式③。译者需要识别这些文化元素,并采取合适的再语境化策略,用更符合目标语言文化认知的表达方式进行处理,从而使读者能够更好地理解句子的意图④。除此之外,不同的学术领域和语言有不同的规范和风格要求,在翻译学术文本时,译者要遵循目标语言学术写作的规范,包括句子的正式程度、引用格式等。例如,在文学评论的学术文本翻译中,句子可能需要更具文学性和表现力;而在自然科学领域的翻译中,句子要准确、简洁,避免模糊和歧义。也就是说,句子层面的再语境化策略能够确保译文在语法正确的基础上,符合目标语言的学术表达习惯,避免因文化差异或语言结构差异而导致的误解,从而更好地实现学术知识在不同语言群体之间的交流与传播。

---

① TIAN C, WANG X, XU M. Historico-cultural recontextualization in translating ancient classics: a case study of Gopal Sukhu's The Songs of Chu[J]. Perspectives, 2022, 30(2): 181 - 194.

② 田竹君,马永良.关联翻译理论视角下学术论文长难句的汉译[J].现代英语,2023(7):79 - 82.

③ SUMBUL F. Translation of culture-specific references in the Turkish translation of Shakespeare's Macbeth[J]. International journal of language and translation studies, 2021, 1(2): 16 - 28.

④ AKKALIYEVA A, ABDYKHANOVA B, MEIRAMBEKOVA L, et al. Translation as a communication strategy in representing national culture[J]. Social inclusion, 2021, 9(1): 5 - 13.

具体来讲，学术翻译句子层面再语境化的策略主要有以下几点。

（一）句法重构

语境，作为理解和传达意义的核心要素，涵盖了文本的主题、目的、目标受众及语言风格等多个维度。在学术翻译领域，译者的首要任务是深入剖析原文的语境，以此为基础精心挑选句法结构，以构建译文中的语境框架，确保译文在整体上呈现出高度的连贯性与一致性。

句法重构，这一过程远不止于对单个句子的简单调整，它要求译者具备全局视野，将整个文本的语境纳入考量范围。通过句法重构，译者能够灵活地调整句子的结构、语序和句型等关键元素，使译文更加贴合目标语言的表达习惯和逻辑顺序。同时，这种调整并非孤立进行，而是紧密围绕整个文本的语境因素展开，以确保译文在整体上保持连贯性和一致性。这样的处理方式不仅有助于译者更准确地传达原文中的语境信息，还能使译文读者更易于把握原文的意图和深层含义，从而实现有效的跨文化沟通。例如：

例 4. **原文**：According to some studies, on average women are 25 per cent less likely than men to know how to use ICT for basic purposes, such as using simple arithmetic formulas in a spreadsheet; men are around four times more likely than women to have advanced skills such as computer programming; and just 2 per cent of ICT patents are generated by women globally.

机器翻译：一些研究表明，平均而言，女性使用信息通信技术处理诸如电子表格中简单算术公式等基本用途的能力比男性低 25%；男性掌握如计算机编程等高级技能的可能性比女性高约四倍；而全球只有 2% 的信息通信技术专利是由女性发明的。

人工改译：某些研究表明，平均而言，在掌握如何将信通技术用于基本目的方面——比如在电子表格中使用简单的算术公式，女性比男性低 25%；在计算机编程等高级技能方面，男性大约是女性的四倍；全球信通技术专利中，只有 2% 由女性获得。

这是一个长达 63 个词的长句，译者在翻译过程中充分考虑了语境因素，根据中文习惯，通过词汇选择与调整、直译与意译相结合、结构重组、文化考量以及语境融入等策略，使译文既忠实于原文又符合中文的文化和语境要求，同时在效果呈现上也表现出准确性、流畅性、专业性、连贯性和整体感等特点，实现了句子翻译的再语境化，使得译文既忠实于原文，又符合目标语言的文化和语境要求。

（二）文化适应

翻译经验表明,处理具有独特文化标识的表达形式(如典故、俗语、特定文化符号等)时,采取文化移植策略十分有效。即在译文中保留源语文化元素的独特性与原始性,同时辅以详尽注释或阐释性文字,揭示其背后的文化渊源、象征意义及具体所指,以实现源语文化到目标语文化的有效传递与交流,丰富目标语读者对异域文化的认知与理解。

然而,当源语文化中的特定元素与目标语文化之间存在较大差异时,情况则大为不同。这种差异可能导致直接移植引发理解障碍或文化冲突。此时,宜采用文化转换的模式。通过深入挖掘源语文化元素与目标语文化之间的相似性与关联性,寻找能够产生类似文化效果或情感共鸣的替代性元素或表达方式,将原文中的文化内涵以一种符合目标语文化习惯的形式呈现出来,从而实现文化的适应性转换,促进译文在目标语文化环境中的接受度与融合度。例如:

> 例 5. **原文**:Our political culture hasn't yet fully sorted AI issues into neatly polarized categories. A majority of adults profess to worry about AI's impact on their daily life，but those worries aren't <u>coded red or blue</u> .
>
> **机器翻译**:我们的政治文化尚未完全将人工智能问题归类到截然对立的类别中。大多数成年人声称担心人工智能对他们日常生活的影响,但这些担忧并未<u>被划分为红蓝阵营</u>。
>
> **人工改译**:我们的政治文化尚未完全将人工智能问题整理成清晰的两极化类别。大多数成年人都表示担心人工智能会对他们的日常生活产生影响,但这些担忧并没有<u>被明确地划分到特定的政治阵营或意识形态中</u>。

该例中的"coded red or blue"实际上是美国政治中的一种隐喻,代表不同的政治立场和党派(共和党通常用红色表示,民主党通常用蓝色表示)。然而,在更广泛的国际或非特定于美国的语境下,读者可能并不熟悉这种隐喻。"特定的政治阵营或意识形态"这一翻译选择,通过更精准的语义传达、更强的语境适应性、更好的逻辑性和连贯性以及更深的语言表达,在再语境化的过程中,不仅使译文更加易于理解,也增强了其在目标语语境下的适应性和可接受性,从而使译文更加贴近目标语读者的文化背景、知识储备和阅读需求。

（三）读者导向

在进行句子层面再语境化操作时,需充分考量目标语读者的预期视野与认知水平。通过对目标读者群体的语言能力、文化背景、知识储备以及阅读目的等多方面因素的综合评估，预判读者对译文的理解能力与接受程度。在此基础上，从读者的阅读体验角度出发，致力于优化译文的句子结构和表达方式，有针对性地调整翻译策略，遵循目标语的语言习惯与美学标准，避免使用过于复杂生僻的词汇、冗长拗口的句式或不符合目标语表达规范的结构形式，以免给读者造成阅读障碍，如在保留源语文化特色与满足读者理解需求之间寻求平衡点，注重句子之间的衔接与过渡，使译文在整体上呈现出流畅自然、连贯有序的阅读质感，从而增强译文的可读性与吸引力，合理运用解释、转换等手法，确保译文能够最大限度地契合目标语读者的预期，更好地实现译文的信息传递功能与审美价值，从而提高译文的可接受性与影响力。例如：

例 6. **原文**：This week, Donald Trump **delivered his version of a sad tiny desk performance**, hunched over the defendant's table in a New York courtroom, diminished and watching the illusion of power and grandeur he has sold voters thin and run like oil in a hot pan.

机器翻译：本周，唐纳德·特朗普在纽约一间法庭的被告席上，**表现出一种凄凉的"小桌子"表演**，他蜷缩着身子，渺小且无助，眼睁睁看着自己曾经向选民们兜售的权力和宏伟的幻想像热锅上的油一样渐渐消散。

人工改译：本周，特朗普在纽约法庭的被告席上，**身形佝偻地为人们呈现了他"悲伤"的一面**，眼睁睁地看着他曾向选民们兜售的权力和宏伟幻觉像热锅里的油一样溃散。

"delivered his version of a sad tiny desk performance"这一表述是比喻，借《芝麻街》中"Tiny Desk Concerts"环节（音乐家于小桌前做简短现场表演）喻特朗普的法庭表现，暗示特朗普法庭上的无力与沮丧，凸显其在法庭的尴尬无助，与总统任期的权威形象构成鲜明对比。

再语境化策略要求译者不仅要正确理解原文的文化背景、意义和风格，准确捕捉原文的情感色彩，还要深入了解目标语言的文化和语境，从而在目标语中找到最合适的表达方式以实现情感传递与读者共鸣。显然，人工译文避免了机器翻译的抽象直译，充分注意到了"小桌子"这一形象在中文语境中可能产生的陌生感，选择了更符合中文表达习惯的描述性译法。这种策略不仅避免了文化冲突，还使译文更加易于理解，最大限度地引发了读者的共鸣。

概言之，句子层面的再语境化在学术翻译中是确保译文质量和有效传播的关键步骤。通过考虑语言结构、文化背景和学术规范等因素,并运用合适的方法策略对句子进行处理,译者能够使译文在忠实于原文的基础上,更好地适应目标语言的环境,提高学术翻译的准确性、可读性和专业性,从而促进不同语言间的学术交流与合作,推动学术知识在全球范围内的共享和发展。

四、结语

在 AI 时代的全球化浪潮中,学术文本的翻译工作面临着前所未有的挑战与机遇。本文深入探讨了再语境化策略的有效应用,旨在提升翻译质量,确保学术知识能够跨越语言障碍,实现准确传达与文化共鸣。研究结果显示,再语境化策略作为桥梁,成功连接了不同文化背景下的知识体系,使译文更加贴合目标语言的文化环境与读者习惯,从而增强了信息的可接受性与影响力。这一过程不仅考验着译者深厚的语言功底,更要求其具备深刻的文化理解力与敏锐的洞察力,以确保在保留原文学术价值的同时,赋予译文新的生命力。

随着人工智能技术的日新月异,机器翻译在学术领域的应用日益普及,为翻译工作带来了革命性的变化。然而,尽管机器翻译的效率和速度令人瞩目,但在处理复杂文化差异和微妙语言表达时,仍显得力不从心。因此,未来的研究重心应放在如何有机融合人工智能的高效与人工翻译的精准上,通过开发更为先进的再语境化策略,推动学术文本翻译质量的持续提升[①]。具体而言,可从以下几个方面着手优化:一是深化跨学科合作,共同构建和完善知识图谱,为翻译提供更加丰富的背景信息;二是积极探索深度学习算法的创新,提高对上下文信息的敏感度和处理能力;三是加强对文化差异的研究,不断细化并完善文化适应性翻译策略;四是建立专业术语库的动态更新机制,确保翻译的准确性和时效性。

综上所述,高质量的翻译不仅是文字层面的转换,更是文化、情感与语境的深度交融。通过灵活运用再语境化策略,译者能够捕捉到目标语言深层含义、情感色彩和文化语境的精髓,从而在真正意义上实现跨文化的沟通与理解。这不仅是对译者专业技能的挑战,也是对其文化素养和创新能力的考验。未来,随着技术的不断进步和研究的深入,我们有理由相信,学术文本的翻译将迎来更加辉煌的篇章。

---

① 李明栋.学术翻译的发展与嬗变——"走出去"与"引进来"[J].黑河学院学报,2022,13(7):129－131＋184.

作者介绍

李美博士为上海外国语大学副教授,专注英汉翻译教学与研究,出版《红译艺坛》《母语与翻译》《西方文化背景下中国古典文学翻译研究》《英语写作中级教程》《汉英翻译高级教程》等学术著作及教材;先后为联合国教科文组织翻译两部著作,发表学术论文 20 余篇;历任校级学术骨干,荣获 2004 年度上海高校优秀青年教师、2009—2010 年度中美"富布赖特"高级研究学者及 2011 年度上海市浦江计划学者称号。

中国社会科学研究的国际化

——经济学、教育学和政治学领域的出版、合作和引用模式①

马顿·德米特　曼努埃尔·戈亚内斯　盖尔格·哈洛　许　心

　　尽管中国政府最近出台了旨在平衡国际和国内出版模式的政策,但这对中国全球参与、出版和合作的持久影响仍不确定。本文分析了 2016 年至 2020 年 Scopus 上的 8 962 份出版物,评估了经济学、教育学和政治学领域 500 名最有生产力的中国学者的出版、合作和引用模式。结果表明,出版物主要发表在西方期刊上,政治学通常关注中国特定的问题,这表明可能存在"孤岛"现象。合著模式显示西方占主导地位,教育学和经济学领域有多种国际合作,但政治学领域更侧重于国内。本文最后讨论了实际意义和研究的局限性。

Despite recent Chinese government policies aiming to balance international and national publishing patterns, the enduring impact on China's global engagements, publications, and collaborations remains uncertain. Analyzing 8,962 publications from Scopus between 2016 and 2020, the paper assesses publication, collaboration, and citation patterns among the top 500 productive China-affiliated scholars within Economics, Education, and Political Science. Results indicate that publications are primarily in Western journals, with Political Science often focusing on China-specific issues, suggesting potential 'silos'. Co-authorship patterns show Western dominance, with diverse international collaborations in Education and Economics, but more national-focused in Political Science. The paper concludes with discussions on practical implications and study limitations

---

①　本文原文出处:*Policy Reviews in Higher Education* 期刊第 9 期第 1 卷第 81 - 107 页。

一、引言

中国是全球研发支出的第二大贡献国，占全球科学和工程出版物的21%[1]。最近的一项研究预测[2]，中国在原创研究论文产量方面已经超过美国，在 SCI 索引出版物总量方面也可能超过美国。然而，与自然科学相比，中国在社会科学和人文科学(SSH)领域的产出在全球影响力方面落后，这种差距受到历史传统和文化等多种因素的影响[3]。语言障碍和中国学术治理的复杂性等当代挑战进一步加剧了这一差距。

虽然中国的知识能力在过去四十多年中取得了令人瞩目的增长，但这种增长在一定程度上是由于中文期刊被纳入国际指数，中国仍处于"追赶"阶段，而非完全发达的科学超级大国[4]。这种对 STEM 学科的专业关注导致 SSH 领域表现不佳且被忽视，这些领域的研究资金稀少，竞争力停滞不前。此外，英语在全球学术出版中的主导地位为中国社会科学和人文科学(SSH)学者带来了重大障碍。虽然这种语言障碍影响了各个学科的非英语母语人士，但由于该领域对本地问题的强烈倾向以及普遍使用中文作为国内学术研究的主要语言，中国的 SSH 研究人员可能面临额外的挑战[5]。这种本地和全球学术实践之间的紧张关系反映了中国 SSH 学者面临的更广泛的困境，他们在高度集中的高等教育体系中运作，并且经常需要在国际、国内的出版和参与，有时需要在意识形态议程之间找到平衡[6]。

尽管中国对全球研发做出了重大贡献，其出版物数量也不断增加，但我们对国际研究的出版、合作和引用模式的理解仍然存在明显差距。这一差距在社会科学领域尤为明显，与自然科学相比，中国在社会科学领域的研究尚未获得

① U.S. NATIONAL SCIENCE BOARD，N. S. F. The State of U.S. Science and Engineering 2022 | NSF-National Science Foundation[EB/OL]//ncses.nsf.gov. https://ncses.nsf.gov/pubs/nsb20221.

② ZHU J，LIU W. Comparing like with like：China ranks first in SCI-indexed research articles since 2018[J]. Scientometrics，2020，124(2)：1691 - 1700.

③ XU X. Internationalisation of Chinese humanities and social sciences[J]. Changing higher education in East Asia，2022(1)：129 - 146.

④ HORTA H，SHEN W. Current and future challenges of the Chinese research system[J]. Journal of higher education policy and management，2020，42(2)：157 - 177.

⑤ FLOWERDEW J，LI Y. English or Chinese? The trade-off between local and international publication among Chinese academics in the humanities and social sciences[J]. Journal of second language writing，2009，18(1)：1 - 16.

⑥ GAO X，ZHENG Y. 'Heavy mountains' for Chinese humanities and social science academics in the quest for world-class universities[J]. Compare：a journal of comparative and international education，2020，50(4)：554 - 572.

同等程度的全球知名度或影响力①②③。为了解决这个问题,我们必须加深对中国社会科学研究的当前全球影响的理解,因为这将为这些领域的发展及其对国际学术和政策辩论日益增长的影响提供关键见解。

本文旨在通过探索中国社会科学研究的全球影响力来解决这一知识差距,重点关注经济学、教育学和政治学学科。选择这三个学科是因为它们在中国社会科学研究领域中的独特意义。一方面,经济学、教育学和政治学是对全球政策制定、治理和社会经济发展产生深远影响的领域。随着中国继续崛起为全球大国,这些领域的研究成果在塑造与中国经济战略、教育改革和政治治理有关的国际观念和政策方面尤其具有影响力。另一方面,经济学和教育学在《中国社会科学引文索引》(CSSCI)中排名第一,因此具有重要意义。政治学虽然排名第五,但之所以被选中,是因为它在理解中国发展的意识形态和治理相关方面发挥着关键作用④⑤。这些领域的选择使得我们能够对中国 SSH 领域中具有战略意义的学科进行均衡的探索。

本研究采用科学计量学方法,通过网络分析中国顶尖学者的出版、合作和引用模式。本研究的主要研究问题是经济学、教育学和政治学领域中国顶尖学者的出版、合作和引用模式在这些领域如何比较? 分析多产学者可以洞悉研究趋势和有影响力的人物,但重要的是要认识到科学生产力、引用模式和影响力

① LIU W, HU G, TANG L, et al. China's global growth in social science research: uncovering evidence from bibliometric analyses of SSCI publications (1978—2013) [J]. Journal of informetrics, 2015, 9(3): 555 - 569.

② Indicators | NSF-National Science Foundation[EB/OL]//ncses.nsf.gov. https://ncses.nsf.gov/indicators.

③ ZHANG L, SHANG Y, HUANG Y, et al. Toward internationalization: a bibliometric analysis of the social sciences in Mainland China from 1979 to 2018[J]. Quantitative science studies, 2021, 2(1): 376 - 408.

④ RENY M E. Authoritarianism as a research constraint: political scientists in China[J]. Social science quarterly, 2016, 97(4): 909 - 922.

⑤ WANG Z, GUO S. The state of the field of Chinese political science: "Glocalising" political science in China? [J]. European political science, 2019, 18(3): 456 - 472.

与性别、种族和职业阶段等因素相关的偏见和不平等①②③④。本研究承认了这些限制,避免了"多产"等同于"更好"或"更有价值"的学者的假设。该研究讨论了实际意义和局限性,承认中国政府旨在平衡国际和国内出版模式政策的长期影响存在不确定性⑤⑥。

(一)全球社会科学研究面临的挑战

虽然各学科的国际合作和合著文章数量都有所增加⑦⑧⑨,但多元化程度存在显著差异。与自然科学相比,社会科学和人文科学的国际合作速度较慢且规模较小,这归因于诸如主流单一作者出版习惯以及各种语言、文化、认识论和结构挑战等因素⑩⑪。

总体而言,与自然科学相比,全球社会科学和人文科学研究在整合多样化和边缘观点方面遇到的困难更大。社会科学和人文科学通常涉及更具背景性和地方性的问题,这些问题不太可能与占主导地位的英欧观点驱动的全球研究重点相一致,这导致其难以获得国际认可。尽管社会科学和人文科学研究在非

---

① ASTEGIANO J, SEBASTIAN-GONZALEZ E, CASTANHO C T. Unravelling the gender productivity gap in science: a meta-analytical review[J]. Royal society open science, 2019, 6(6): 181566.

② BROWN N, LEIGH J. Ableism in academia: theorising experiences of disabilities and chronic illnesses in higher education[M]. London: UCL Press, 2020.

③ KOZLOWSKI D, LARIVIERE V, SUGIMOTO C R, et al. Intersectional inequalities in science [J]. Proceedings of the National Academy of Sciences, 2022, 119(2): e2113067119.

④ WAY S F, MORGAN A C, LARREMORE D B, et al. Productivity, prominence, and the effects of academic environment[J]. Proceedings of the National Academy of Sciences, 2019, 116(22): 10729-10733.

⑤ SHU F, LIU S, LARIVIERE V. China's research evaluation reform: what are the consequences for global science? [J]. Minerva, 2022, 60(3): 329-347.

⑥ ZHANG L, SIVERTSEN G. The new research assessment reform in China and its implementation [J]. Towards a new research era, 2023: 239-252.

⑦ HENRIKSEN D. The rise in co-authorship in the social sciences (1980—2013)[J]. Scientometrics, 2016, 107(2): 455-476.

⑧ KWIEK M. What large-scale publication and citation data tell us about international research collaboration in Europe: changing national patterns in global contexts[J]. Studies in higher education, 2021, 46(12): 2629-2649.

⑨ LEE J J, HAUPT J P. Scientific globalism during a global crisis: research collaboration and open access publications on COVID-19[J]. Higher education, 2021, 81(5): 949-966.

⑩ LARIVIERE V, GINGRAS Y, ARCHAMBAULT É. Canadian collaboration networks: a comparative analysis of the natural sciences, social sciences and the humanities [J]. Scientometrics, 2006(68): 519-533.

⑪ WEIDEMANN D. Challenges of international collaboration in the social sciences [J]. Internationalization of the social sciences. Bielefeld: transcript, 2010: 353-378.

主导体系中有所扩展,但全球研究领域仍然主要由英欧霸权主导①。这种主导地位进一步体现在"英语帝国主义"现象中②,即英语在科学写作中的压倒性盛行不仅影响了研究议程、范式和理论,而且还将非西方传统的研究边缘化。虽然英语对于所有学科的国际出版都至关重要,但由于意识形态和学科结构优先考虑西方知识生产框架,社会科学和人文学科学者面临着额外的挑战。因此,来自非主导地区的学者,尤其是社会科学和人文学科的学者,在全球学术话语中很难获得认可或重视他们的工作③④。

(二)中国社会科学研究

中国目前是全球研究领域的杰出参与者,在研发支出方面位居第二,仅次于美国。两国合计约占全球研发支出的一半⑤。中国在全球科学和工程出版物方面也处于领先地位,占总量的 21%,在出版物数量方面排名第一,在引用出版物前 1%方面排名第二⑥。

近几十年来,全球研究体系一直在努力应对"科学民族主义"和"科学全球主义"之间的紧张关系,其趋向于全球化和多元化⑦⑧。文雯等探讨了中国在全球科学体系中不断演变的角色,强调了随着中国在全球知识生产中占据更核心的地位国家科学框架内的紧张关系。他们的研究考察了中国大学的出版和国际合著模式,揭示了中国的科学活动与全球科学的"中心—边缘"模式有着千丝万缕的联系⑨。这些发现表明,中国迅速采用英语出版与培养和维持本土研究

---

① CONNELL R. Southern theory: the global dynamics of knowledge in social science[M]. London: Routledge,2020.

② PHILLIPSON R. Linguistic imperialism[M]. Oxford: Oxford University Press,1992.

③ DUBGEN F. Scientific ghettos and beyond. Epistemic injustice in academia and its effects on researching poverty[R]. Dimensions of poverty: measurement, epistemic injustices, activism, 2020:77-95.

④ de SOUSA SANTOS B. Epistemologies of the South: justice against epistemicide[M]. London: Routledge,2015.

⑤ U.S. NATIONAL SCIENCE BOARD,N. S. F. The State of U.S. Science and Engineering 2022 | NSF- National Science Foundation[EB/OL]//ncses. nsf. gov. https://ncses. nsf. gov/pubs/ nsb20221.

⑥ U.S. NATIONAL SCIENCE BOARD,N. S. F. The State of U.S. Science and Engineering 2022 | NSF- National Science Foundation[EB/OL]//ncses. nsf. gov. https://ncses. nsf. gov/pubs/ nsb20221.

⑦ LEE J J,HAUPT J P. Scientific globalism during a global crisis: research collaboration and open access publications on COVID-19[J]. Higher education,2021,81(5):949-966.

⑧ SA C,SABZALIEVA E. Scientific nationalism in a globalizing world[M]//Handbook on the politics of higher education. Edward Elgar Publishing,2018:149-166.

⑨ WEN W,ZHOU L,HU D. Navigating and negotiating global science: tensions in China's national science system[J]. Studies in higher education,2022,47(12):2473-2486.

的需求之间存在冲突。随着中国在全球科学中从"边缘"角色转变为更"中心"的角色,这种整合主要由少数领先的研究型大学和自然科学与工程学科推动。

尽管如此,促进中国科学快速发展的全球/国家协同作用和研究去政治化①,在社会科学和人文学科中并没有达到同等程度。虽然中国社会科学和人文学科的研究正在逐步提高其全球知名度,但其影响力仍然不如自然科学学科②③④。例如,2018 年中国 SSCI(社会科学引文索引)论文的世界份额约为5%,而美国在过去几十年中一直保持着 25%～30%的世界份额⑤。

最近的研究展示了中国社会科学的发展。张琳等人指出,过去四十年来,中国作者在国际期刊上发表的社会科学论文数量显著增加。伴随这一增长的是更广泛的合作网络和在高影响力期刊上发表的论文数量增加。然而,不同社会科学学科的国际化程度仍然存在显著差异⑥。虽然中国的 SSCI 出版物数量和全球排名有所上升,但它在全球社会科学领域仍然只是一个小角色,其特点是区域和机构层面的不平衡⑦。

在中国,影响社会科学和人文研究的因素包括强调稳定和团结的传统、中国思想传统(尤其是儒家思想)、马克思列宁主义和"中国特色社会主义"等意识形态背景,以及通过引进和输入并通过全球化传播的西方文化⑧。社会科学和人文研究根植于文化并带有意识形态色彩,很难摆脱这些影响。因此,在中国,

---

① MARGINSON S. National/global synergy in the development of higher education and science in China since 1978[J]. Frontiers of education in China,2018(13):486 - 512.

② LIU W,HU G,TANG L,et al. China's global growth in social science research:uncovering evidence from bibliometric analyses of SSCI publications (1978—2013)[J]. Journal of informetrics,2015,9(3):555 - 569.

③ Indicators | NSF-National Science Foundation[EB/OL]//ncses.nsf.gov. https://ncses.nsf.gov/indicators.

④ ZHANG L,SHANG Y,HUANG Y,et al. Toward internationalization:a bibliometric analysis of the social sciences in Mainland China from 1979 to 2018[J]. Quantitative science studies,2021,2(1):376 - 408.

⑤ ZHANG L,SHANG Y,HUANG Y,et al. Toward internationalization:a bibliometric analysis of the social sciences in Mainland China from 1979 to 2018[J]. Quantitative science studies,2021,2(1):376 - 408.

⑥ ZHANG L,SHANG Y,HUANG Y,et al. Toward internationalization:a bibliometric analysis of the social sciences in Mainland China from 1979 to 2018[J]. Quantitative science studies,2021,2(1):376 - 408.

⑦ LIU W,HU G,TANG L,et al. China's global growth in social science research:uncovering evidence from bibliometric analyses of SSCI publications (1978—2013)[J]. Journal of informetrics,2015,9(3):555 - 569.

⑧ XU X. Internationalisation of Chinese humanities and social sciences[J]. Changing higher education in East Asia,2022(1):129 - 146.

此类研究不断遭遇内生知识、国家取向、政治议程、全球影响和西方印记之间的相互关系①②③。

此外,李江等研究了中国人文和社会科学合作模式的演变,发现合作日益从国内转向国际化④。尽管中国政府采取措施提高其研究的国际影响力,但挑战依然存在。虽然中国的科学成果在增长,但社会科学在全球影响力和引用模式方面却未能跟上这种增长的步伐⑤。

虽然多年来中国社会科学和人文科学研究人员一直受到鼓励和激励在国际上发表论文,但国际化和内生化之间的相互关系一直是争论的关键问题⑥。自21世纪初以来,中国政府出台了平衡国际和国内出版模式的政策。许心研究了中国对英语出版日益增长的重视,以及鼓励学者在国际上发表论文的国家和机构政策。这一举措是更广泛的国际出版政策的一部分,国际化战略已从单纯学习西方实践发展到积极提高国内研究能力和扩大中国的全球影响力。尽管做出了这些努力,这种"走出去"战略揭示了全球学术格局中固有的矛盾,这反映了世界体系理论的中心—边缘动态⑦。她的研究基于对172份机构激励文件的分析以及对75名学者、管理人员和期刊编辑的访谈,发现对国际出版物的关注可能会边缘化中文研究,并将西方标准强加于国内知识生产。这种动态可能会减少中国对全球对话的贡献,使其局限于西方框架,同时该研究还指出了挑战现有全球权力结构的新兴实践,并强调需要采取更多元化的知识生产方法。

2020年,中国政府出台了一系列政策,坚决废除"SCI至上"政策。这些政策强调国内研究及其对中国社会的影响,禁止大学使用与SCI(科学引文索

---

① GAO X, ZHENG Y. 'Heavy mountains' for Chinese humanities and social science academics in the quest for world-class universities[J]. Compare: a Journal of comparative and international education, 2020, 50(4): 554-572.

② XU X. A policy trajectory analysis of the internationalisation of Chinese humanities and social sciences research (1978—2020)[J]. International journal of educational development, 2021(84): 102425.

③ YANG R, XIE M, WEN W. Pilgrimage to the West: modern transformations of Chinese intellectual formation in social sciences[J]. Higher education, 2019(77): 815-829.

④ LI J, LI Y. Patterns and evolution of coauthorship in China's humanities and social sciences[J]. Scientometrics, 2015(102): 1997-2010.

⑤ ZHOU P, THIJS B, GLANZEL W. Is China also becoming a giant in social sciences? [J]. Scientometrics, 2009(79): 593-621.

⑥ XU X, OANCEA A, ROSE H. The impacts of incentives for international publications on research cultures in Chinese humanities and social sciences[J]. Minerva, 2021, 59(4): 469-492.

⑦ XU X. China 'goes out' in a centre-periphery world: incentivizing international publications in the humanities and social sciences[J]. Higher education, 2020, 80(1): 157-172.

引）、SSCI 或 CSSCI（中文社会科学引文索引）相关的指标作为研究评估的直接依据①②。虽然一些研究讨论了政策转变的初步影响③④，但对中国国际参与、出版物和合作的长期影响仍有待追踪。

（三）中国的教育学、经济学和政治学研究

尽管社会科学和人文科学具有一些共同的文化和特征，但它们并不同质⑤⑥。本研究选择关注中国的三门社会科学学科——经济学、教育学和政治学，因为它们对全球政策制定和治理具有重大影响，其中经济学和教育学在《中国社会科学引文索引》（CSSCI）中名列前茅，而政治学（第五）为了解中国的意识形态和治理框架提供了重要见解。

就中文出版物数量而言，经济学、教育学和政治学在 1998 年至 2013 年期间的 CSSCI 出版物中分别排名第一、第二和第五⑦。当代中国这三个学科的发展都受到了"外国"理论和方法的影响，包括来自苏联和"西方"的理论和方

① 中华人民共和国教育部. 教育部印发《关于破除高校哲学社会 科学研究评价中"唯论文"不良 导向的若干意见》的通知［EB/OL］. 中华人民共和国教育部，2020. http://www.moe.gov.cn/srcsite/A13/moe_2557/s3103/202012/t20201215_505588.html.
② 中华人民共和国教育部. 教育部 科技部印发《关于规范高等学校 SCI 论文相关指标使用 树立正确评价导向的若干意见》的通知［EB/OL］. 中华人民共和国教育部，2020. http://www.moe.gov.cn/srcsite/A16/moe_784/202002/t20200223_423334.html.
③ SHU F，LIU S，LARIVIERE V. China's research evaluation reform：what are the consequences for global science？［J］. Minerva，2022，60(3)：329 - 347.
④ ZHANG L，SIVERTSEN G. The new research assessment reform in China and its implementation［J］. Towards a new research era，2023：239 - 252.
⑤ KAGAN J. The three cultures：natural sciences，social sciences，and the humanities in the 21st century［M］. Cambridge：Cambridge University Press，2009.
⑥ OCHSNER M，HUG S E，DANIEL H D. Research assessment in the humanities：towards criteria and procedures［M］. Berlin：Springer Nature，2016.
⑦ GONG K，XIE J，CHENG Y，et al. The citation advantage of foreign language references for Chinese social science papers［J］. Scientometrics，2019(120)：1439 - 1460.

法①②③。所有这些学科的国际出版物数量都在增加，大多以英文出版④⑤⑥。他们的国际合著者大多来自"西方"，特别是美国、英国、加拿大、西欧和澳大利亚⑦⑧。所有学科都存在使用"西方"概念框架研究当地问题的模式，国际出版物的引用率相对较低。在国际化、西方化和内生化之间找到平衡是每个学科面临的关键挑战之一⑨⑩⑪⑫。

然而，这三个学科的国际化程度（在大多数情况下是"西方化"）有所不同，经济学是最国际化的领域，其次是教育学和政治学。例如，经济学在中国的国际出版物中所占的世界份额相对较高⑬，引用外语（主要是英语）参考文献的文章比例也较高⑭。虽然中国所有社会科学都受到政治和意识形态的影响，但与

---

① 冯建军.中国教育学 70 年：从中国化到主体建构——基于不同时期教育学文本的分析[J].课程·教材·教法,2019,39(12):4 - 11+108.
② 郝小楠.中国经济学研究的国际发表及学术影响——基于 SSCI 的文献计量分析[J].福建论坛(人文社会科学版),2020(10):144 - 158.
③ WANG Z，GUO S. The state of the field of Chinese political science："Glocalising" political science in China？[J]. European political science，2019，18(3)：456 - 472.
④ 沈伟,李琳琳,孙天慈.中国教育研究的世界贡献：前沿热点与参与路径——基于教育学英文期刊论文(2013—2019 年)的分析[J].苏州大学学报(教育科学版),2022,10(2):61 - 72.
⑤ WANG Z，GUO S. The state of the field of Chinese political science："Glocalising" political science in China？[J]. European political science，2019，18(3)：456 - 472.
⑥ 周升起,秦洪晶,兰珍先.我国经济学研究国际影响力变化分析——基于 2001 年~2014 年 SSCI 经济学期刊发表论文数量与引证指标[J].经济经纬,2017,34(2):80 - 86.
⑦ 沈伟,李琳琳,孙天慈.中国教育研究的世界贡献：前沿热点与参与路径——基于教育学英文期刊论文(2013—2019 年)的分析[J].苏州大学学报(教育科学版),2022,10(2):61 - 72.
⑧ 周升起,秦洪晶,兰珍先.我国经济学研究国际影响力变化分析——基于 2001 年~2014 年 SSCI 经济学期刊发表论文数量与引证指标[J].经济经纬,2017,34(2):80 - 86.
⑨ 郝小楠.中国经济学研究的国际发表及学术影响——基于 SSCI 的文献计量分析[J].福建论坛(人文社会科学版),2020(10):144 - 158.
⑩ 沈伟,李琳琳,孙天慈.中国教育研究的世界贡献：前沿热点与参与路径——基于教育学英文期刊论文(2013—2019 年)的分析[J].苏州大学学报(教育科学版),2022,10(2):61 - 72.
⑪ WANG Z，GUO S. The state of the field of Chinese political science："Glocalising" political science in China？[J]. European political science，2019，18(3)：456 - 472.
⑫ 周升起,秦洪晶,兰珍先.我国经济学研究国际影响力变化分析——基于 2001 年~2014 年 SSCI 经济学期刊发表论文数量与引证指标[J].经济经纬,2017,34(2):80 - 86.
⑬ 郝小楠.中国经济学研究的国际发表及学术影响——基于 SSCI 的文献计量分析[J].福建论坛(人文社会科学版),2020(10):144 - 158.
⑭ GONG K，XIE J，CHENG Y，et al. The citation advantage of foreign language references for Chinese social science papers[J]. Scientometrics，2019(120)：1439 - 1460.

其他两个学科相比，政治学在国际化方面面临的情况更为复杂①②。尽管如此，我们仍然缺乏对这些社会科学领域国际出版物的出版、合作以及引用模式的全面了解。

因此，了解中国社会科学研究的全球影响力至关重要。为了填补这一知识空白，我们选择了经济学、教育学和政治学作为研究重点，并制定了以下多样化的研究问题：

RQ1：与中国相比，各个国家的 a）经济学、b）教育学、c）政治学的引用计数有何不同？

RQ2：与中国相比，不同国家的 a）经济学、b）教育学、c）政治学观点有何不同？

（四）最多产学者的案例

分析某个领域的多产学者可以洞察研究趋势、政策和有影响力的人物，提供知识生产的快照③。多产学者往往处于新发展的前沿，他们的作品被广泛引用且具有影响力④⑤⑥⑦。然而，研究表明，科学生产力、引用模式和影响方面存在偏见和不平等，这些偏见和不平等与性别、种族、研究领域、职业阶段、从属关

① RENY M E. Authoritarianism as a research constraint：political scientists in China［J］. Social science quarterly，2016，97（4）：909－922.
② WANG Z，GUO S. The state of the field of Chinese political science："Glocalising" political science in China? ［J］. European political science，2019，18（3）：456－472.
③ KWIEK M. High research productivity in vertically undifferentiated higher education systems：who are the top performers? ［J］. Scientometrics，2018，115（1）：415－462.
④ AGGARWAL R，SCHIRM D，ZHAO X. Role models in finance：lessons from life cycle productivity of prolific scholars［J］. Review of quantitative finance and accounting，2007（28）：79－100.
⑤ BOLKAN S，GRIFFIN D J，HOLMGREN J L，et al. Prolific scholarship in communication studies：five years in review［J］. Communication education，2012，61（4）：380－394.
⑥ CUCARI N，TUTORE I，MONTERA R，et al. A bibliometric performance analysis of publication productivity in the corporate social responsibility field：outcomes of SciVal analytics ［J］. Corporate social responsibility and environmental management，2023，30（1）：1－16.
⑦ HUNTER D E，KUH G D. The "write wing"：characteristics of prolific contributors to the higher education literature［J］. The journal of higher education，1987，58（4）：443－462.

系和残疾等因素有关①②③④。本研究认识到这些警告,避免将"多产学者"等同于"更优秀"或"有价值"的学者。

考虑到出版物的总量,分析这些选定的文献也是我们研究的一个实际选择。然后我们进一步提出了四个研究问题:

RQ4:中国最多产的学者在哪些领域发表过文章? a)经济学、b)教育学、c)政治学?

RQ5:在 a)经济学、b)教育学、c)政治学领域,中国学者最常与哪些国家合作发表论文?

RQ6:在 a)经济学、b)教育学、c)政治学领域,最多产的中国学者与哪些机构合作发表论文?

RQ7:哪些国家在 a)经济学、b)教育学、和 c)政治学领域引用最多的中国学者?

我们必须强调的是,关注多产学者虽然能提供有价值的见解,但也凸显了他们由于处于职业发展的高级阶段、拥有广泛的网络和机构隶属关系,这些特权通常会强化知识生产中现有的等级制度,使知名度和影响力的差异长期存在。多产学者往往能获得更多的研究资金、声望很高的职位和合作机会,这反过来又会增加他们的知名度和引用影响力。然而,这些优势可能会掩盖来自边缘化或代表性不足群体的学者的贡献,他们的工作虽然同样有价值,但可能不会得到同等程度的认可。此外,这些特权与性别、种族和机构排名等其他因素相互交织,加剧了学术认可和领域内影响力分配的不平等。

二、统计方法

本研究收集并分析了 Scopus 上的 8 962 篇出版物,使用 SciVal 和 Scopus 进行数据收集,使用 SPSS 进行统计分析,使用 Gephi 进行网络分析和可视化。以下部分解释了变量和数据分析。

① ASTEGIANO J, SEBASTIAN-GONZALEZ E, CASTANHO C T. Unravelling the gender productivity gap in science: a meta-analytical review[J]. Royal society open science, 2019, 6(6): 181566.
② BROWN N, LEIGH J. Ableism in academia: theorising experiences of disabilities and chronic illnesses in higher education[M]. London: UCL Press, 2020.
③ KOZLOWSKI D, LARIVIERE V, SUGIMOTO C R, et al. Intersectional inequalities in science[J]. Proceedings of the National Academy of Sciences, 2022, 119(2): e2113067119.
④ WAY S F, MORGAN A C, LARREMORE D B, et al. Productivity, prominence, and the effects of academic environment[J]. Proceedings of the National Academy of Sciences, 2019, 116(22): 10729-10733.

三、变量

（一）因变量和自变量

（1）引用。SciVal 中的引用计数表示实体的总引用影响力：该实体的出版物收到了多少次引用？

（2）浏览量（使用量）。浏览量计数衡量实体的整体使用影响，反映其出版物的总浏览量。在 SciVal 中，浏览量计数来自 Scopus 使用数据，包括摘要浏览量和在出版商网站上查看全文的点击量。虽然此指标基于 Scopus，并不考虑跨各种数据库或期刊平台的使用量，但可以合理地假设，虽然可能存在数值差异，但主要使用趋势在不同平台上保持一致。

（3）国家。虚拟变量：中国作为参考。整篇论文中的"中国"特指中国内地（大陆）。为了进行指示性比较，我们选择了英国、美国和德国，因为它们经常被提及为学术知识产出最多的西方国家之一[1][2]。

为了使我们的分析更加细致，我们使用每篇文档的引用量和每篇文档的浏览量作为因变量，进行了一系列互补回归分析。

（二）控制变量

研究成果（已发表论文数量）：Scopus 索引中的学术成果。我们控制了学术成果，以解释出版物数量对引用计数的影响[3]，并减轻因学术资历差异而造成的潜在偏见[4]。

四、统计分析

为了解决研究问题，我们采用了普通最小二乘法（OLS）回归分析，将引用和浏览次数作为因变量。我们控制了三个领域（经济学、教育学和政治学）所有模型中的研究成果，以解释出版物数量对引用和浏览次数的影响。鉴于本研究

① DEMETER M. Academic knowledge production and the global south：questioning inequality and under-representation[M]. London：Palgrave Macmillan，2020.

② RAJKO A，HERENDY C，GOYANES M，et al. The Matilda effect in communication research：the effects of gender and geography on usage and citations across 11 countries[J]. Communication research，2023：00936502221124389.

③ LARIVIERE V，COSTAS R. How many is too many? On the relationship between research productivity and impact[J]. PloS one，2016，11(9)：e0162709.

④ RAJKO A，HERENDY C，GOYANES M，et al. The Matilda effect in communication research：the effects of gender and geography on usage and citations across 11 countries[J]. Communication research，2023：00936502221124389.

的重点是中国学者的研究成果,因此以中国为基准国家。选择这种方法是为了确保分析严谨,同时考虑到与出版物数量相关的潜在偏差。

五、网络分析

为了评估期刊频率和共现、国际合作以及引用模式的网络特征,我们应用了网络分析。Gephi 因其强大的网络分析和可视化功能而被选为本研究的对象。所有数据均来自 Scopus/Scival 数据库。具体来说,我们收集了 2016 年至 2020 年中国教育学、政治学和经济学领域最有生产力的 500 名学者的数据(Scopus:教育、政治学和国际关系,以及经济学和计量经济学)。

在我们的第一次分析中,我们测量了每本期刊的学者级出版物数量,仅关注期刊文章。我们为每个领域构建了一个网络,顶点代表期刊,边表示学者级期刊的共现。如果一位学者在 2016 年至 2020 年期间在期刊 A 和 B 上都发表了文章,则在 A 和 B 之间画一条边。多条边被组合成加权单条边。为了说明单个期刊的频率,学者级期刊的出现被纳入基于每本期刊的出版物数量的加权循环中,然后将多个循环聚合成网络中每个节点的加权单循环。

在第二次国际合作模式分析中,我们测量了每个国家和机构的学者级出版物数量,包括学者自己的国家(中国)和机构隶属关系。我们只考虑期刊文章。为每个领域构建了两个网络:国家级和机构级,顶点代表国家和机构,边表示合著者所在国家或机构在学者层面的共现。如果某位学者在 2016 年至 2020 年期间与隶属于 A 国和 B 国的作者合著了出版物,则在 A 国和 B 国之间添加一条边。多条边被组合成加权单边。为了解释合作中各个国家和机构的频率,学者级合著者隶属关系被纳入基于每个国家和机构的出版物数量的加权环中,然后将多个环聚合成网络中每个节点的加权单环。

在第三次引文模式分析中,我们根据引用文献的作者所在国家/地区测量了学者级别的引文计数。我们为每个领域构建了一个网络,其中顶点代表国家/地区,边表示在学者级别上引用作者所在国家/地区的共现情况。如果某位学者被两个国家的作者引用,则在国家 A 和国家 B 之间添加一条边。合并多条边转化为加权单边。为了说明各个国家在引用中的频率,我们将学者级别的国家引用情况纳入循环,并按引用作者每个国家的引用计数加权。然后将多个循环组合成网络中每个节点的加权单循环。请注意,虽然引用文件来自 2016—2020 年,但 Scopus/Scival 包括较早的出版物,并且引用文件不限于期刊文章以方便数据收集。

六、发现

RQ1a 和 RQ2a 询问经济学领域的引文和阅读量是否存在国家差异。我们在表 1 中报告了引文量的回归分析结果。在控制研究产出（$\beta = 0.49$；$p < 0.001$）后，回归分析的结果表明，英国（$\beta = -0.10$；$p < 0.001$）、美国（$\beta = -0.09$；$p < 0.001$）和德国（$\beta = -0.18$；$p < 0.001$）的引文量低于中国。

然而，从观看次数来看，表 2 表明，在控制研究成果后（$\beta = 0.50$；$p < 0.001$），英国（$\beta = 0.04$；$p < 0.05$）的观看次数显著高于中国，而德国（$\beta = -0.04$；$p < 0.05$）的观看次数显著低于中国，但差异不显著。美国和中国之间没有统计学上的显著差异。

RQ1b 和 RQ2b 询问教育领域的引文和阅读量是否存在国家差异。我们在表 3 中报告了引文量的回归分析结果。在控制研究产出（$\beta = 0.42$；$p < 0.001$）后，回归分析的结果表明，英国（$\beta = 0.15$；$p < 0.001$）、美国（$\beta = 0.10$；$p < 0.01$）和德国（$\beta = 0.07$；$p < 0.01$）的引文量高于中国。

然而，从观看次数来看，表 4 表明，在控制研究成果后（$\beta = 0.82$；$p < 0.001$），美国（$\beta = -0.14$；$p < 0.001$）的观看次数显著高于中国。英国和中国之间、德国和中国之间没有显著差异。

RQ1c 和 RQ2c 询问政治科学领域的引文和阅读量是否存在国家差异。在表 5 中，我们报告了引文量的回归分析结果。在控制研究产出（$\beta = 0.29$；$p < 0.001$）后，回归分析的结果表明，英国（$\beta = 0.14$；$p < 0.001$）、美国（$\beta = 0.24$；$p < 0.001$）和德国（$\beta = 0.10$；$p < 0.001$）的引文量高于中国。

表 1　OLS 回归预测经济学中的引文量

	β	标准误（SE）	置信区间下限	置信区间上限
区块1				
研究输出	0.49***	1.58	14.69	21.01
ΔR^2	25.9%			
区块2				
英国	−0.10***	10.18	−74.50	−33.88
美国	−0.09***	15.83	−77.29	−16.44
德国	−0.18***	8.94	−111.64	−75.92
ΔR^2	2.1%			

（续表）

	β	标准误（SE）	置信区间下限	置信区间上限
总 R^2	28%			

样本量＝2000。单元格条目为最终标准化 Beta(β) 系数。系数效应基于 Bootstrapping 进行稳健标准误差测试，基于1000次重采样，偏差校正置信度（95%）评估统计显著性。*$p<0.05$；**$p<0.01$；***$p<0.001$。

表2　OLS 回归预测经济学中的浏览量

	β	标准误（SE）	置信区间下限	置信区间上限
区块1				
研究输出	0.58***	2.38	34.37	43.23
ΔR^2	33.5%			
区块2				
英国	0.04*	17.03	2.90	71.60
美国	−0.01	23.58	−56.85	32.73
德国	−0.04*	16.71	−68.53	−4.08
ΔR^2	0.4%			
总 R^2	33.9%			

样本量＝2000。单元格条目为最终标准化 Beta(β) 系数。系数效应基于 Bootstrapping 进行稳健标准误差测试，基于1000次重采样，偏差校正置信度（95%）评估统计显著性。*$p<0.05$；**$p<0.01$；***$p<0.001$。

表3　OLS 回归预测教育学中的引文量

	β	标准误（SE）	置信区间下限	置信区间上限
区块1				
研究输出	0.42***	0.62	8.17	11.50
ΔR^2	21.2%			
区块2				
英国	0.15***	12.83	54.72	112.78
美国	0.10**	16.60	23.13	93.16
德国	0.07**	12.75	26.20	51.44

（续表）

	β	标准误（SE）	置信区间下限	置信区间上限
ΔR^2	1.5%			
总 R^2	22.7%			

样本量＝2000。单元格条目为最终标准化 Beta（β）系数。系数效应基于 Bootstrapping 进行稳健标准误差测试，基于1000次重采样，偏差校正置信度（95%）评估统计显著性。$*p<0.05$；$**p<0.01$；$***p<0.001$。

表4　OLS 回归预测教育学中的浏览量

	β	标准误（SE）	置信区间下限	置信区间上限
区块1				
研究输出	0.82***	1.42	25.16	30.88
ΔR^2	52.5%			
区块2				
英国	0.03	13.03	−4.21	47.14
美国	−0.14***	28.06	−163.55	−53.26
德国	0.00	12.62	−25.67	25.64
ΔR^2	1.3%			
总 R^2	53.8%			

样本量＝2000。单元格条目为最终标准化 Beta（β）系数。系数效应基于 Bootstrapping 进行稳健标准误差测试，基于1000次重采样，偏差校正置信度（95%）评估统计显著性。$*p<0.05$；$**p<0.01$；$***p<0.001$。

表5　OLS 回归预测政治学中的引文量

	β	标准误（SE）	置信区间下限	置信区间上限
区块1				
研究输出	0.29***	0.82	4.21	7.49
ΔR^2	16.6%			
区块2				
英国	0.14***	3.97	11.65	27.52
美国	0.24***	5.37	22.66	44.75

（续表）

	β	标准误（SE）	置信区间下限	置信区间上限
德国	0.10***	2.22	10.22	19.22
ΔR^2	2.3%			
总 R^2	18.8%			

样本量＝2000。单元格条目为最终标准化 Beta（β）系数。系数效应基于 Bootstrapping 进行稳健标准误差测试，基于1000次重采样，偏差校正置信度（95%）评估统计显著性。*$p<0.05$；**$p<0.01$；***$p<0.001$。

然而，就浏览量而言，表6显示，在控制研究成果（$\beta=0.61$；$p<0.001$）后，各国之间没有统计学上的显著差异。

RQ4询问各学科领域中最多产的中国学者在哪里发表过论文。图1～图3显示，尤其是在政治学和经济学领域，以亚洲为重点的期刊在最多产的学者中比以更广泛的重点期刊更为普遍。

表6　OLS回归预测政治学中的浏览量

	β	标准误（SE）	置信区间下限	置信区间上限
区块1				
研究输出	0.61***	1.01	15.11	18.95
ΔR^2	37%			
区块2				
英国	0.02	4.87	−5.68	12.82
美国	−0.03	6.12	−17.96	5.84
德国	−0.03	3.00	−11.36	0.17
ΔR^2	0.2%			
总 R^2	37.2%			

样本量＝2000。单元格条目为最终标准化 Beta（β）系数。系数效应基于 Bootstrapping 进行稳健标准误差测试，基于1000次重采样，偏差校正置信度（95%）评估统计显著性。*$p<0.05$；**$p<0.01$；***$p<0.001$。

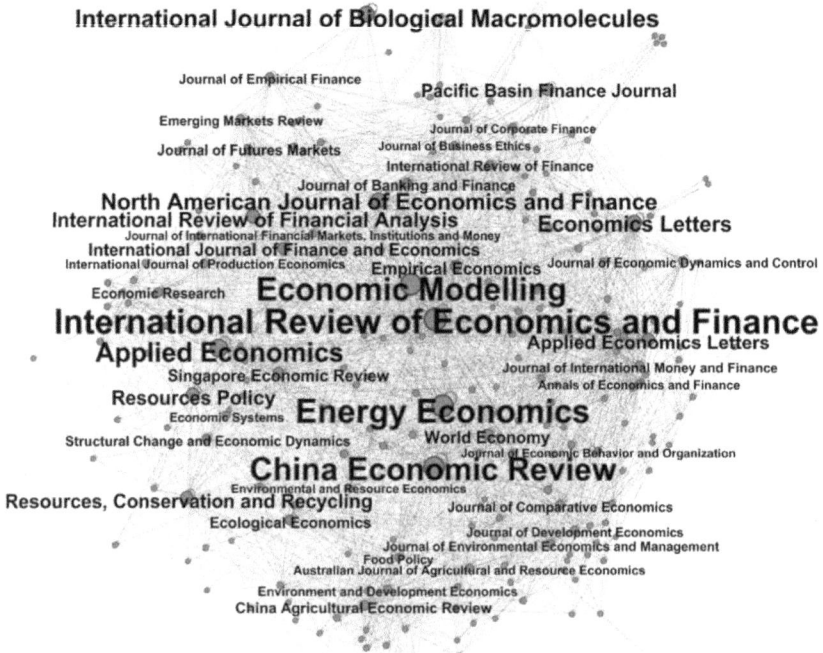

图 1　最受中国经济学界最高产学者欢迎的期刊

图 2　最受中国教育领域最多产学者欢迎的期刊

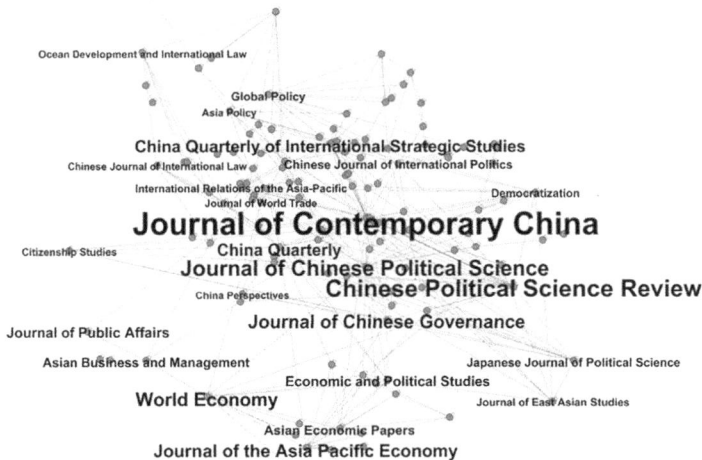

图3　最受中国政治学领域最多产学者欢迎的期刊

RQ5 询问 2016 年至 2020 年,在各个学科领域,中国学者与哪些国家合作发表论文最多。结果显示,美国和英国是最强的合作伙伴,但与马来西亚、印度或越南等亚洲合作伙伴也有着密切的联系。

RQ6 询问 2016 年至 2020 年期间,在各学科领域,中国学者在机构层面上发表论文最多的机构是哪些。图 4～图 6 显示,在各个学科上,中国机构与其他亚洲机构的联系最为密切。

图4　中国最具生产力经济学学者的机构级合作网络

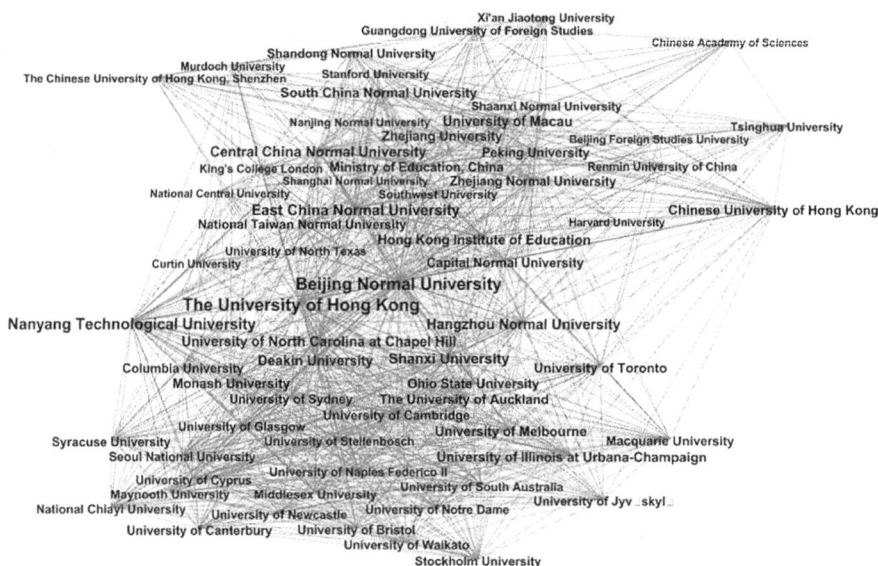

图5　中国最具生产力教育学学者的机构级合作网络

图6　中国最具生产力政治学学者的机构级合作网络

最后，RQ7询问在各个学科中，谁在国家层面引用了最多的中国学者。表7显示，在每个学科中，绝大多数引用来自其他的中国研究人员，因此，正如我们将在讨论部分中讨论的那样，中国的影响力（就引用量而言）尚未达到国际水平。

表 7 In-cites 统计了各学科领域中最具生产力的学者

地位	教育学		经济学		政治学	
	国家/地区	引用量(篇)	国家/地区	引用量(篇)	国家/地区	引用量(篇)
1	中国内地(大陆)	30 426	中国内地(大陆)	26 4997	中国内地(大陆)	15 294
2	澳大利亚	371	英国	510	美国	314
3	中国香港	361	美国	506	英国	297
4	英国	361	澳大利亚	499	澳大利亚	274
5	美国	360	德国	491	中国香港	271
6	西班牙	359	加拿大	488	德国	254
7	马来西亚	333	西班牙	487	加拿大	249
8	中国台湾	332	韩国	487	中国台湾	230
9	加拿大	330	法国	485	意大利	225
10	印度尼西亚	324	印度	483	韩国	222
11	印度	313	意大利	483	荷兰	218
12	土耳其	311	日本	481	印度	215
13	韩国	309	中国香港	473	俄罗斯联邦	214
14	德国	295	中国台湾	470	西班牙	214
15	意大利	284	马来西亚	465	马来西亚	200
16	日本	274	俄罗斯联邦	462	法国	198
17	俄罗斯联邦	265	巴西	455	新加坡	195
18	伊朗	264	波兰	453	日本	190
19	新加坡	259	巴基斯坦	452	土耳其	184
20	法国	249	伊朗	450	瑞典	183
21	沙特阿拉伯	249	土耳其	447	瑞典	174
22	巴西	248	荷兰	435	挪威	170
23	荷兰	247	泰国	428	南非	167
24	芬兰	238	沙特阿拉伯	427	波兰	166
25	葡萄牙	233	印度尼西亚	425	巴基斯坦	159
26	瑞典	222	新加坡	424	印度尼西亚	155
27	巴基斯坦	217	葡萄牙	423	比利时	152
28	波兰	212	越南	416	丹麦	152
29	南非	210	南非	415	巴西	143

（续表）

地位	教育学		经济学		政治学	
	国家/地区	引用量（篇）	国家/地区	引用量（篇）	国家/地区	引用量（篇）
30	比利时	209	新西兰	415	瑞士	142
31	泰国	209	瑞典	413	越南	141
32	墨西哥	203	罗马尼亚	412	新西兰	131
33	希腊	203	墨西哥	407	捷克	129
34	新西兰	201	埃及	400	葡萄牙	126
35	挪威	197	捷克	396	芬兰	125
36	哥伦比亚	187	比利时	390	泰国	123
37	以色列	185	希腊	385	希腊	118
38	中国澳门	182	芬兰	382	墨西哥	118
39	阿拉伯联合酋长国	179	尼日利亚	378	伊朗	117
40	越南	175	突尼斯	374	奥地利	111
41	瑞士	166	芬兰	368	爱尔兰	111
42	智利	164	哥伦比亚	367	沙特阿拉伯	104
43	爱尔兰	161	丹麦	365	孟加拉国	104
44	埃及	160	爱尔兰	361	中国澳门	102
45	捷克	155	奥地利	356	罗马尼亚	97
46	罗马尼亚	149	挪威	352	阿拉伯联合酋长国	95
47	奥地利	147	智利	349	智利	92
48	丹麦	141	孟加拉国	338	尼日利亚	89
49	尼日利亚	134	阿拉伯联合酋长国	314	立陶宛	88
50	厄瓜多尔	133	菲律宾	303	以色列	83

七、讨论

对于研究领域内国家层面的引用量比较，本研究发现，在经济学领域，中国最活跃学者的出版物的引用量高于美国、英国和德国（RQ1a）。在教育学

(RQ1b)和政治学(RQ1c)领域,美国、英国和德国的出版物的引用量高于中国。中国教育学和政治学领域的引用率较低。

国际科学出版物与先前的研究结果相呼应①②。但经济学领域的引用率较高,与过去十年出版物研究的结果不同③,这表明中国经济学研究的国际影响力(以引用量衡量)有所提升。

国家层面的观看次数比较呈现出了微妙的图景(RQ2a、RQ2b、RQ2c)。在经济学方面,美国和中国之间没有显著差异;在教育方面,英国、德国和中国之间没有显著差异;在政治科学方面,美国、英国、德国和中国之间也没有显著差异。有两个例外:在经济学领域,英国的出版物的浏览量高于中国的出版物,而德国的出版物的浏览量低于中国的出版物。在教育领域,来自美国的出版物获得的阅读量高于中国的出版物。总体而言,来自中国的经济学出版物获得的研究关注度与来自美国、英国和德国的出版物相当。不过,与英国和美国相比,中国的教育学和政治学研究可能受到的关注较少,这凸显出中国经济学研究的国际影响力更高。

经济学引用量和知名度的提高可能反映了该领域的全球一体化,以及其对实证数据驱动研究的重视,这些研究通常与国际研究重点相一致。经济学研究倾向于解决全球相关问题,如市场动态、经济政策和金融危机,这可能会提高其在不同研究领域的知名度和引用量。

此外,中国经济学研究获得的大量资金和资源可能有助于提高其影响力。相比之下,对于教育而言,国际知名度较低可能是由于其侧重于特定地区的教育实践和政策,而这些实践和政策可能不会引起全球研究界的强烈共鸣。同样,政治学研究可能会受到政治敏锐性和限制的制约,从而导致合作机会减少,并在国际舞台上的影响降低。

关于出版渠道(RQ4),本研究显示,大多数流行期刊都是西方的,并由西方编辑。与政治学相比,教育和经济学出版物在范围、基础和主题方面表现出更加多样化的渠道。中国研究人员发表文章最受欢迎的政治学期刊主要关注与中国有关的问题。值得注意的是,这三个领域的一些流行期刊都有来自中国机构的主编,或者,如果在中国内地(大陆)以外,可能是华人侨民或少数民族学者的一部分,这些从他们的名字可以看出。

---

① 沈伟,李琳琳,孙天慈.中国教育研究的世界贡献:前沿热点与参与路径——基于教育学英文期刊论文(2013—2019年)的分析[J].苏州大学学报(教育科学版),2022,10(2):61-72.

② WANG Z, GUO S. The state of the field of Chinese political science:"Glocalising" political science in China? [J]. European political science, 2019, 18(3): 456-472.

③ 周升起,秦洪晶,兰珍先.我国经济学研究国际影响力变化分析——基于2001年~2014年SSCI经济学期刊发表论文数量与引证指标[J].经济经纬,2017,34(2):80-86.

对这些发现的解释有两方面。首先,它们体现了中国学者在全球研究领域的参与度、影响力和贡献度的提高,尤其是在经济学和政治学领域。

其次,以中国为重点的政治学期刊虽然占据主导地位,但也表明中国学者在该领域的国际出版物可能存在"孤岛"现象,尽管这些出版物以英文出版,并被视为"国际",但它们位于更专业的中国关注群体中,而不是全球政治学研究领域。这些出版物在形式上可能是"国际"的,但在内容本质上可能是"国内"的。

对于国际合著模式(RQ5),所有学科的研究结果都与先前的研究一致,即顶级合作者(不包括香港特别行政区和澳门特别行政区)来自"西方"[1][2][3]。教育和经济学领域的国际合作者似乎比政治学领域的国际合作者更加多样化,包括来自亚洲国家的合作者。对于每个学科,就合著出版物数量而言,美国都是合作者最多的。

机构层面的合著分析(RQ6)包括国内合作,揭示了一幅多元化的图景,每个学科都存在国内和国际合作的混合。合著者在中国内地(大陆)和中国内地(大陆)以外的机构之间进行合作。然而,政治学领域再次显示出一种以国家为导向的合作模式,大多数机构都位于中国内地(大陆)。

这些合著模式对中国研究的全球知名度和影响力具有重要意义。与西方机构的广泛合作,特别是在教育和经济学领域,这将提高中国在这些领域的研究的国际知名度和传播力,促进更大的全球参与和影响。相比之下,政治学领域更本地化的合作可能会限制其全球知名度和影响力,因为这些网络较少融入更广泛的国际学术对话。这种孤立性可能会限制该领域影响全球研究议程和趋势的能力,强调需要更广泛的国际合作来提升中国政治学研究的全球影响力。

对中国出版物的引用表明,在每个学科中,大多数此类研究都被来自同一国家的出版物引用过(RQ7)。这再次表明中国社会科学国际出版物可能存在"孤岛",尽管它们在"国际"出版,但参与研究的地区大多是"国内"的。在国际社会方面,西方和亚洲国家似乎是引用中国出版物最活跃的地区。

---

① 冯建军.中国教育学70年:从中国化到主体建构——基于不同时期教育学文本的分析[J].课程·教材·教法,2019,39(12):4-11+108.

② 郝小楠.中国经济学研究的国际发表及学术影响——基于SSCI的文献计量分析[J].福建论坛(人文社会科学版),2020(10):144-158.

③ WANG Z, GUO S. The state of the field of Chinese political science:"Glocalising" political science in China? [J]. European political science, 2019, 18(3): 456-472.

八、结论

本研究对中国研究国际化进程的文献做出了重大贡献，重点关注社会科学。研究强调了中国社会科学研究在国际上的参与度、影响力和贡献度不断提高，尤其是在教育、经济和政治科学领域。经济学被引用率的提高以及由中国学者编辑的国际期刊在中国内地（大陆）和海外的出版证明了这一点。

就学科差异而言，本研究结果与先前研究一致，即在中国的经济学、教育学和政治学研究中，经济学的国际化程度最高；其次是教育学；就出版渠道和合著模式而言，政治学领域的国际化程度最低。政治学的现状与先前研究相呼应，即该领域在与国际研究界打交道时面临着额外的政治和意识形态"研究限制"①②。

研究结果强调了"西方"联系对中国社会科学研究的重大影响，这在西方主导的出版渠道、合著模式和引用模式中显而易见。这强调了中国研究的国际化仍然与"西方化"交织在一起③。

值得注意的是，美国在各个学科的国际合作中都发挥着突出的作用，这与美国和中国互为对方最大的科学合作者这一事实相一致。根据《自然指数》，美国为中国合作科学出版物贡献了45%，而中国为美国合作出版物贡献了30%④。尽管在地缘政治紧张局势下，中美之间存在研究合作⑤，但这些合作的长期影响尚未得到充分探索。

此外，亚洲国家似乎是下一个积极与中国合作并引用中国出版物的重要群体。促成亚洲内部研究联系的因素可能是地理上的接近、文化上的相似性和历史上的联系⑥。随着中国"一带一路"倡议的发展，该倡议的重点是扩大合作，特别是与亚太、非洲和东欧的合作，未来研究合作和联系的格局也可能发生

① RENY M E. Authoritarianism as a research constraint：political scientists in China[J]. Social science quarterly，2016，97(4)：909 - 922.
② WANG Z, GUO S. The state of the field of Chinese political science："Glocalising" political science in China？ [J]. European political science，2019，18(3)：456 - 472.
③ MARGINSON S，XU X. 'The ensemble of diverse music'：internationalization strategies and endogenous agendas[J]. Changing higher education in East Asia，2022(1).
④ NATURE INDEX[EB/OL]//www.nature.com. https://www.nature.com/nature-index/.
⑤ LEE J J, HAUPT J P. Scientific collaboration on COVID - 19 amidst geopolitical tensions between the US and China[J]. The journal of higher education，2021，92(2)：303 - 329.
⑥ MARGINSON S，XU X. 'The ensemble of diverse music'：internationalization strategies and endogenous agendas[J]. Changing higher education in East Asia，2022(1).

变化①。

本研究强调了中国社会科学某些领域"国际形势与国内本质"的二元性。值得注意的是，在政治学领域，大众期刊主要以中国为中心。虽然这些出版物被归类为"国际"，但它们可能局限于与中国相关的研究的"孤岛"，限制了参与该领域更广泛的全球讨论。这带来了无法被广泛认可或在国界之外得到利用的风险。尽管这些国际出版物植根于科学全球主义的理想，但它们可能会在涉及的社区和所作的贡献方面倒退到科学民族主义②。

因此，本研究凸显了中国社会科学面临的平衡问题：要让边缘声音被听到，这些领域必须首先考虑知名度。这种微妙的平衡反映了全球学术界面临的更大挑战。为了确保边缘观点得到认可，这些学者往往需要符合既定的国际知名度标准，尽管国际社会也有责任接受超越西方范式的多样化知识体系和主题。

研究结果还对促进更公平的全球知识生产系统具有重要的政策意义。中国决策者和学术机构可以致力于实现合作多元化，加强与代表性不足地区和新兴经济体的联系，超越主流的"西方"知识中心。这种方法既可以减少对西方框架的过度依赖，又有助于真正实现全球科学格局。同样，全球学术网络应努力消除主导范式，并创建促进平等参与的平台。在地缘政治紧张局势加剧的时期，维持开放的学术合作至关重要，因为科学外交可以作为相互理解和国际信任的渠道。因此，建立保护研究伙伴关系免受政治压力的机制并创造国际交流的激励措施，有助于维护全球学术界对共享知识的承诺，同时也能缓解学术领域的政治紧张局势。因此，我们的研究提倡刻意努力维护国际研究生态系统中的公平和相互尊重。

九、局限性

人们越来越担心依赖出版和引用指标来评估研究人员，这一点在《旧金山研究评估宣言》（DORA）和《莱顿宣言》等倡议中得到了体现③。本研究认识到了这些担忧，并避免将"多产学者"等同于"更好"或"有价值"的学者。此外，我们承认关注多产学者存在固有偏见，因为这可能会忽视引用较少的研究人员的贡献，并延续与性别、种族、职业阶段以及科学生产力和影响力的其他因素相关的

① GUI Q, LIU C, DU D B. The structure and dynamic of scientific collaboration network among countries along the Belt and Road[J]. Sustainability, 2019, 11(19): 5187.

② SA C, SABZALIEVA E. Scientific nationalism in a globalizing world[M]//Handbook on the politics of higher education. Edward Elgar Publishing, 2018: 149-166.

③ HICKS D, WOUTERS P, WALTMAN L, et al. Bibliometrics: the Leiden Manifesto for research metrics[J]. Nature, 2015, 520(7548): 429-431.

不平等。此外,我们选择关注前 500 名最有生产力的学者,主要是因为数据可用性。虽然使用此阈值使我们能够创建一个全面且易于管理的数据集,同时确保各个相关领域的一致性,但未来的研究可以从双重方法中受益,即比较领先学者和更广泛的学术界的发现,以更好地了解中国这些领域的细微差别和差异。应承认 Scopus 和 SciVal 等数据源的局限性和潜在偏见,例如其部分覆盖、侧重于英语和西方出版物以及引用指标的局限性,因为它们可能会影响研究结果的全面性和代表性①②。此外,由于数据集的限制,我们的分析不考虑自我引用。

作者介绍

马顿·德米特(Márton Demeter)现为匈牙利卢多维卡公共服务大学(Ludovika University of Public Service)研究教授及科学战略办公室主任,同时担任马德里康普顿斯大学(Complutense University of Madrid)客座研究员。其研究领域涵盖传播学、科学战略与全球知识生产。他已在 Scopus 收录的国际期刊上发表超过 70 篇研究论文。2020 年,其著作《学术知识生产与全球南方》(*Academic Knowledge Production and the Global South*)由 Palgrave 出版社出版。此外,他担任国际传播学会(ICA)国际化委员会委员、欧洲传播研究协会(ECREA)中欧与东欧网络副主席以及匈牙利传播协会主席。

曼努埃尔·戈亚内斯(Manuel Goyanes)是西班牙马德里卡洛斯三世大学(Universidad Carlos III de Madrid)研究方法副教授。他的跨学科工作围绕设计前沿的定量和定性研究方法论展开,这些方法论在理论上经过精心设计,并通过实证测试,旨在科学地解决社会科学研究中具有挑战性的方面。

盖尔格·哈洛(Gergö Háló)是匈牙利布达佩斯国立公共服务大学(National University of Public Service Budapest)的助理教授,专门从事科学、学术表现、研究评估框架以及高等教育政策中地缘政治与性别不平等的社会批判性研究。

许心(Xin Xu)是牛津大学(University of Oxford)教育学院的高等/第三级教育讲师,同时也是技能、知识与组织绩效研究中心(Centre for Skills, Knowledge, and Organisational Performance,简称 SKOPE)的副主任。她的研究聚焦于第三级教育的研究。

---

① MARGINSON S, XU X. Hegemony and inequality in global science: problems of the center-periphery model[J]. Comparative education review, 2023, 67(1): 31-52.

② MONGEON P, PAUL-HUS A. The journal coverage of Web of Science and Scopus: a comparative analysis[J]. Scientometrics, 2016(106): 213-228.